蓝桥杯

程序竞赛真题解析
及学习指导

金百东 崔晓松 ◎ 编著

清华大学出版社

北京

内 容 简 介

本书系统地介绍了蓝桥杯程序竞赛中真题的常用算法及应用。全书共 14 章,包括竞赛预备知识、基础题、时间、字符串、规律题、二分法、优先队列与堆栈、基本递归、图论、动态规划、区间运算算法、数论、计算几何、游戏题等。书中列举了大量的蓝桥杯竞赛真题,进行了详尽的分析,极具实用性。

本书可以作为普通高等学校大学生参加程序竞赛和学习算法的参考书,也可作为高校的创新实践课教材,同时对广大计算机算法爱好者深入研究算法或进入计算机相关公司工作有一定的指导作用。

图书在版编目(CIP)数据

蓝桥杯程序竞赛真题解析及学习指导/金百东,崔晓松编著. -- 北京:清华大学出版社,2025.8.
ISBN 978-7-302-70254-2

Ⅰ. TP31-44

中国国家版本馆 CIP 数据核字第 20257FB571 号

责任编辑:谢　琛
封面设计:刘　键
责任校对:李建庄
责任印制:丛怀宇

出版发行:清华大学出版社
　　　　网　　　址:https://www.tup.com.cn,https://www.wqxuetang.com
　　　　地　　　址:北京清华大学学研大厦 A 座　　　　邮　　编:100084
　　　　社 总 机:010-83470000　　　　邮　　购:010-62786544
　　　　投稿与读者服务:010-62776969,c-service@tup.tsinghua.edu.cn
　　　　质量反馈:010-62772015,zhiliang@tup.tsinghua.edu.cn
　　　　课件下载:https://www.tup.com.cn,010-83470236
印 装 者:三河市龙大印装有限公司
经　　销:全国新华书店
开　　本:185mm×260mm　　　　印　　张:20.25　　　　字　　数:491 千字
版　　次:2025 年 9 月第 1 版　　　　印　　次:2025 年 9 月第 1 次印刷
定　　价:69.00 元

产品编号:110075-01

FOREWORD

前言

创作背景

工业和信息化部人才交流中心主办的蓝桥杯全国软件和信息技术专业人才大赛自 2010 年举办以来,至今已成功举办 15 届,参赛院校达到 1900 多所,大赛连续多年入选教育部高等教育学会竞赛排行榜单赛事,逐渐成为全国最有影响的程序竞赛之一。本书是作者为蓝桥杯竞赛尽的一份微薄之力。以下三点是作者的创作动机:①作为蓝桥杯指导教师 12 年,见证了蓝桥杯的成长,很想把自己的程序竞赛知识奉献给广大读者;②网上也有一些关于蓝桥杯程序竞赛的真题解析,但大多写得很简略,一般的读者难以读懂;③程序竞赛书籍不好编写,许多人望而却步,这可能是这方面书少的因素,但这也更是促使我们完成本书的重要原因。

历经四年,这本竞赛书终于完成了! 每道题我们都亲历而为,因为我们深知:如果自己不把题目做出来,就很难给读者真正讲清楚。正如古语云:"宝剑锋从磨砺出,梅花香自苦寒来。"

本书内容

本书共 14 章,具体内容如下所示。

第 1 章　竞赛预备知识。介绍了 C 语言常用函数及 STL(standard template library)标准模板库常用算法及容器的应用方法。

第 2 章　基础题。介绍了常用的穷举法、中等数学、取余、最大公约数、排序等内容。

第 3 章　时间。主要强调了时间基准点是完成此类题目的关键所在。

第 4 章　字符串。字符串编程是程序的基本功。介绍了竞赛中常用的搜索、拆分、与其他算法结合综合应用等内容。

第 5 章　规律题。可通过常规方法及小量的输入数据获得小量的输出数据。通过观察输入、输出数据的变化特点,总结出经验公式,利用经验公式完成题目内容。

第 6 章　二分法。介绍了 STL 二分法函数的应用及常规二分算法的分析与应用。

第 7 章　优先队列与堆栈。介绍了两种容器在实际中的应用。优先队列在"最"值中应用广,堆栈在"括号"表达式中应用较多。

第8章　基本递归。介绍了为什么有递归,递归的重要性,并通过实例加以解析。

第9章　图论。介绍了深度优先搜索、宽度优先搜索、并查集、单源最短路径、最小生成树在实际中的应用方法。

第10章　动态规划。介绍了线性动态规划、区间动态规划、树形动态规划、数位动态规划的特点及应用实例。

第11章　区间运算算法。介绍了树状数组、线段树、ST系数表的特点及应用方法。

第12章　数论。介绍了快速幂取模、矩阵快速幂、欧拉函数、欧拉定理、扩展欧几里得、中国剩余定理等知识点及应用方法。

第13章　计算几何。介绍了用到的点积、叉积等基本函数。讲解了求任意多边形面积、皮克定理、辛普森积分知识点及应用方法。

第14章　游戏题。介绍了巴什博弈、尼姆博弈等知识点及实际应用。

本书特点

1. 本书实例丰富,涵盖了蓝桥杯第4~15届的历届试题,包含A、B、C组省赛试题及总决赛试题。有简单题,也有中等难度及难题,适合各类读者学习。

2. 实例中有些题目用了多种方法解析,读者可以加以对比,从中体会算法的不同及奥妙之处。

3. 实例讲解详尽,有些用到了大量的图表,分析了示例数据在算法应用中的详细变化过程,读者清楚了该过程,也就理解了算法实现的核心。

4. 本书从程序竞赛角度出发,讲解了与普通教材知识点的不同。例如竞赛中尽量不用C语言指针,一般不用邻接矩阵求解图论问题等。

附加说明

1. 本书中所选蓝桥杯历届真题,都在蓝桥云课官网、Dotcpp编程(C语言网)提交成功,在此深表感谢。

2. 本书中有两种示例:一种是"【例 XXX】",表示是蓝桥杯历届真题;一种是"【eXXX】",表示是自编题目或者选自其他 Online Judge 系统题目。如洛谷网站、杭州电子科技大学 ACM 网站、力扣网站等。

3. 选自 Online Judge 网站的题目由"网站名称+题目编号"组成,方便读者查询。

本书第5~14章由金百东编写,第1~4章由崔晓松编写。因本书程序较多,故全书变量均用正体。本书在编写过程中得到了蓝桥杯全国软件和信息技术专业人才大赛组委会李艳萍、郑未、单宝军等多位专家、学者给予的专业建议和帮助指导,提供了蓝桥杯大赛的历届真题,同时也得到了国信蓝桥教育科技股份有限公司的大力支持,在此一并表示感谢。

由于作者水平有限,书中难免有疏漏之处,恳请广大读者批评指正。

源程序

作　者
2025 年 4 月

CONTENTS

目录

竞赛预备知识

本章主要介绍竞赛中常用的 C 语言函数及 STL(standard template library)标准模板库,它们是提高程序学习兴趣及竞赛成绩的基础。本章力求用尽量短小的代码,让读者快速掌握各个知识点。

◆ 1.1 C 语言常用函数

C 语言竞赛中常用函数主要有两类:字符串数值转换函数、字符串函数。

1.1.1 字符串数值转换函数

(1) int sscanf(const char * str,const char * format,[argument]...); 将 str 字符串内容按格式符 format,对应匹配存储到 argument 变量中。

(2) int sprintf(char * str, const char * format, [argument]...); 与 sscanf() 函数功能相反,将多个 argument 变量按格式符 format 合并成字符串 str。

【e1-1】 字符串数值转换示例。

```c
#include<cstdio>
int main(){
    //按格式符从字符串接收数据
    float f;
    char s[] = "1.5";
    sscanf(s, "%f", &f);                       //从字符串接收一个浮点数值
    printf("%f\n", f);
    char t[] = "a=1.5 b=10 u=abcd";
    float a; int b; char u[20];
    sscanf(t, "a=%f b=%d u=%s", &a,&b,u);
                                          //从字符串接收浮点、整数、字符串三种数值
    printf("a=%f b=%d u=%s\n", a,b,u);
    //按格式符合并数据到字符串
    int x=10; float y=2.5; char v[]="hello";
    char z[30];
    sprintf(z,"x=%d,y=%f,v=%s", x,y,v);
    printf("%s\n", z);
    return 0;
}
```

1.1.2 字符串函数

(1) size_t strlen(char * str); 函数返回字符串 str 的长度(即空值结束符之

前的字符数目）。

（2）char * strcpy(char * to, const char * from)；　复制字符串 from 中的字符到字符串 to,包括空值结束符。返回值为指针 to。

（3）char * strncpy(char * to, const char * from, size_t count)；　将字符串 from 中至多 count 个字符复制到字符串 to 中。如果字符串 from 的长度小于 count,其余部分用'\0'填补。返回指向 to 的指针。

（4）char * strcat(char * str1, const char * str2)；　函数将字符串 str2 连接到 str1 的末端,并返回指针 str1。

（5）char * strncat(char * str1, const char * str2, size_t count)；　将字符串 str2 中至多 count 个字符连接到字符串 str1 中,追加空值结束符。返回指针 str1。

（6）int strcmp(const char * str1, const char * str2)；　比较字符串 str1 和 str2,返回值如下：<0,说明 str1 的第一个不相等字符的 ASCII 码值小于 str2 的相应字符;=0,说明 str1 和 str2 相等(两个字符串完全相等);>0,说明 str1 的第一个不相等字符的 ASCII 码值大于 str2 的相应字符。

（7）int strncmp(const char * str1, const char * str2, size_t count)；　比较字符串 str1 和 str2 中至多 count 个字符。返回值如下：<0,说明 str1 的第一个不相等字符的 ASCII 码值小于 str2 的相应字符;=0,说明 str1 和 str2 相等(两个字符串完全相等);>0, 说明 str1 的第一个不相等字符的 ASCII 码值大于 str2 的相应字符。如果参数中任一字符串长度小于 count,那么当比较到第一个空值结束符时,就结束处理。

（8）char * strstr(const char * str1, const char * str2)；　函数返回一个指针,它指向字符串 str2 首次出现于字符串 str1 中的位置,如果没有找到,返回 NULL。

（9）char * strpbrk(const char * str1, const char * str2)；　函数返回一个指针,它指向字符串 str2 中任意字符在字符串 str1 首次出现的位置,如果不存在,返回 NULL。

（10）char * strtok(char * str1, const char * str2)；　在 str1 中开始查找包含 str2 字符串中任意字符第一次出现的位置。如果没有找到,函数返回 NULL;如果找到,则将 str1 字符串中该位置自动置成'\0'字符串结束符。

【e1-2】　输入两个字符串 s、t。求：s 中有多少个 t？例如,s＝"abcdeabc",t＝"abc",则结果为 2。

```cpp
#include<cstdio>
#include<cstring>
int main(){
    char s[1000],t[1000];
    scanf("%s%s", s, t);
    int c = 0;                    //结果计数
    int len = strlen(t);
    char * p = strstr(s,t);       //首次查找 s 中 t 串的位置
    while(p!=NULL){               //查到
        c ++;                     //累积计数
        p = strstr(p+len, t);     //修改 s 串开始查找的位置(必须越过已查到的 t 串),
                                  //继续查找 t 串
    }
    printf("%d\n", c);
```

```
        return 0;
    }
```

【e1-3】 输入一个字符串 s，包含若干单词，单词间可能由"，;；"相隔，拆分出各单词，输出在屏幕上，一行一个。例如 s＝"aa,bb；cc;dd"，则在屏幕上应出现 aa   bb   cc   dd 四个单词。

```
#include<cstdio>
#include<cstring>
int main(){
    char s[1000];
    char t[] = ",;:";             //可按 t 串中的任意字符拆分
    scanf("%s", s);
    char * p = strtok(s, t);      //第 1 次拆分时第 1 个参数源串必须指定,不能为 NULL
    while(p!=NULL){
        printf("%s\n", p);
        p = strtok(NULL, t);      //继续拆分源串时,第 1 个参数必须写成 NULL,不能写 s
    }
    return 0;
}
```

strtok()是非常轻巧的字符串拆分函数，例如源串 s 是"aa,bb;cc;dd"，按 t 串拆分，第 1 次拆分后，源串 s 为"aa\0bb;cc;dd"，代码中指针 p 是 s 首地址，所以显示 p 是"aa"；第 2 次拆分后，源串 s 为"aa\0bb\0cc;dd"，代码中指针 p 是第 1 个'\0'后字符地址，所以显示 p 是"bb"，以此类推。

1.2 STL 标准模板库

STL 包含了许多效率高的算法及容器，是提高 C++ 编程能力的必经之路，下面一一介绍。

1.2.1 STL 算法函数

程序竞赛中经常用到的算法包括：排序函数、二分查找函数、排列函数，均应包含"＃include ＜algorithm＞"头文件。由于函数均是模板函数，因此函数参数说明可能稍显复杂，但用法还是非常简单的。本节所有示例均以数组形式加以说明。

1.2.1.1 排序函数

• 全排序-sort()
原型：

```
template<class RanIt>
  void sort(RanIt first, RanIt last);
template<class RanIt, class Pred>
  void sort(RanIt first, RanIt last, Pred pr);
```

参数说明：

RanIt：随机迭代器，first 表示起始迭代器指针，last 表示终止迭代器指针。

Pred：普通全局函数或二元函数。

第一个模板函数[first,last)间迭代器指示的元素数据按升序排列，第二个模板函数定义了比较函数 pr(x,y)代替了 operator，功能是相似的，属于不稳定排序。

- 稳定全排序-stable_sort()

原型：

```
template<class RanIt>
  void stable_sort(RanIt first, RanIt last);
template<class RanIt, class Pred>
  void stable_sort(RanIt first, RanIt last, Pred pr);
```

参数说明：同 sort()参数说明一致。

- 局部排序-partial_sort()

原型：

```
template<class RanIt>
  void partial_sort(RanIt first, RanIt middle, RanIt last);
template<class RanIt, class Pred>
  void partial_sort(RanIt first, RanIt middle, RanIt last, Pred pr);
```

参数说明：

RanIt：随机迭代器，first 表示起始迭代器，last 表示终止迭代器，middle 表示[first,last)间迭代器。

Pred：普通全局函数或二元函数。

该函数实现了局部元素排序功能。对[first，last)间的元素排序结束后，仅前 middle-first-1 个元素是必须按要求排好序的，其他元素不一定是排好序的。即：对任意 $N \in [0, middle-first]$，$M \in (N, last-first)$，都有 $*(first+N) < *(first+M)$。第二个函数与第一个函数相比，定义了比较函数 pr(x,y)代替了 operator$<$，功能是相似的。

- 第 n 个元素-nth_element()

原型：

```
template<class RanIt>
  void nth_element(RanIt first, RanIt nth, RanIt last);
template<class RanIt, class Pred>
  void nth_element(RanIt first, RanIt nth, RanIt last, Pred pr);
```

参数说明：

RanIt：随机迭代器，first 表示起始迭代器，last 表示终止迭代器。

Pred：普通全局函数或二元函数。

该函数的功能是：在[first，last)指示的元素中，找第 n 个满足条件的元素，结果反映在 RanIt nth 表示的迭代器指针中。例如：班上有 10 个学生，我想知道分数排在倒数第 4 名的学生。如果要满足上述需求，可以用 sort 排好序，然后取第 4 位（因为是由小到大排列），更聪明的会用 partial_sort，只排前 4 位，然后得到第 4 位。其实这时还是浪费，因为前两位根本没有必要排序,此时就需要用到 nth_element 了。两个函数功能相近,第 1 个默认重载 operate<,第 2 个可定义二元函数对象。

【e1-4】　全排序示例。

```
#include<cstdio>
#include<algorithm>
#include<cstdlib>
using namespace std;
int main(){
    int a[20];                          //给 20 个整型数排序
    for(int i=0; i<20; i++)
        a[i] = rand()%100;              //随机产生 20 个整型数
    printf("排序前:\n");
    for(int i=0; i<20; i++)
        printf("%d ", a[i]);
    sort(a, a+20);                      //排序
    printf("\n 排序后:\n");
    for(int i=0; i<20; i++)
        printf("%d ", a[i]);
}
```

有一点需要读者注意,若 a[] 数组有 n 个元素,从 a[0]～a[n−1],全排序是 sort(a,a+ n),而不是 sort(a,a+(n−1)),此特点同样适合于 STL 的其他算法函数。

【e1-5】　局部排序示例:产生 20 个随机数,取 5 个最小数,且升序排列。

```
#include<cstdio>
#include<algorithm>
#include<cstdlib>
using namespace std;
int main(){
    int a[20];
    for(int i=0; i<20; i++)
        a[i] = rand()%100;              //随机产生 20 个整型数
    partial_sort(a, a+5, a+20);         //取前 5 个最小数,且升序排列
    for(int i=0; i<5; i++)
        printf("%d ", a[i]);            //可看出此 5 个数最小,且升序排列
    printf("\n");
    for(int i=5; i<20; i++)             //可看出后 15 个数均大于前 5 个数,且无序
        printf("%d ", a[i]);
}
```

【e1-6】　第 n 个元素示例:产生 20 个随机数,取第 5 小的数。

```
#include<cstdio>
#include<algorithm>
#include<cstdlib>
using namespace std;
int main(){
    int a[20]
    for(int i=0; i<20; i++)
        a[i] = rand()%100;         //随机产生 20 个整型数
```

```
        nth_element(a, a+5, a+20);    //取第 5 小的数
        for(int i=0; i<4; i++)        //打印前 4 个数,可看出此 4 个数无序
            printf("%d ", a[i]);
        printf("\n%d\n",a[4]);        //打印第 5 个数,看出该数大于或等于前 4 个数
        for(int i=5; i<20; i++)       //打印后 15 个数,可看出此 15 个数无序,但均大于或等于
                                      //第 5 个数
            printf("%d ", a[i]);
    }
```

【e1-7】 整数序列降序输出：产生 20 个随机数,降序输出。

从 e1-1～e1-6 可看出,sort()函数默认是升序的,若降序该如何实现呢？有读者说,利用 sort()排序,倒序输出就可以了。很明显并不是最优的实现方法,好的方法是采用 sort()函数的第二种形式,增加一个二元比较函数即可。代码如下所示。

```
#include<cstdio>
#include<algorithm>
#include<cstdlib>
using namespace std;
bool cmp(const int& one, const int& two){
    return one>two;
}
int main(){
    int a[20];                    //给 20 个整型数排序
    for(int i=0; i<20; i++)
        a[i] = rand()%100;        //随机产生 20 个整型数
    printf("排序前:\n");
    for(int i=0; i<20; i++)
        printf("%d ", a[i]);
    sort(a, a+20, cmp);           //排序,增加了二元比较函数 cmp()
    printf("\n 排序后:\n");
    for(int i=0; i<20; i++)
        printf("%d ", a[i]);      //可以看出已实现了降序输出
}
```

比较函数的名称可随意取,但必须是二元的,返回是布尔值,该规则几乎适合于所有 STL 算法函数。比较函数内可以定义排序规则,本示例中 cmp()中仅有一行代码 return one>two,表明是降序排列;若改为 return one<two,则表明是升序排列。

【e1-8】 结构体数组有序输出：对学生成绩进行升序排列。

读者可能会很快写出类似如下的代码。

```
#include<cstdio>
#include<algorithm>
#include<string>
using namespace std;
struct STUDENT{
    int    no;                    //学号
    char   name[20];              //姓名
    int    grade;                 //成绩
};
int main(int argc, char * argv[])
```

```
{
    STUDENT s[4]={{101,"张三", 90},{102,"李四", 80},{103, "王五", 85},{103, "赵
六", 65}};
    sort(s,s+4);
    printf("升序排序结果是:\n");
    printf("学号\t姓名\t成绩\n");
    for(int i=0; i<4; i++){
        printf("%d\t%s\t%d\n",s[i].no,s[i].name,s[i].grade);
    }
    return 0;
}
```

但读者会很快发现上述代码会编译失败。这是因为结构体 STUDENT 中包括三种数据,你按那一个排序呢？由于没有定义,因此在编译到 sort(s,s＋4)时一定会出现错误。有两种方法解决自定义结构体排序问题：自定义比较函数方法；重载结构体本身 operator＜运算符方法。

解决方法 1：自定义比较函数法。

```
struct STUDENT{
    int    no;                              //学号
    char   name[20];                        //姓名
    int    grade;                           //成绩
};
bool cmp(const STUDENT& one, const STUDENT& two){//定义了比较函数
    return one.grade < two.grade;               //表明按成绩升序排列
}
int main(int argc, char * argv[]){
    STUDENT s[4]={{101,"张三", 90},{102,"李四", 80},{103, "王五", 85},{103, "赵
六", 65}};
    sort(s,s+4,cmp);                        //采用三参数调用比较函数 sort()方法
    printf("升序排序结果是:\n");
    printf("学号\t姓名\t成绩\n");
    for(int i=0; i<4; i++){
        printf("%d\t%s\t%d\n",s[i].no,s[i].name,s[i].grade);
    }
    return 0;
}
```

解决方法 2：重载自定义结构体 operator＜方法。

```
struct STUDENT{
    int    no;                              //学号
    char    name[20];                       //姓名
    int    grade;                           //成绩
    //重载 operator<,一个 STUDENT 参数,非两个
    //this 及传入的 two 构成了两个 STUDENT 比较对象
    bool operator<(const STUDENT& two) const{
        return grade < two.grade;
    }
};
int main(int argc, char * argv[]){
```

```
    STUDENT s[4]={{101,"张三", 90},{102,"李四", 80},{103, "王五", 85},{103, "赵
六", 65}};
    sort(s,s+4);                            //sort 是两参数,排序规则定义在 operator<中
    printf("升序排序结果是:\n");
    printf("学号\t 姓名\t 成绩\n");
    for(int i=0; i<4; i++){
        printf("%d\t%s\t%d\n",s[i].no,s[i].name,s[i].grade);
    }
    return 0;
}
```

1.2.1.2　二分查找函数

二分查找函数只能应用于有序元素,主要有 lower_bound()、upper_bound()、binary_search()三个函数。

- lower_bound():找到大于或等于某值的第一次出现的元素位置。

原型:

```
template<class FwdIt, class T>
  FwdIt lower_bound(FwdIt first, FwdIt last, const T& val);
template<class FwdIt, class T, class Pred>
  FwdIt lower_bound(FwdIt first, FwdIt last, const T& val, Pred pr);
```

参数说明:

FwdIt:前向迭代器

T:比较值的类型

Pred:二元判定函数

该函数功能是:容器元素已经排好序,在[0,last−first)范围内寻找位置 N,M∈[0,N)。对第 1 个模板函数而言:*(first+M) < val,*(first+N)>=val,也就是说在有序容器中寻找第 1 个大于或等于 val 值的位置,若找到返回 first+N,否则返回 last;对第 2 个模板函数而言功能相似,返回第一个不满足 pr(*(first+M),val)的位置 N。

- upper_bound():找到大于某值的第一次出现的元素位置。

原型:

```
template<class FwdIt, class T>
  FwdIt upper_bound(FwdIt first, FwdIt last, const T& val);
template<class FwdIt, class T, class Pred>
  FwdIt upper_bound(FwdIt first, FwdIt last, const T& val, Pred pr);
```

参数说明:

FwdIt:前向迭代器

T:比较值的类型

Pred:二元判定函数

该函数功能是:容器元素已经排好序,在[0,last−first)范围内寻找位置 N,M∈[0,N)。对第 1 个模板函数而言:*(first+M)≤val,*(first+N)>val,也就是说在有序容

器中寻找第 1 个大于 val 值的位置,若找到返回 first+N,否则返回 last;对第 2 个模板函数而言功能相似,返回第一个不满足 pr(* (first+M),val)的位置 N。

- binary_search():在有序序列中确定给定元素是否存在。

原型:

```
template<class FwdIt, class T>
  bool binary_search(FwdIt first, FwdIt last, const T& val);
template<class FwdIt, class T, class Pred>
  bool binary_search(FwdIt first, FwdIt last, const T& val, Pred pr);
```

参数说明:

FwdIt:前向迭代器

T:比较值的类型

Pred:二元判定函数

第 1 个模板函数是在有序容器中查询 * [first,last)间有无元素值等于 val,若有返回 true,若无返回 false;第 2 个模板函数是在有序容器中查询 * [first,last)间有无元素值,满足:N∈[0,last−first)。若 pr(* (first+N),val)成立则返回 true,若无返回 false。

【e1-9】 已知 a 数组为{1,2,2,3,3,3,4,4,4,4},求:(1)数组中有无元素 5? (2)第 1 个元素 2 的位置;(3)共有多少个元素 2?

```
#include<cstdio>
#include<algorithm>
using namespace std;
int main(){
    int a[] = {1,2,2,3,3,3,4,4,4,4};            //已经有序
    int size = sizeof(a)/sizeof(int);
    for(int i=0;i<size;i++) printf("%d ", a[i]);//显示原始数据
    printf("\n");
    bool bExist = binary_search(a, a+size, 5);  //有元素 5 吗?
    printf("有元素 5 吗:%d ",bExist);
    int *p = lower_bound(a, a+size,2);          //求第 1 个大于或等于元素 2 的位置
    if(p!= a+size){                             //找到第 1 个元素 2 的位置
        printf("第 1 个 2 位置:%d\n", p-a);
    }
    int * q = upper_bound(a,a+size,2);          //最后 1 个大于 2 之后的指针
    printf("2 的个数:%d\n", q-p);
    return 0;
}
```

若想在有序容器中查找有无某值,用 binary_search 函数,它仅返回 bool 值,并不能返回查找结果的迭代器指针;若想在有序容器中查找某值位置,要用到 lower_bound,upper_bound 函数。若某值在数组中存在,则 lower_bound 返回迭代指针指向的元素正好是某值,而 upper_bound 返回迭代指针正好是最后一个某值的下一个迭代指针。因此 lower_bound,upper_bound 函数的返回值含义是不一样的,所以当计算第 1 个某值位置与最后一个某值位置计算方法稍有差别。若想在有序容器中求共有几个某值,可以利用 lower_bound()、upper_bound()对该值进行两次二分查找,获得的两个指针差表明该数组中有几个某值。

1.2.1.3 全排列函数

• next_permutation()：按字典序的下一个排列。

原型：

```
template <class BidIt>
  bool next_permutation(BidIt first, BidIt last);
template <class BidIt, class Pred>
  bool next_permutation(BidIt first, BidIt last, Pred pr);
```

参数说明：

BidIt：双向迭代器

Pred：二元比较函数

第 1 个模板函数功能是：按 operator<生成[first,last)指向容器的下一个字典序排列。第 2 个函数与第 1 个函数功能相近，只不过用二元比较函数 pr 代替了 operator<。

• prev_permutation()：按字典序的上一个排列。

原型：

```
template <class BidIt>
  bool prev_permutation(BidIt first, BidIt last);
template <class BidIt, class Pred>
  bool prev_permutation(BidIt first, BidIt last, Pred pr);
```

参数说明：

BidIt：双向迭代器

Pred：二元比较函数

第 1 个模板函数功能是：按 operator<生成[first,last)指向容器的上一个词典序排列。第 2 个函数与第 1 个函数功能相近，只不过用二元比较函数 pr 代替了 operator<。

【e1-10】 输入 4 个整型一位数，均在[0,9]之间，显示所有由这四个数字组成的不重复的四位整数。

```
#include<cstdio>
#include<algorithm>
using namespace std;
int main(){
    int a[4];
    for(int i=0; i<4; i++)
        scanf("%d", &a[i]);
    sort(a, a+4);                    //保证四位数字由小变大
    int pos = 0;                     //以下 5 行代码保证四位数字首位不能为 0
    while(a[pos]!=0) pos ++ ;
    int mid = a[0];
    a[0] = a[pos];
    a[pos] = mid;
    do{
        for(int i=0; i<4; i++)       //打印一个四位数
            printf("%d",a[i]);
        printf("\n");
```

```
    }while(next_permutation(a,a+4));    //下一个四位数
    return 0;
}
```

首先对整型数组 a 进行升序排序；然后保证最高位不为 0 且最小；最后利用 do-while 循环结合 next_permutation 函数生成由小到大的有效 4 位数的全排列。

1.2.2　STL 容器

程序竞赛中常用的容器有：vector、stack、queue、priority_queue、set、map。本节仅介绍它们的基础知识，至于它们的实际应用会在后续的程序竞赛真题中详细说明。

1.2.2.1　vector 向量

vector 类称作向量类，它实现了动态的数组，用于元素数量变化的对象数组。像数组一样，vector 类也用从 0 开始的下标表示元素的位置；但和数组不同的是，当 vector 对象创建后，数组的元素个数会随着 vector 对象元素个数的增大和缩小而自动变化。程序中应用 vector 类，必须包含头文件＜vector＞。

vector 类在竞赛中常用的函数如下。

1）构造函数
- vector()；　创建一个空 vector。
- vector(int nSize)；　创建一个 vector，元素个数为 nSize。
- vector(int nSize, const T& t)；　创建一个 vector，元素个数为 nSize，且值均为 t。
- vector(const vector&)；　复制构造函数。

2）增加函数
- void push_back(const T& x)；　向量尾部增加一个元素 x。

3）遍历函数
- iterator begin()；　返回向量头指针，指向第一个元素。
- iterator end()；　返回向量尾指针，不包括最后一个元素，在其后面。

4）判断函数
- bool empty() const；　向量是否为空？若 true，则向量中无元素。

大小函数
- int size() const；　返回向量中元素的个数。

【e1-11】　向 vector 容器添加 20 个整型数，排序后升序输出。

```
#include<cstdio>
#include<vector>
#include<algorithm>
using namespace std;
int main(){
    vector<int> v;
    for(int i=0; i<20; i++){
        int val = rand()%100;                //产生 20 个随机整数
        v.push_back(val);                    //添加到容器 v
    }
```

```
    printf("排序前:\n");
    for(int i=0; i<v.size(); i++) printf("%d ",v[i]);
    sort(v.begin(), v.end());                    //排序
    printf("\n 排序后:\n");
    for(int i=0; i<v.size(); i++) printf("%d ",v[i]);
    return 0;
}
```

vector 容器 v 一般是通过 push_back 从数组尾部添加数据的。对容器内已有数据可直接通过数组下标形如 v[i]进行访问。对 vector 容器 v 的元素进行排序,仍是利用 sort()函数,利用向量首指针 begin()和尾指针 end()函数来实现,即 sort(v.begin(),v.end())。

【e1-12】 向 vector 容器添加 20 个整型数,排序后降序输出。

```
#include<cstdio>
#include<vector>
#include<algorithm>
using namespace std;
bool cmp(const int& one, const int& two){
    return one>two;
}
int main(){
    vector<int> v;
    for(int i=0; i<20; i++){
        int val = rand()%100;
        v.push_back(val);
    }
    printf("排序前:\n");
    for(int i=0; i<v.size(); i++) printf("%d ",v[i]);
    sort(v.begin(), v.end(), cmp);               //利用比较函数 cmp 实现降序
    printf("\n 排序后:\n");
    for(int i=0; i<v.size(); i++) printf("%d ",v[i]);
    return 0;
}
```

可以看出,为 vector 容器定义排序比较函数与为数组定义排序比较函数的规则是一致的。

1.2.2.2　stack 堆栈

堆栈只允许在表的一端进行插入和删除操作,是一种后进先出的线性表。程序中若应用 stack,必须包含头文件<stack>。

stack 类在竞赛中常用的函数如下。

1) 构造函数

• stack(class T, class Container＝deque<T>); 创建元素类型为 T 的空堆栈,默认容器是 deque。

2) 操作函数

• bool empty(); 如果堆栈为空,返回 true,否则返回 false。

• int size(); 返回堆栈中元素数量。

• void push(const T& t); 把 t 元素压入栈顶。

- void pop()；　当栈非空情况下,删除栈顶元素。
- T& top()；　当栈非空情况下,返回栈顶元素的引用。

【e1-13】　堆栈入栈与出栈的简单示例。

```
#include<cstdio>
#include<stack>
using namespace std;
int main(){
    stack<int> st;
    for(int i=1; i<=5; i++){
        st.push(i);                      //入栈顺序：1 2 3 4 5
    }
    while(!st.empty()){
        int val = st.top();              //获得栈顶元素
        printf("%d ", val);              //出栈顺序：5 4 3 2 1, 后进先出
        st.pop();                        //元素出栈,从栈中删除
    }
    return 0;
}
```

【e1-14】　括号匹配：输入一个括号表达式,若正确输出 Yes,否则输出 No。例如“()”、“()(())”是正确的表达式,“)(”、“())”、“((()”是错误的表达式。

关键思路：定义 stack 容器,元素类型是 char 字符。遍历括号表达式字符串,遇到左括号则入栈。遇到右括号,有两种情况：一是 stack 容器为空,表明没有左括号与右括号匹配,是错误的括号表达式；一是 stack 容器非空,表明有左括号与右括号匹配,出栈即可。当遍历括号表达式字符串结束,经过一系列的入栈、出栈后,若 stack 容器非空,表明仍有多余的左括号,是错误的括号表达式；若 stack 容器为空,则表明所有的左右括号恰好匹配完毕,是正确的括号表达式。

```
#include<cstdio>
#include<stack>
#include<cstring>
using namespace std;
int main(){
    char s[1000];
    scanf("%s", s);
    stack<char> st;
    bool mark = true;
    for(int i=0; i<strlen(s); i++){
        if(s[i]=='(')                    //左括号则入栈
            st.push(s[i]);
        else{                            //右括号
            if(st.empty()){              //没有匹配的右括号,是错误的表达式
                mark=false; break;
            }
            else{
                st.pop();                //栈顶"("出栈 ,与"("匹配完毕
            }
        }
    }
```

```
    }
    if(!st.empty())
        mark = false;                    //栈中有多余的"(",没有")"匹配,是错误的表达式
    mark==true?printf("Yes\n"):printf("No\n");
    return 0;
}
```

1.2.2.3　queue 队列

队列只允许在表的一端插入,在另一端删除,允许插入的一端叫作队尾,允许删除的一端叫作队头,是一种先进先出线性表。程序中若应用 queue,必须包含头文件<queue>。

queue 类在竞赛中常用的函数如下。

1)构造函数

- queue(class T, class Container＝deque<T>);　创建元素类型为 T 的空队列,默认容器是 deque。

2)操作函数

- bool empty();　如果队列为空,返回 true,否则返回 false。
- int size();　返回队列中元素数量。
- void push(const T& t);　把 t 元素压入队尾。
- void pop();　当队列非空情况下,删除队头元素。
- T& front();　当队列非空情况下,返回队头元素的引用。

【e1-15】　队列入队与出队的简单示例。

```
#include<cstdio>
#include<queue>
using namespace std;
int main(){
    queue<int> qu;
    for(int i=1; i<=5; i++){
        qu.push(i);                      //入队顺序:1 2 3 4 5
    }
    while(!qu.empty()){
        int val = qu.front();            //获得队尾元素
        printf("%d ", val);              //出队顺序:5 4 3 2 1, 先进先出
        qu.pop();                        //元素出队,从队中删除
    }
    return 0;
}
```

1.2.2.4　priority_queue 优先队列

带优先权的队列,优先权高的元素优先出队。与普通队列相比,共同点都是对队头做删除操作,队尾做插入操作,但不一定遵循先进先出原则,也可能后进先出。priority_queue 是一个基于某个基本序列容器进行构建的适配器,默认的序列容器是 vector。若应用 priority_queue 类,必须包含头文件<queue>。

priority_queue 类在竞赛中常用的函数如下。

1）构造函数

- **priority_queue**(const Pred& pr = Pred(),const allocator_type& al = allocator_type()); 创建元素类型为 T 的空优先队列,Pred 是二元比较函数,默认是 less<T>。
- **priority_queue**(const value_type * first,const value_type * last,const Pred& pr = Pred(), const allocator_type& al = allocator_type()); 以迭代器[first, last)指向的元素创建元素类型为 T 的优先队列,Pred 是二元比较函数,默认是 less<T>。

2）操作函数

- bool empty(); 如果优先队列为空,返回 true,否则返回 false。
- int size(); 返回优先队列中元素数量。
- void push(const T& t); 把 t 元素压入优先队列。
- void pop(); 当优先队列非空情况下,删除优先级最高元素。
- T& top(); 当优先队列非空情况下,返回优先级最高元素的引用。

【e1-16】 演示按大值优先输出整型序列。

```cpp
#include<cstdio>
#include<queue>
using namespace std;
int main(){
    int a[] = {1,5,2,4,3,6,10,9,7,8};
    priority_queue<int> pr;
    printf("进队顺序:");
    for(int i=0; i<10; i++){
        pr.push(a[i]);                  //进入优先队列序列: 1,5,2,4,3,6,10,9,7,8
        printf("%d ", a[i]);
    }
    printf("\n出队顺序:");
    while(!pr.empty()){
        int val = pr.top();
        printf("%d ", val);             //出队序列:10,9,8,7,6,5,4,3,2,1,0
        pr.pop();                       //删除队头元素
    }
}
```

可见,出队是谁数值大,谁先出队。也就是说,只要 a 数组中包含元素数值确定,本示例中不论它们如何进入优先队列,出队顺序都是固定的,都是由大到小输出。

【e1-17】 演示按小值优先输出整型序列。

例 e1-16 中,创建优先队列容器代码为 priority_queue<int> pr,其实有两个默认参数,写全了是 priority_queue<int, vector<int>, less<int> > pr。第 1 个参数 int 表示容器元素类型是整型,第 2 个参数 vector<int>,表明优先队列的容器原型是 vector 向量,第 3 个参数表明队列按什么优先输出,less<int>是 STL 固有的函数对象,表明是按整数大值优先输出,与 less 语义正好相反。因此若改为按小数优先输出,只需将例 e1-16 中创建优先队列对象的语句改为 priority_queue<int, vector<int>, greater<int> > pr 即可。

1.2.2.5 set 集合

set 是一种基于红黑树的容器，它能够自动排序存储的元素，并且保证元素的唯一性。若应用该类，必须包含头文件<set>。其在竞赛中常用函数如下所示。

1）构造函数
- set(const Pred& comp = Pred(), const A& al = A())； 创建空集合。
- set(const set& x)； 复制构造函数。
- set(const value_type * first, const value_type * last, const Pred& comp = Pred(), const A& al = A())； 复制[first, last)之间的元素构成新集合。

2）大小、判断空函数
- int size() const； 返回容器元素个数。
- bool empty() const； 判断容器是否空。若返回 true，表明容器已空。

3）增加函数
- pair<iterator, bool> insert(const value_type& x)； 插入元素 x。

4）遍历函数
- iterator begin()； 返回首元素的迭代器指针。
- iterator end()； 返回尾元素后的迭代器指针，而不是尾元素的迭代器指针。

5）查询函数
- iterator find(const key_type &key)； 在当前集合中查找等于 key 值的元素，并返回指向该元素的迭代器。如果没有找到，返回指向集合最后一个元素的迭代器。

【e1-18】 set 元素添加、遍历、查询示例，相关说明详见注释。

```
#include<cstdio>
#include<set>
using namespace std;
int main(){
    int a[] = {1,3,4,3,1};
    set<int> se;
    for(int i=0; i<5; i++){
        se.insert(a[i]);                //a 数组中包含 2 个 1,2 个 3,1 个 4
    }
    printf("size=%d\n", se.size());     //显示 size=3,表明重复的 1,3 没有加进去
    printf("set 遍历:");
    set<int>::iterator it = se.begin();
    while(it != se.end()){              //set 中还有元素
        printf("%d ", * it);           //it 是元素泛型指针, * it 是其内容
        it++;                          //泛型指针指向下一个元素
    }
    printf("\n 有无 4:");
    set<int>::iterator it2 = se.find(4);
    it2==se.end()?printf("No"):printf("Yes");
    printf("\n 有无 10:");
    set<int>::iterator it3 = se.find(10);
    it3==se.end()?printf("No"):printf("Yes");
    return 0;
}
```

【e1-19】　在一行中输入一个字符串,包含若干单词,单词间由空格相隔,输出不重复的单词有多少个?

由于 set 容器本身可进行去重判定,只需将获得的每个单词字符串添加到容器中,最后输出 set 容器的大小即可。相关代码如下所示。

```
#include<iostream>
#include<set>
#include<string>
using namespace std;
int main(){
    string val;
    set<string> se;
    while(cin>>val){
        se.insert(val);
    }
    printf("%d\n", se.size());
    return 0;
}
```

1.2.2.6　map 映射

STL map 是一种数据结构,它基于某一类型的键(Key)集合,提供对 T 类型的数据进行快速和高效的检索。在 STL 中,map 容器用于存储键值对,其中键是唯一的,而值可以是任何数据类型。这种数据结构允许通过键快速查找对应的值,非常适合用于需要快速查找的应用场景。STL map 支持键的唯一性,即每个键只能出现一次,但值可以重复。遍历 map 时,默认按键(Key)升序输出。若应用 map,必须写上包含头文件<map>。

map 在竞赛中常用函数如下所示。

1)构造函数

- map(const Pred& comp = Pred(), const A& al = A());　创建空映射。
- map(const map& x);　拷贝构造函数。
- map(const value_type * first, const value_type * last,const Pred& comp = Pred(), const A& al = A());　拷贝[first,last)之间元素构成新映射。

2)大小、判断空函数

- int size() const;　返回容器元素个数。
- bool empty() const;　判断容器是否空,若返回 true,表明容器已空。

3)增加函数

- iterator insert(const value_type& x);　插入元素 x。

4)遍历函数

- iterator begin();　返回首元素的迭带器指针。
- iterator end();　返回尾元素后的迭带器指针,而不是尾元素的迭带器指针。

5)查询函数

- const_iterator find(const Key& key) const;　查找功能,返回键值等于 key 的迭代器指针。

【e1-20】 map 添加、查询示例，相关说明写在代码注释中。

```cpp
#include<iostream>
#include<map>
using namespace std;
int main(){
    map<int,string> m;               //定义 map 容器,键是整型,值是字符串类型
    pair<int,string> p(1,"aaa");     //定义 3 个 pair 对象(p,p2,p3),模板参数与 map
                                     //容器一致
    pair<int,string> p2(2,"bbb");    //并用具体值填充 3 个 pair 对象
    pair<int,string> p3(1,"ccc");
    m.insert(p); m.insert(p2); m.insert(p3);
                                     //向 map 容器 m 添加 3 个 pair 对象 p、p2、p3
    cout << "size=" << m.size() << endl;
                                     //输出 size=2,表明重复键对应的 pair 对象没有被添加
    map<int,string>::iterator it = m.find(1);  //查询有无键为 1 的迭代指针
    if(it != m.end()){               //若 it=m.end()表明无键为 1 的迭代指针,否则有
        cout << "有 key=1" << endl;
        cout <<"key="<<(*it).first<<",value=" << (*it).second;
                                     //it 是 pair 对象的指针,*it 是其内容
                                     //(*it).first 为键,(*it).second 为值
    }
    return 0;
}
```

【e1-21】 map 遍历示例。

有了例 e-20 示例基础,再看下述代码就容易多了。

```cpp
#include<iostream>
#include<map>
using namespace std;
int main(){
    map<int,string> m;
    pair<int,string> p(1,"aaa");             //添加 3 个键值不同的 pair 对象
    pair<int,string> p2(3,"bbb");
    pair<int,string> p3(2,"ccc");
    m.insert(p); m.insert(p2); m.insert(p3);
    map<int,string>::iterator it = m.begin();
    while(it != m.end()){
        cout <<"key="<<(*it).first<<",value=" << (*it).second << endl;
                                             //默认按键值升序输出
        it ++ ;                              //指向下一个 pair 对象
    }
    return 0;
}
```

可以看出,map 容器添加多个 pair 对象时,不论键值多么无序,当统一遍历 map 容器时,默认是按键值升序遍历各元素的。

【e1-22】 map 元素更新示例。

我们知道,map 添加元素时,键值是唯一的,值是否可修改呢?那么如何修改已添加键对应的值呢?有两种方法:一种是通过 map 查询相应键获得对应的迭代指针直接修改;一

种是将查询获得的迭代指针指向内容赋给 pair 引用,再修改引用对象的值即可。下述代码描述了上述情况。

```cpp
#include<iostream>
#include<map>
using namespace std;
int main(){
    map<int,string> m;                        //m 容器添加下面两个 pair 对象
    pair<int,string> p(1,"aaa");
    pair<int,string> p2(3,"bbb");
    m.insert(p); m.insert(p2); ;
    map<int,string>::iterator it1 = m.find(1);  //获得键 1 所对应元素的迭代指针
    (*it1).second = "ccc";                      //通过指针将值修改为"ccc"
    map<int,string>::iterator it2 = m.find(3);  //获得键 3 所对应元素的迭代指针
    pair<const int,string>& pp = *it2;          //获得迭代指针指向对象的引用
    pp.second = "ddd";                          //通过引用将值修改为"ddd"
    //遍历 map 容器,看是否完成修改
    map<int,string>::iterator it = m.begin();
    while(it != m.end()){
        cout <<"key="<<(*it).first<<",value=" << (*it).second << endl;
        it ++ ;                                 //指向下一个 pair 对象
    }
    return 0;
}
```

【e1-23】 输入一行字符串,由多个单词组成,单词间空格相隔。输出不重复的单词内容及出现次数。

定义 map<string,int>容器 m。键是 string 类型,代表单词内容;值是 int 类型,代表单词出现的次数。对每一单词而言,查询 map 容器,看是否有该单词。若有修改次数,若没有则定义 pair 对象,将单词次数设置为 1,添加到 map 容器中即可。基于上述关键思想,代码如下所示。

```cpp
#include<iostream>
#include<string>
#include<map>
using namespace std;
int main(){
    string val;
    map<string,int> m;
    map<string,int>::iterator it;
    while(cin >> val){
        it = m.find(val);
        if(it != m.end()){                    //该单词已存在
            (*it).second++;                   //出现次数加 1
        }
        else{                                 //是新单词,出现次数设为 1,添加到容器中
            pair<string,int> p(val,1);
            m.insert(p);
        }
    }
```

```
//显示单词内容及出现次数
it = m.begin();
while(it != m.end()){
    cout <<"key="<<(*it).first<<",value=" << (*it).second << endl;
    it ++ ;                          //指向下一个 pair 对象
}
return 0;
}
```

基 础 题

基础题指编程方法采用穷举法、直线式编程,算法一般包含取余、最大公约数、排序以及中等数学一些基本数学公式等。

◇ 2.1 穷举法真题

穷举法依赖的基本技术是遍历,也就是采用一定策略依次处理待求解问题的所有元素,找出正确的答案。对于穷举法自身的优化,一般只能减少其执行的系数,但是数量级不会改变。

【例 2-1】(第 7 届)抽签。

X 星球要派出一个 5 人组成的观察团前往 W 星。其中:A 国最多可以派出 4 人,B 国最多可以派出 2 人,C 国最多可以派出 2 人,D 国最多可以派出 1 人,E 国最多可以派出 1 人,F 国最多可以派出 3 人。

那么最终派往 W 星的观察团会有多少种国别的不同组合呢?

分析:该题是一道程序填空题,很明显利用 6 重循环可完成所求。算法不是本题论述的重点,我们关注的是:当 n 重循环,n 比较大时的代码写法。笔者建议采用左端对齐写法,利用复制、粘贴命令,可很快完成 n 重循环的代码框架,剩下的工作主要是修改变量名称等简单的工作。因此,本题代码如下所示。

```
#include<cstdio>
int main() {
    int num = 0;
    for(int a=0; a<=4; a++){
    for(int b=0; b<=2; b++){
    for(int c=0; c<=2; c++){
    for(int d=0; d<=1; d++){
    for(int e=0; e<=1; e++){
    for(int f=0; f<=3; f++){
        if (a+b+c+d+e+f==5)
            num ++;
    }
    }
    }
    }
    }
    }
    printf("%d\n",num);
```

```
        return 0;
    }
```

【例 2-2】（第 4 届）**买不到的数目**。（Dotcpp 编程（C 语言网）：1427）

小明开了一家糖果店。他别出心裁：把水果糖包成 4 颗一包和 7 颗一包的两种。糖果不能拆包卖。小朋友来买糖的时候,他就用这两种包装来组合。当然有些糖果数目是无法组合出来的,比如要买 10 颗糖。你可以用计算机测试一下,在这种包装情况下,最大不能买到的数量是 17。大于 17 的任何数字都可以用 4 和 7 组合出来。

本题的要求就是在已知两个包装的数量时,求最大不能组合出的数字。

[输入格式]

两个正整数,表示每种包装中糖的颗数（都不多于 1000）。

[输出格式]

一个正整数,表示最大不能买到的糖数。

[样例输入]

```
4 7
```

[样例输出]

```
17
```

分析：该题比较简单,由于数据量比较小,从两个数 a、b 乘积开始,依次递减,判断每个数是否可划分为 a、b 的组合即可。关键代码如下所示。

```cpp
#include<cstdio>
using namespace std;
int main(){
    int a, b;
    scanf("%d%d", &a, &b);
    int mid;
    bool mark;
    int value = a * b-1;
    for(int i=value;; i--){
        mark = false;
        for(int j=0; j<=i/a; j++){
            mid = i - a * j;
            if(mid%b==0){
                mark = true;
                break;
            }
        }
        if(mark==false){
            printf("%d\n", i);
            break;
        }
    }
    return 0;
}
```

【例 2-3】(第 7 届)**四平方和**。(Dotcpp 编程(C 语言网)：2270)

四平方和定理，又称为拉格朗日定理：每个正整数都可以表示为至多 4 个正整数的平方和。如果把 0 包括进去，就正好可以表示为 4 个数的平方和。

比如：

$5 = 0^2 + 0^2 + 1^2 + 2^2$

$7 = 1^2 + 1^2 + 1^2 + 2^2$

对于一个给定的正整数，可能存在多种平方和的表示法。要求你对 4 个数排序：

$0 \leqslant a \leqslant b \leqslant c \leqslant d$。并对所有的可能表示法按 a、b、c、d 为联合主键升序排列，最后输出第一个表示法。

[输入格式]

程序输入为一个正整数 N（N<5000000）。

[输出格式]

要求输出 4 个非负整数，按从小到大排序，中间用空格分开。

[样例输入]

```
5
```

[样例输出]

```
0 0 1 2
```

分析：利用三重循环实现，从外到内循环变量依次为 a、b、c，循环变量初值均为 0。令 $mid = N - a \times a - b \times b - c \times c$，判断 mid 是否为完全平方式即可。其关键代码如下所示。

```cpp
#include<cstdio>
#include<cmath>
int main(){
    int N;
    scanf("%d", &N);
    for(int a=0;;a++){                      //不必写循环变量终值
        for(int b=0;;b++){
            if(a*a+b*b>N) break;            //退出循环条件
            for(int c=0;;c++){
                if(a*a+b*b+c*c>N) break;
                int mid = (N - a*a-b*b-c*c);
                int d = sqrt(mid);
                if(d*d==mid){               //判断 d 是否为完全平方式
                    printf("%d %d %d %d\n", a,b,c,d);
                    return 0;
                }
            }
        }
    }
    return 0;
}
```

【例 2-4】(第 5 届)**拼接平方数**。(Dotcpp 编程(C 语言网)：1821)

小明发现 49 很有趣,首先,它是个平方数。可以拆分为 4 和 9,拆分出来的部分也是平方数。169 也有这个性质,我们权且称它们为:拼接平方数。

100 可拆分 1、00,这有点勉强,我们规定,0、00、000 等都不算平方数。

小明想:还有哪些数字是这样的呢?

你的任务出现了:找到某个区间的所有拼接平方数。

[输入格式]

两个正整数 a b($a<b<10^6$)。

[输出格式]

若干行,每行一个正整数。表示所有的区间[a,b]中的拼接平方数。

[样例输入]

```
1 200
```

[样例输出]

```
49
169
```

分析:本题的实质是首先该数必须是平方数,然后将该数逐级拆分成两个数,判定这两个数是否是完全平方数即可。其拆分示例如表 2-1 所示。

表 2-1　平方数拆分过程表

示例数(平方数)	拆分后两数 a,b	分　　析
$324900=570*570$	a=32490　b=0	由于 b=0,继续拆分
	a=3249　b=0	由于 b=0,继续拆分
	a=324　b=900	由于 a=18*18,b=30*30,所以该数 324900 满足条件,否则继续拆分,若拆到最后,a、b 都不是完全平方数,则该数不满足题意

本示例关键代码如下所示。

```cpp
#include<cstdio>
#include<cmath>
using namespace std;
int main(){
    int a, b;
    scanf("%d%d", &a, &b);
    int m,p,u,v,x,y;
    for(int i=1; ; i++){
        m = i * i;
        if(m<a) continue;              //完全平方数 m 必须在[a,b]之间
        if(m>b) break;
        p = 10;
        while(true){
            u = m/p;                   //逐级拆分高位
            v = m%p;                   //逐级拆分低位
```

```
            p *= 10;
            if(u==0) break;              //高位为 0 退出循环
            if(v==0) continue;           //低位为 0 继续循环
            x = sqrt(u); y = sqrt(v);
            if(x * x==u && y * y==v){    //高、低位均为完全平方式
                printf("%d\n", m);
            }
        }
    }
    return 0;
}
```

【例 2-5】(第 4 届)带分数。(Dotcpp 编程(C 语言网):1440)

100 可以表示为带分数的形式:100=3+69258/714。

还可以表示为:100=82+3546/197。

注意特征:带分数中,数字 1~9 分别出现且只出现一次(不包含 0)。类似这样的带分数 100 有 11 种表示法。从标准输入读入一个正整数 N(N< 1000×1000),程序输出该正整数用数字 1~9 不重复不遗漏地组成带分数表示的全部种数。注意:不要求输出每个表示,只统计有多少表示法!

分析:带分数通项形式为 value=a+b/c,确定 a、b、c 的值是关键。令数组元素 d[0]~d[8]对应集合[1,9]中的某一值,且无重复。当某组 d[0]~d[8]值确定后,确定 a、b、c 的算法如图 2-1 所示(为了图示简洁,以 5 个数为例加以说明)。

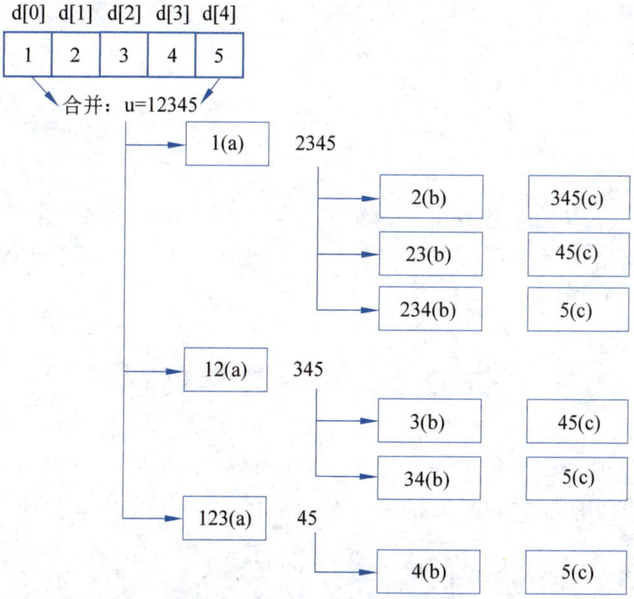

图 2-1　带分数算法原理图

如何实现 d[0]~d[8]的穷举呢?利用 STL next_permutation()函数实现即可。

根据图 2-1 算法,代码如下所示。

```
#include<cstdio>
```

```
#include<cmath>
#include<algorithm>
using namespace std;
int main(){
    int n;
    int u,v,a,b,c;
    scanf("%d", &n);
    int sum = 0;
    int d[] = {1,2,3,4,5,6,7,8,9};
    do{
        u = 0;
        for(int i=0; i<9; i++)          //将d[]合并成单整数u
            u = u*10+d[i];
        int x = pow(10,8);
        int y;
        while(x>=10){
            a = u/x;                    //计算a
            v = u%x;
            y = x/10;
            while(y>=10){
                b = v/y;                //计算b
                c = v%y;                //计算c
                y /= 10;
                if(b%c==0 && a+(b/c)==n)
                    sum ++;
            }
            x /= 10;
        }
    }while(next_permutation(d,d+9));
    printf("%d\n", sum);
    return 0;
}
```

当然，可以进一步改进上述算法。例如：在第 1 层 while 循环中，当计算出的 a 已经大于或等于 n，则应退出该层循环；在第 2 层 while 循环中，当 b/c 大于或等于 n 时，则应退出该层循环。请读者自行完善上述代码。

◆ 2.2　中等数学真题

【例 2-6】（第 13 届）因数平方和。（Dotcpp 编程（C 语言网）：2683）

记 f(x) 为 x 的所有因数的平方的和。例如：$f(12)=1^2+2^2+3^2+4^2+6^2+12^2$。定义

$g(n)=\sum\limits_{i=1}^{n}f(i)$。给定 n，求 g(n) 除以 10^9+7 的余数。

［输入］

输入一行包含一个正整数 n。

［输出］

输出一个整数表示答案 g(n) 除以 10^9+7 的余数。

［样例输入］

```
100000
```

[样例输出]

```
680584257
```

[提 示]

对于 20% 的评测用例,$n \leqslant 10^5$。

对于 30% 的评测用例,$n \leqslant 10^7$。

对于所有评测用例,$1 \leqslant n \leqslant 10^9$。

方法 1 分析:很明显,若求 g(n),如果分别求出 f(1),f(2),…,f(n),则时间消耗非常大。我们可以从整体思维出发,不考虑任何单独的 f(i)。例如求 g(10):包含因子 1 的数有 10 个,范围[1,10];包含因子 2 的数有 5 个,范围[2,4,6,8,10];包含因子 3 的数有 3 个,范围[3,6,9]。以此类推,可得出 g(10)公式如下所示。

$$g(10) = 10 \times 1^2 + 5 \times 2^2 + 3 \times 3^2 + 2 \times 4^2 + 2 \times 5^2 + 1 \times 6^2 + \cdots + 1 \times 10^2$$

进而得出 g(n)更一般的公式,如下所示。

$$g(n) = \sum_{i=1}^{n} \frac{n}{i} \times i^2 \, (n/i \text{ 的结果是整数})。$$

根据上述,本示例关键代码如下所示。

```cpp
#include<cstdio>
using namespace std;
long long n;
long long mod = 1e9+7;
int main(){
    long long size;
    scanf("%lld", &n);
    long long unit;
    long long sum = 0;
    for(long long i=1; i<=n; i++){
        size = n/i;
        unit = ((i * i%mod) * size)%mod;
        sum = (sum+unit)%mod;
    }
    printf("%lld\n", sum);
    return 0;
}
```

方法 2 分析:根据方法 1,按因子从大到小排列我们可得出 g(n)的一般表达式,如下所示。

$$g(n) = 1 \times n^2 + 1 \times (n-1)^2 + \cdots + 1 \times a^2 +$$
$$2 \times (a-1)^2 + 2 \times (a-2)^2 + \cdots + 2 \times b^2 +$$
$$3 \times (b-1)^2 + 3 \times (b-2)^2 + \cdots + 3 \times c^2 +$$
$$\cdots\cdots$$

可以看出:系数为 1,因子平方和为$(n^2 + (n-1)^2 + \cdots + a^2)$;系数为 2,因子平方和为

$((a-1)^2+(a-12)^2+\cdots+b^2)$；系数为 3，因子平方和为 $((b-1)^2+(b-1)^2+\cdots+c^2)$。因此，问题归结为如何快速求连续区间（假设为 $[L,R]$）平方和问题。利用经典公式即可，如下所示。

$$Sum[L,R] = Sum[1,R] - Sum[1,L-1]$$
$$= \frac{R \times (R+1) \times (2R+1)}{6} - \frac{(L-1) \times L \times (2L-1)}{6}$$

根据上述分析，其代码如下所示。

```cpp
#include<cstdio>
long long n;
long long mod = 1e9+7;
long long calc2(long long m){          //平方和公式:m*(m+1)*(2m+1)/6
    long long u = m*(m+1);
    long long v = 2*m+1;
    u /= 2;
    if(u%3==0)
        u /= 3;
    else
        v /= 3;
    long long r=((u%mod)*(v%mod))%mod;
    return r;
}
long long calc(long long start, long long end){//计算[start,end]间平方和
    long long r1 = calc2(end);
    long long r2 = calc2(start-1);
    int cof = n/end;
    long long r = (r1-r2) * cof;
    if(r<0) r += mod;
    r %= mod;
    return r;
}
int main(){
    scanf("%lld", &n);
    long long u = n;
    long long sum = 0;
    long long start,end, ratio;
    end = u;
    while(end>=1){
        ratio = n/end;
        start = n/(ratio+1)+1;
        sum += calc(start,end);
        sum %= mod;
        end = start - 1;
    }
    printf("%lld\n", sum);
    return 0;
}
```

【例 2-7】（第 12 届）和与乘积。（Dotcpp 编程（C 语言网）：2622）

给定一个数列 $A=(a_1,a_2,\cdots,a_n)$，问有多少个区间 $[L,R]$ 满足区间内元素的乘积等于它们的和，即 $a_L \cdot a_{L+1}\cdots a_R = a_L + a_{L+1} + \cdots + a_R$。

[输入]

输入第一行包含一个整数 n,表示数列的长度。

第二行包含 n 个整数,依次表示数列中的数 $a_1,a_2,\cdots,a_n$。

[输出]

输出仅一行,包含一个整数表示满足如上条件的区间的个数。

[样例输入]

```
4
1 3 2 2
```

[样例输出]

```
6
```

[样例解释]

符合条件的区间为 [1,1],[1,3],[2,2],[3,3],[3,4],[4,4]。

[评测用例规模与约定]

对于 20% 的评测用例,n≤3000;

对于 50% 的评测用例,n≤20000;

对于所有评测用例,1≤n≤200000,1≤a_i≤200000。

分析:若 n 个整数的连乘积等于它们的和,则该数列一定有其特殊性。仔细分析可得整数"1"在其中起到很大的作用。因为 1 与任意数相乘仍为任意数,1 与任意数相加却发生了变化。为了更好地理解 1 的作用,我们反过来思考,写出满足 2×6=12 的多个整数数列,其和也为 12,如表 2-2 所示。

表 2-2　和积相等示例表

序　　列	说　　明
2 6 1 1 1 1	后端补齐 4 个 1,其和为 12。
2 1 1 1 1 6	中间补齐 4 个 1,其和为 12。
1 1 1 1 2 6	前段补齐 4 个 1,其和为 12。
1 2 6 1 1 1	前端补 1 个 1,后端补 3 个 1,其和为 12。
1 1 2 6 1 1	前端补 2 个 1,后端补 2 个 1,其和为 12。
1 2 1 6 1 1	前端补 1 个 1,中间补 1 个 1,后端补 2 个 1,其和为 12。

很明显,表 2-2 中并没有列出符合条件的全部序列。但从中也可得出实现本示例功能的算法。令原数组为 d[i],数组 a[i]表示原数组中不包含 1 的数组序列,数组 head[i]表示 a[i]元素之前(两个非 1 元素)间 1 的个数。例如若原序列 d={1,2,1,6,1,1},则 a={2,6},head={1,1,2}。考虑一般情况,计算 $a_l×a_{l+1}×\cdots×a_r$ 情况,如图 2-2 所示。

令 total=a[l]×a[l+1]×$\cdots$×a[r],其和 unit=a[l]+(head[l+1]+a[l+1])+(head[l+2]+a[l+2])+$\cdots$+(head[r]+a[r])。有以下三种情况。

图 2-2 和积一般情况图

① 若 total＜unit，则[l,r]区间数据乘积不可能等于区间和。

② 若 total＝unit，则[l,r]区间数据乘积刚好等于区间和。

③ 若 total＞unit，则表明[l,r]区间数据乘积小于区间和。此时要考虑[l,r]区间左右外延，要判定 head[l]，head[r＋1]，unit 三者与 total 的关系。若 head[l]＋head[r＋1]＋unit 大于 total，则表明一定有区间满足其和等于其积 total；否则没有区间满足其和等于其积 total。

根据上述分析，其关键代码如下所示。

```cpp
#include<cstdio>
using namespace std;
int n;
long long d[200005];                    //原序列数组
long long a[200005];                    //不包含 1 的原序列数组
long long head[200005]={0};    //存储原序列非 1 整数 a[i]前(两非 1 整数间)有多少个 1

int main(){
    long long sum = 0;                  //原数组累加和
    scanf("%d", &n);
    for(int i=0; i<n; i++){
        scanf("%d", &d[i]);
        sum += d[i];
    }
    int pos = 0;
    for(int i=0; i<n; i++){             //计算 head[pos],a[pos]
        if(d[i]==1){
            head[pos]++;
            continue;
        }
        a[pos] = d[i];
        pos ++;
    }

    long long section;
    long long unit;
    long long c = 0;
    long long mid;
    long long minvalue, maxvalue;

    int c2 = 0;
    int j;
    for(int i=0; i<pos-1; i++){
        section = a[i];                 //从 a[i]开始数据连乘积
        unit = a[i];                    //从 a[i]开始数据累加和
        for(j=i+1; j<pos; j++){
            section *= a[j];
            unit += head[j]+a[j];
```

```
            if(section>sum) break;              //若连乘积大于累加和,则跳出循环
            if(section<unit) continue;          //若连乘积小于累加和,则继续循环
            if(section==unit){                  //连乘积刚好等于累加和
                c ++;
                continue;
            }
            mid = section - unit;
            if(head[i]+head[j+1]>=mid){
                minvalue = head[i];
                maxvalue = head[i];
                if(minvalue > head[j+1])
                    minvalue = head[j+1];
                if(maxvalue < head[j+1])
                    maxvalue = head[j+1];
                if(minvalue >=mid)
                    c += (mid+1);
                else{
                    if(mid-maxvalue>=0)
                        c += (minvalue+maxvalue-mid)+1;
                    else
                        c += (minvalue+1);
                }
            }
        }
    }
    printf("%lld\n", c+n);
    return 0;
}
```

【例 2-8】(第 12 届)杨辉三角形。(Dotcpp 编程(C 语言网):2610)

图 2-3 中的图形是著名的杨辉三角形。

如果我们按从上到下、从左到右的顺序把所有数排成一列,可以得到数列:1,1,1,1,2,1,1,3,3,1,1,4,6,4,1,…。

给定一个正整数 N,请你输出数列中第一次出现 N 是在第几个数。

```
        1
      1   1
    1   2   1
  1   3   3   1
1   4   6   4   1
1  5  10  10  5  1
…          …          …
```

图 2-3　杨辉三角形

[输入]

输入一个整数 N。

[输出]

输出一个整数代表答案。

[样例输入]

6

[样例输出]

13

［评测用例规模与约定］

对于 20%的评测用例，1≤N≤10；

对于所有评测用例，1≤N≤1000000000。

方法 1 分析：利用一维数组动态生成杨辉三角形每行数据，边生成的时候边检测此时的数据是否与所给数据相同，从而得出该数据在杨辉三角形中的出现位置。其关键代码如下所示。

```
#include<cstdio>
using namespace std;
long long d[100000];                                    //填充杨辉三角形每行数据的数组
int main(){
    long long value;
    scanf("%lld", &value);
    if(value==1){
        printf("1\n");
        return 0;
    }
    d[1] = 1;
    int pos = 1;
    for(int i=2; ;i++){
        for(int j=i; j>=1; j--){
            d[j] += d[j-1];                             //倒序填充杨辉三角形每行数据
            pos ++;
            if(d[j]==value){                            //与所给数据相同
                printf("%d\n", pos);                    //则输出该位置值
                return 0;
            }
        }
    }
    return 0;
}
```

方法 2 分析：杨辉三角形数据与二项式定理是相关的，由于 $C_n^1=n$，所以给定的 N，在杨辉三角形中一定存在。由于 N 最大可至 10^9，那么按方法 1，内存开销很大，至多遍历杨辉三角形 10^9 行。毫无疑问超时是必然的，因此必须改进方法 1 算法。首先分析一下杨辉三角形的特点，以 6 阶杨辉三角形为例，如图 2-4 所示。

	1列	2列	3列	4列	5列	6列	7列
0阶	1						
1阶	1	1					
2阶	1	2	1				
3阶	1	3	3	1			
4阶	1	4	6	4	1		
5阶	1	5	10	10	5	1	
6阶	1	6	15	20	15	6	1

图 2-4　特征图

很明显,对列来说(n 变化):第 1 列对应 C_n^0,第 2 列对应 C_n^1,第 3 列对应 C_n^3,依此类推,且每列都是递增的;对行来说(n 不变):数据左右对称,最大值为 $C_n^{\frac{n}{2}}$。根据上述特点得出本题关键思路有以下两点,如下所示。

① 利用二分查找判断有无出现 N。假设 N 为 6。当查找第 2 列时,二分查找初值 l=1,r=6,则 mid=(1+6)/2=3。因为 $C_{mid}^1=C_3^1=3<6$,所以 l=mid+1=4,r 仍为 6,则 mid=(4+6)/2=5。因为 $C_{mid}^1=C_5^1=5<6$,所以 l=mid+1=6,r 仍为 6,则 mid=(6+6)/2=6。因为 $C_{mid}^1=C_6^1=6$,所以找到一个解(6,1);当查找第 3 列时,二分查找初值 l=1,r=6,则 mid=(1+6)/2=3。因为 $C_{mid}^2=C_3^2=3<6$,所以 l=mid+1=4,r 仍为 6,则 mid=(4+6)/2=5。因为 $C_{mid}^2=C_5^2=10>6$,所以 r=mid-1=5,l 仍为 4,则 mid=(4+5)/2=4。因为 $C_{mid}^2=C_4^2=6$,所以找到一个解(4,2)。以此类推。因此二分查找过程中计算 C_{mid}^k 是非常关键的。

② 那么如何计算到底要遍历多少列呢?假设 N 的最大值不超过 6,我们可根据杨辉三角形行值特点来获得答案,由于每行最大值是 $C_n^{\frac{n}{2}}$,根据观察图 2-4,可得遍历到第 3 列即可。若 N 的最大值不超过 20,通过观察图 2-4,则遍历到第 4 列即可。回归到本题 N 最大 10^9,则可先利用程序打出杨辉三角形,根据观察可得,$C_{34}^{17}=1166803110$,杨辉三角形中心位置第 1 次大于 10^9,因此遍历到第 17 列即可。也可得:杨辉三角形中心位置数据变化非常快,懂得这一点也是实现本题的关键。

根据上述分析,本方法的关键代码如下所示。

```cpp
#include<cstdio>
using namespace std;
long long d[40];
long long f[40];
long long CNK(long long n, long long k){    //求 cnk 方法
    for(int i=0; i<k; i++){
        d[i]=n-i;                           //分子数组
    }
    for(int j=2; j<=k; j++){
        f[j-2]=j;                           //分母数组
    }
    for(int i=0; i<k; i++){
        for(int j=0; j<k-1; j++){
            if(d[i]%f[j]==0){               //分子、分母或分母、分子约分
                d[i] /= f[j];
                f[j]=1;
            }
            else if(f[j]%d[i]==0){
                f[j]/=d[i];
                d[i]=1;
            }
        }
    }
    long long r1 = 1;                       //保存分子连乘积
    for(int i=0; i<k; i++){
        if(r1 * d[i]<r1){                   //表明越界
            return -1;                      //返回-1,表明该数已经超过 long long 范围
```

```
        }
        r1 *= d[i];
    }
    long long r2 = 1;                    //保存分母连乘积
    for(int j=0; j<k-1; j++){
        r2 *= f[j];
    }
    return r1/r2;
}

int main(){
    long long value;
    scanf("%lld", &value);
    if(value==1){
        printf("1\n");
        return 0;
    }
    long long r,l,mid;
    long long u;
    long long N, K;
    for(int i=1; i<=16; i++){            //相当于遍历图 2-3 的 2~17 列
        l=1;
        r = value;
        while(l<=r){
            mid = (l+r)/2;
            u = CNK(mid, i);
            if(u==-1){
                r = mid-1;
            }
            else{
                if(u<value){
                    l = mid+1;
                }
                else if(u>value){
                    r = mid-1;
                }
                else{
                    N = mid;
                    K = i;
                    break;
                }
            }
        }
    }
    long long result;
    if(K<=(mid+2)/2)
        result = (1+N) * N/2 + K+1;
    else
        result=(1+N) * N/2 +(N+1-K);
    printf("%lld\n", result);
    return 0;
}
```

2.3 取余真题

【例 2-9】(第 8 届)**K 倍区间**。(Dotcpp 编程(C 语言网):1882)

给定一个长度为 N 的数列,$A_1, A_2, \cdots, A_N$,如果其中一段连续的子序列 $A_i, A_{i+1}, \cdots,$ $A_j(i \leqslant j)$ 之和是 K 的倍数,我们就称这个区间[i, j]是 K 倍区间。

你能求出数列中总共有多少个 K 倍区间吗?

[输入]

第一行包含两个整数 N 和 K($1 \leqslant N, K \leqslant 100000$)。

以下 N 行每行包含一个整数 A_i($1 \leqslant A_i \leqslant 100000$)。

[输出]

输出一个整数,代表 K 倍区间的数目。

[样例输入]

```
5 2
1 2 3 4 5
```

[样例输出]

```
6
```

分析:为了更好说明本示例算法,取 N=6,K=5,整数列为(1 2 3 4 5 8),则算法如下所示。

① 将原数列转换为累加和数列,累加和数列第 i 项值等于原数列前 i 项之和。则示例数据(1 2 3 4 5 8)转换为(1 3 6 10 15 18)。

② 将累加和数列每项对 K 取余。示例中 K=5,则累加和数列(1 3 6 10 15 18)转化为(1 3 1 0 0 3)。其中,第 4、5 项数列值为 0,表明原数列中前 4、5 项之和一定能被 K 整除;第 1、3 项数列值为 1,表明原数列中前 1、3 项之和对 K 取余后值为 1;第 2、6 项数列值为 3,表明原数列中前 2、6 项之和对 K 取余后值为 3。

③ 很明显,在余数序列(1 3 1 0 0 3)中所有数在[0,K)中,能被 K 整除的连续序列数目由两部分组成:一部分是余数为 0 的个数;一部分是余数相同两两匹配的个数。例如:第 1、3 项余数都为 1,由于(1-1)%K=0,表明第 2、3 项之和能被 K 整除;第 2、6 项余数都为 3,由于(3-3)%K=0,表明第 3、4、5、6 项之和能被 K 整除;第 4、5 项余数都为 0,由于(0-0)%K=0,表明第 5 项能被 K 整除。因此,统计[0,K)中余数的个数非常关键,若余数为 1 的个数为 n,由于可两两配对,可得由 1 构成的能被 K 整除的连续区间数目为 n*(n-1)/2。

根据上述分析,本示例关键代码如下所示。

```cpp
#include<cstdio>
using namespace std;
int main(){
    int n,k;
    scanf("%d%d", &n, &k);
```

```
        long long value;
        long long s[n+1];                        //累加和数组
        long long a[k];                          //保存余数个数的数组
        s[0] = 0;
        for(int i=1; i<=n; i++){                 //累加和数组下标,从1开始
            scanf("%lld", &value);
            s[i] = s[i-1] + value;
        }
        int mod;
        for(int i=0; i<k; i++){                   //初始化余数个数数组元素为0
            a[i] = 0;
        }
        for(int i=1; i<=n; i++){
            mod = s[i]%k;                          //累加和对k取余
            a[mod] ++;                             //余数为mod对应的数组元素加1
        }
        long long sum = 0;
        for(int i=0; i<k; i++){
            if(a[i]==0) continue;
            sum = sum + a[i] * (a[i]-1)/2;        //余数为i,个数为a[i],两两配对组成的
                                                  //连续区间数目累加
        }
        sum += a[0];                              //累加余数为0的个数
        printf("%lld\n", sum);
        return 0;
    }
```

【例2-10】(第13届)取模。(Dotcpp编程(C语言网):2701)

给定 n、m,问是否存在两个不同的数 x、y 使得 $1 \leqslant x < y \leqslant m$ 且 n mod x = n mod y。

[输入格式]

输入包含多组独立的询问。

第一行包含一个整数 T 表示询问的组数。

接下来 T 行每行包含两个整数 n、m,用一个空格分隔,表示一组询问。

[输出格式]

输出 T 行,每行依次对应一组询问的结果。如果存在,输出单词 Yes;如果不存在,输出单词 No。

[样例输入]

```
3
1 2
5 2
999 99
```

[样例输出]

```
No
No
Yes
```

[提示]

对于 20％的评测用例,$T \leqslant 100, n, m \leqslant 1000$;

对于 50％的评测用例,$T \leqslant 10000, n, m \leqslant 10^5$;

对于所有评测用例,$1 \leqslant T \leqslant 10^5, 1 \leqslant n \leqslant 10^9, 2 \leqslant m \leqslant 10^9$。

分析:对两个整数来说 x％y 的最大值不会超过 y－1。分两种情况讨论。

① 当 x％y ＝ y－1 时,由于 0～y－1 是 y 个数,1～y 是 y 个数,两者个数相同。因此必有:$x\%1=0, x\%2=1, x\%3=2, \cdots, x\%y=y-1$。x 对[1,y]范围中任意数取余结果都是不同的。这种情况下,$1 \leqslant y1, y2 \leqslant y$ 中,x％y1 一定不等于 x％y2;

② 当 x％y＜y－1 时,由于 1～y 是 y 个数,因此 x 对这 y 个数取余也有 y 个结果,而 x％y＜y－1,说明这 y 个余数值中必有重复值。也就是说,$1 \leqslant y1, y2 \leqslant y$ 中,必有 x％y1 等于 x％y2。

综合①②,判定 x％y 是否等于 y－1,就可判定 $1 \leqslant y1, y2 \leqslant y$ 中,是否有 x％y1 等于 x％y2。代码及相关注释如下所示。

```
#include<cstdio>
int main(){
    int T,n,m;
    scanf("%d",&T);                       //T 个示例
    int mid;
    bool mark = false;
    for(int i=0; i<T; i++){
        scanf("%d%d", &n, &m);
        mark = false;
        for(int j=1; j<=m;j++){
            mid = n%j;                    //判定 1≤j1,j2≤j 中,是否有 n%j1=n%j2
            if(mid != j-1){               //此条件成立,一定有 n%j1=n%j2
                mark=true;
                break;                    //退出循环
            }
        }
        mark==true?printf("Yes\n"):printf("No\n");
    }
    return 0;
}
```

【例 2-11】(第 13 届)**近似 GCD**。(洛谷网战:P8809)

小蓝有一个长度为 n 的数组 A＝$(a_1, a_2, \cdots, a_n)$,数组的子数组被定义为从原数组中选出连续的一个或多个元素组成的数组。数组的最大公约数指的是数组中所有元素的最大公约数。如果最多更改数组中的一个元素之后,数组的最大公约数为 g,那么称 g 为这个数组的近似 GCD。一个数组的近似 GCD 可能有多种取值。

具体的判断 g 是否为一个子数组的近似 GCD 方法如下:

① 如果这个子数组的最大公约数就是 g,那么说明 g 是其近似 GCD。

② 在修改这个子数组中的一个元素之后(可以改成想要的任何值),子数组的最大公约数为 g,那么说明 g 是这个子数组的近似 GCD。

小蓝想知道,数组 A 有多少个长度大于或等于 2 的子数组满足近似 GCD 的值为 g。

[输入格式]

输入的第一行包含两个整数 n、g,用一个空格分隔,分别表示数组 A 的长度和 g 的值。

第二行包含 n 个整数 $a_1, a_2, \cdots, a_n$,相邻两个整数之间用一个空格分隔。

[输出格式]

输出一行包含一个整数表示数组 A 有多少个长度大于或等于 2 的子数组的近似 GCD 的值为 g。

[样例输入]

```
5 3
1 3 6 4 10
```

[样例输出]

```
5
```

[提示]

满足条件的子数组有 5 个。

[1,3]:将 1 修改为 3 后,这个子数组的最大公约数为 3,满足条件。

[1,3,6]:将 1 修改为 3 后,这个子数组的最大公约数为 3,满足条件。

[3,6]:这个子数组的最大公约数就是 3,满足条件。

[3,6,4]:将 4 修改为 3 后,这个子数组的最大公约数为 3,满足条件。

[6,4]:将 4 修改为 3 后,这个子数组的最大公约数为 3,满足条件。

对于 20% 的评测用例,$2 \leqslant n \leqslant 10^2$;

对于 40% 的评测用例,$2 \leqslant n \leqslant 10^3$;

对于所有评测用例,$2 \leqslant n \leqslant 10^5$,$1 \leqslant g, a_i \leqslant 10^9$。

分析:以样例输入数据为例,看一下关键算法流程。

遍历 n(样例 n=5,g=3)个数据。每个数据均对 g 取余,若余数为 0,表明该数能整除 g;若余数非 0,利用 a 数组保存该数在原数组中的下标位置。数据遍历完毕后,a 数组为 {0,3,4},表明原数组 0、3、4 位置处的元素不能被 g 整除。数组大小 size 为 3。

以每一个 a[i] 为中心,我们讨论更一般的情况,如图 2-5 所示。

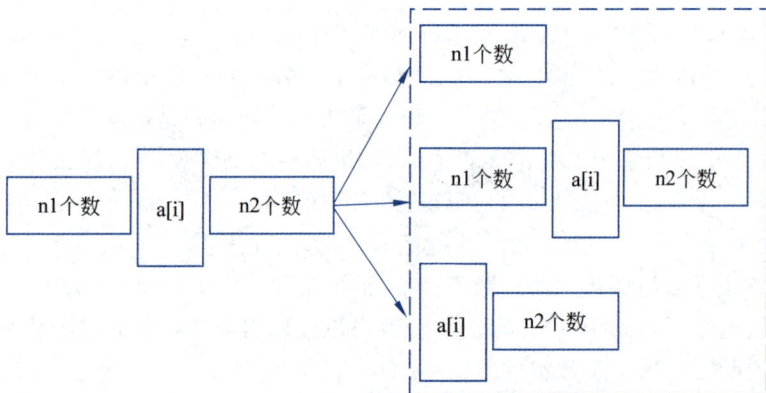

图 2-5　计算每个 a[i] 为中心子数组计算方法

图 2-5 含义是：a[i]左侧有 n1 个数可被 g 整除，a[i]右侧有 n2 个数可被 g 整除，因此修改 a[i]为 g 即可。如何计算满足条件的子数组呢？可分为图 2-5 右侧三部分。

① 仅包含左侧 n1 个数构成的子集：sum1＝n1＊(n1－1)/2

② 至少包含左侧 1 个数＋中间 a[i]＋右侧 n2 个数构成的子集：sum2＝n1＋n1＊n2

③ 中间 a[i]＋右侧 n2 个数构成的子集：sum3＝n2

将 sum1＋sum2＋sum3 累加即是以当前 a[i]为中心满足条件的子数组总数，所有 a[i]都遍历到，即得最终的满足条件的子数组总数。

以样例数据为例：a[0]＝0，n1＝0，n2＝2，其构成的子集总数仅为第③部分，为 sum＝2；a[1]＝3，n1＝2，n2＝0，其构成的子集总数为①＋②部分，为 sum＝2＋2＊0＝2；a[2]＝4，n1＝0，n2＝0，其构成的子集总数为 0。三个 sum 相加为 5，与答案相符。

上述仅介绍了本题的关键思想，至于一些边界条件并不全面，希望读者认真阅读下面程序，完善理解。

```cpp
#include<cstdio>
int main(){
    long long sum,sum1,sum2,sum3;
    int n, g;
    scanf("%d%d", &n, &g);
    int a[n+10];
    int size = 0;
    int value;
    for(int i=0; i<n; i++){
        scanf("%d", &value);
        if(value%g!=0){
            a[size] = i;
            size ++;
        }
    }
    if(size<=1){
        sum = n * (n-1)/2;
        printf("%lld\n", sum);
        return 0;
    }
    sum = 0;
    int l=0;
    long long lsize, rsize;
    for(int i=0; i<size-1; i++){
        lsize = a[i]-l+1;                    //左侧 0 个数+1
        rsize = a[i+1]-a[i]-1;
        sum1 = lsize * (lsize-1)/2;          //左侧全 0 组成的子数组和
        sum2 = (lsize-1) * rsize;            //左侧 0+中间 1+右侧 0 子数组和
        sum3 = rsize;                        //中间 1+右侧 0 子数组和
        sum += (sum1+sum2+sum3);
        l = a[i]+1;
    }
    lsize = n-1;                             //以下是处理末尾边界条件
    if(lsize<0) lsize = 0;
    sum1 = lsize * (lsize-1)/2;
    sum += sum1;
```

```
        printf("%lld\n", sum);
        return 0;
}
```

◆ 2.4 最大公约数

最大公约数,指两个或多个整数共有约数中最大的一个。求最大公约数经典算法是辗转相除,为了深刻理解该算法,请参考图 2-6。

由图 2-6 可知:a%b=c 与 a=2b+c 等价;b% c=0 与 b=2c 等价。所以 a%c=(2b+c)%c= (2b%c+c%c)%c=0。所以 a、b 的最大公约数是 c。

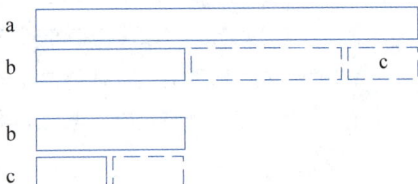

图 2-6 求整数 a、b 的最大公约数

【例 2-12】(第 11 届)循环小数。(Dotcpp 编程(C 语言网):2646)

已知 S 是一个小于 1 的循环小数,请计算与 S 相等的最简真分数是多少。

例如 0.3333⋯等于 1/3,0.1666⋯等于 1/6。

[输入]

输入第一行包含两个整数 p 和 q,表示 S 的循环节是小数点后第 p 位到第 q 位。第二行包含一个 q 位数,代表 S 的小数部分前 q 位。

[输出]

输出两个整数,用一个空格分隔,分别表示答案的分子和分母。

[样例输入]

```
1 6
142857
```

[样例输出]

```
1 7
```

[评测用例规模与约定]

对于所有评测用例,1≤p≤q≤10

分析:该题相对比较简单。循环小数由两部分组成:常小数+循环节。例如循环小数 a=0.2356,常小数是 0.23,循环节初值是 0.0056,等比数列公比 0.01,所以转换成分数的结果如下所示。

$$a=0.23\dot{5}\dot{6}=0.23+\frac{0.0056}{1-0.01}=\frac{23}{100}+\frac{56}{9900}=\frac{2333}{9900}$$

在编程中要尽量避免浮点数操作,尽量用整数操作。其功能代码如下所示。

```
#include<cstdio>
#include<cmath>
```

```
using namespace std;
long long gcd(long long a, long long b){
    long long mid;
    while(a%b !=0){
        mid = a;
        a = b;
        b = mid%b;
    }
    return b;
}
int main(){
    int p,q;
    int value;
    scanf("%d%d", &p, &q);
    scanf("%d", &value);
    long long a=0,b=1,c,d;      //a、b代表常小数的分子、分母;c、d代表循环节的分子、分母
    if(p!=1){                   //求常小数的分子 a, 分母 b
        a = value/(int)(pow(10,q-p+1));
        b = pow(10,p-1);
    }
    c = value%(int)(pow(10,q-p+1));       //循环节分子 c
    d = pow(10,q) - pow(10,-(q-p+1)+q);   //循环节分母 d·
    long zi = a*d+b*c;                    //求 a/b + c/d 的过程
    long mu = b*d;
    long long u = gcd(zi,mu);             //求最大公约数,为分子、分母通分做准备
    printf("%lld %lld\n",zi/u, mu/u);
    return 0;
}
```

【例 2-13】（第 10 届）**等差数列**。（Dotcpp 编程（C 语言网）：2305）

数学老师给小明出了一道等差数列求和的题目。但是粗心的小明忘记了一部分的数列,只记得其中 N 个整数。

现在给出这 N 个整数,小明想知道包含这 N 个整数的最短的等差数列有几项?

［输入］

输入的第一行包含一个整数 N。第二行包含 N 个整数 A_1,A_2,…,A_N(注意 $A_1 \sim A_N$ 并不一定是按等差数列中的顺序给出)。

(对于所有评测用例,$2 \leqslant N \leqslant 100000$,$0 \leqslant A_i \leqslant 10^9$。)

［输出］

输出一个整数表示答案

［样例输入］

```
5
2 6 4 10 20
```

［样例输出］

```
10
```

分析：首先对数组 a 进行升序排列，然后将 a[1]−a[0]，a[2]−a[1]，…，a[n−1]−a[n−2]形成新的数组 b，b[i]表示原等差数列的元素值之差。若求等差数列公差，求 b 数组各元素的最大公约数即可，要注意求最大公约数函数中参数为 0 的处理情况。其关键代码如下所示。

```cpp
#include<cstdio>
#include<algorithm>
using namespace std;
int n;
int d[200005];
int gcd(int a, int b){                    //求最大公约数函数
    int mid;
    if(a==0) return b;
    while(a%b!=0){
        mid = a;
        a = b;
        b = mid%b;
    }
    return b;
}
int main(){
    int mid;
    int minvalue,maxvalue;
    scanf("%d", &n);
    for(int i=0; i<n; i++){
        scanf("%d", &d[i]);
    }
    sort(d, d+n);                         //升序排序
    if(d[0]==d[n-1]){                     //若所有元素相同,直接输出 n 即可
        printf("%d\n", n);
        return 0;
    }
    minvalue=d[0];
    maxvalue=d[n-1];                      //保存等差数列最小、最大值
    for(int i=0; i<n-1; i++){             //以相邻元素差值形成新的数组 d[i]
        d[i] = d[i+1]-d[i];
    }
    mid = d[0];
    for(int i=1; i<n-1; i++){             //求所有 d[i]的最大公约数即是等差数列公差
        mid = gcd(mid,d[i]);
    }
    int N = (maxvalue-minvalue)/mid + 1;  //求原等差数列项数
    printf("%d\n", N);
    return 0;
}
```

◆ 2.5 排序真题

【例 2-14】（第 13 届）重新排序。（Dotcpp 编程（C 语言网）：2690）

给定一个数组 A 和一些查询 L_i，R_i，求数组中第 L_i 至第 R_i 个元素之和。小蓝觉得这

个问题很无聊,于是他想重新排列一下数组,使得最终每个查询结果的和尽可能地大。小蓝想知道相比原数组,所有查询结果的总和最多可以增加多少。

[输入]

输入第一行包含一个整数 n。

第二行包含 n 个整数 $A_1, A_2, \cdots, A_n$,相邻两个整数之间用一个空格分隔。

第三行包含一个整数 m 表示查询的数目。

接下来 m 行,每行包含两个整数 L_i、R_i,相邻两个整数之间用一个空格分隔。

[输出]

输出一行包含一个整数表示答案。

[样例输入]

```
5
1 2 3 4 5
2
1 3
2 5
```

[样例输出]

```
4
```

[提示]

原来的和为 6+14=20,重新排列为(1,4,5,2,3)后和为 10+14=24,增加了 4。

对于 30% 的评测用例,n,m≤50;

对于 50% 的评测用例,n,m≤500;

对于 70% 的评测用例,n,m≤5000;

对于所有评测用例,$1 \leqslant n, m \leqslant 10^5, 1 \leqslant A_i \leqslant 10^6, 1 \leqslant L_i \leqslant R_i \leqslant 10^6$。

分析:关键思路如下所示。

① 根据给定的 M 个求和区间,计算每个原始数据参加了几次求和运算。以示例数据为例,原数据(1 2 3 4 5)参加求和次数依次为(1 2 2 1 1),因此可求出总的区间和为:sum1 =1*1+2*2+3*2+4*1+5*1=20。

② 如何修改原数列,使对应数据累加次数仍为(1 2 2 1 1),而和还最大呢?很明显将原始数据(1 2 3 4 5)与次数数据(1 2 2 1 1)分别升序排序,对应数据为(1 2 3 4 5)与(1 1 1 2 2),因此可得最大累积和 sum2=1*1+2*1+3*1+4*2+5*2=24。

③ sum2-sum1 即为题中所求。

综合上述,其关键代码如下所示。

```
#include<cstdio>
#include<algorithm>
long long sum1 = 0;
long long sum2 = 0;
long long d[100005];                    //数据数组
long long a[100005];                    //累加次数数组
```

```
int c[100005];                              //区间和计数变化数组
using namespace std;
int main(){
    int n,m;
    scanf("%d", &n);                        //输入 n 个数
    for(int i=1; i<=n; i++){
        scanf("%d", &d[i]);
    }
    scanf("%d", &m);                        //输入 m 个问题
    int l,r;
    for(int i=0; i<m; i++){
        scanf("%d%d", &l, &r);
        c[l]++; c[r+1]--;                   //置区间累加标记
    }
    int mid = 0;                            //计算每个数累加次数 a[i]
    for(int i=1; i<=n; i++){
        mid = mid+c[i];
        a[i] += mid;
    }
    for(int i=1; i<=n; i++){                //求原序列相应累加和
        sum1 += d[i] * a[i];
    }
    sort(d+1,d+(n+1));                       //原数据升序排列
    sort(a+1,a+(n+1));                       //累加次数升序排列
    for(int i=1; i<=n; i++){                //求最大累加和
        sum2 += d[i] * a[i];
    }
    printf("%lld\n", sum2-sum1);
    return 0;
}
```

代码与前文所述关键思路是一致的。但有一点需要读者深入思考：如何根据累加和区间数据 l、r，计算每个数据累加多少次呢？常规思路代码如下所示。

```
for(int i=l; i<=r; i++) a[i]++;
```

但由于约束条件 $1 \leqslant n, m \leqslant 10^5$，若 $n = m = 10^5$，每个区间 $[l, r]$ 都是 $[1, 10^5]$，则上述 for 循环必然超时。因此巧妙引入 $c[i]$ 数组，其中只标记累加区间的左右端点即可。例如对每一组 l、r 来说仅设置两个值即可

```
c[l]++;c[r+1]--
```

当计算次数时执行下述代码即可。

```
int mid = 0;                            //计算每个数累加次数 a[i]
for(int i=1; i<=n; i++){
    mid = mid+c[i];
    a[i] += mid;
}
```

当然，还有效率更高的算法，关键思路不变，只是在求区间和时直接得出值（通过累加和

数组 total[i] 实现）。例如区间 [l,r] 元素累加和为 total[r]−total[l−1]。其关键代码如下所示。

```cpp
#include<cstdio>
#include<algorithm>
long long sum1 = 0;
long long sum2 = 0;
long long total[100005];
long long d[100005];
long long a[100005];                    //原始值为 0
int c[100005];                          //计数变化
using namespace std;
int main(){
    int n,m;
    scanf("%d", &n);
    for(int i=1; i<=n; i++){
        scanf("%d", &d[i]);
        total[i] = total[i-1]+d[i];
    }
    scanf("%d", &m);
    int l,r;
    for(int i=0; i<m; i++){
        scanf("%d%d", &l, &r);
        c[l]++;
        c[r+1]--;
        sum1 += total[r] - total[l-1];
    }
    int mid = 0;
    for(int i=1; i<=n; i++){
        mid = mid+c[i];
        a[i] += mid;
    }
    sort(d+1,d+(n+1));
    sort(a+1,a+(n+1));
    for(int i=1; i<=n; i++){
        sum2 += d[i] * a[i];
    }
    printf("%lld\n", sum2-sum1);
    return 0;
}
```

【例 2-15】（第 14 届）平均。（Dotcpp 编程（C 语言网）：3179）

有一个长度为 n 的数组（n 是 10 的倍数），每个数 a_i 都是区间 [0,9] 中的整数。小明发现数组里每种数出现的次数不太平均，而更改第 i 个数的代价为 b_i，他想更改若干个数的值使得这 10 种数出现的次数相等（都等于 n/10），请问代价和最少为多少。

[输入格式]

输入的第一行包含一个正整数 n。接下来 n 行，第 i 行包含两个整数 a_i、b_i，用一个空格分隔。

[输出格式]

输出一行包含一个正整数表示答案。

[样例输入]

```
10
1 1
1 2
1 3
2 4
2 5
2 6
3 7
3 8
3 9
4 10
```

[样例输出]

```
27
```

[提示]

只更改第 1,2,4,5,7,8 个数,需要花费代价 1+2+4+5+7+8=27。

对于 20% 的评测用例,$n \leqslant 1000$;

对于所有评测用例,$n \leqslant 100000, 0 < b_i \leqslant 2 \times 10^5$。

分析:本题关键思路如下所示。

① 定义结构体 UNIT,包含 ai,bi 两个元素。用结构体数组接收 n 个元素数据,给相应的 ai、bi 赋值,汇总它们的总价值 sum。对样例数据而言 sum=55。

② 给结构体数组排序:首先按 ai 升序排列,当 ai 相同时,按 bi 降序排列。对样例数据而言,结果如表 2-3 所示。

表 2-3　UNIT 数组排序结果

数组值：ai 升序	1	1	1	2	2	2	3	3	3	4
bi 降序	3	2	1	6	5	4	9	8	7	10
选中否	√			√			√			√

③ 获得每个元素应有的个数:avg=n/10,然后遍历 UNIT 结构体数组,利用 avg 值做条件约束,累加选中元素的 bi 值 selsum,sum−selsum 就是所求的花费代价。对样例数据而言,avg=1,选中的结构体元素如表 2-3 所示,其 selnum=28,所以其总花销代价为 55−28=27。

本示例代码及相关注释如下所示。

```cpp
#include<cstdio>
#include<algorithm>
using namespace std;
struct UNIT{
    int ai;
    int bi;
};
```

```
bool cmp(const UNIT& one, const UNIT& two){      //排序比较函数
    if(one.ai != two.ai)                          //首先按 ai 升序排列
        return one.ai < two.ai;
    return one.bi > two.bi;                       //ai 相同时,按 bi 降序排列
}
int main(){
    int n;
    long long sum = 0;
    scanf("%d", &n);
    UNIT u[n];
    for(int i=0; i<n; i++){
        scanf("%d%d", &u[i].ai, &u[i].bi);
        sum += u[i].bi;                           //累积总代价
    }
    sort(u, u+n, cmp);
    int avg = n/10;                               //每个数应有的个数
    int value = -1;
    int size = 0;
    long long selsum = 0;                         //选中的数价值
    for(int i=0; i<n; i++){
        if(u[i].ai != value){                     //一个新数的开始
            value = u[i].ai;
            size = 1;
            selsum += u[i].bi;                    //累加选中元素的价值
        }                                         //if
        else{
            if(size>=avg)                         //已经超过平均数了
                continue;                         //取下一个数
            else{                                 //没超过平均数
                size ++;                          //出现次数累加
                selsum += u[i].bi;                //选中元素价值累加
            }
        }                                         //else
    }                                             //for
    printf("%lld\n", sum - selsum);               //花费价值=总价值-选中价值
    return 0;
}
```

◆ 2.6　其他基本类型真题

【例 2-16】（第 6 届）奇怪的数列。（Dotcpp 编程（C 语言网）：1833）

从 X 星截获一份电码,是一些数字,如下:

```
13
1113
3113
132113
1113122113
...
```

YY博士经彻夜研究,发现了规律:第一行的数字随便是什么,以后每一行都是对上一行"读出来"。比如第2行,是对第1行的描述,意思是:1个1,1个3,所以是:1113。第3行,意思是:3个1,1个3,所以是:3113。

请你编写一个程序,可以从初始数字开始,连续进行这样的变换。

[输入格式]

第一行输入一个数字组成的串,不超过100位。

第二行输入一个数字n,表示需要你连续变换多少次,n不超过20。

[输出格式]

输出一个串,表示最后一次变换完的结果。

[样例输入]

```
5
7
```

[样例输出]

```
13211321322115
```

分析:关键思路及注意事项如下所示。

① 定义源串s及转换后的串t。依次遍历源串每个字符,记录当前字符内容value及重复出现次数c。当遇到新字符时,将老字符的内容value及c写入字符串t的相应位置。

② 将每次转换后的字符串t复制给源串s,再运行①中步骤,重复n次后,源串s即为所求。

③ 当然要注意源串结尾的边界条件。例如s="12",第1个字符value='1',计数c=1。当遇到新字符'2'时,可以将value及c写入t字符串;之后value='2',c=1。但由于没有遇到新字符,而是退出了循环,因此,应在循环外将value及c写入t串中。

其关键代码及相关注释如下所示。

```
#include<cstdio>
#include<cstring>
int main(){
    char s[100000];                    //源串
    char t[100000];                    //转换后串
    int n;
    scanf("%s%d", s, &n);
    int c = 0;
    int value;
    int pos = 0;                       //s字符串每个字符转换后保存在t字符串中的位置
    for(int i=0; i<n; i++){            //转换s字符串n次
        value = s[0]-'0';             //从第1个字符开始计数
        c = 1;                         //计数初值为1
        for(int i=1; i<strlen(s); i++){
            if(s[i]==value+'0'){
                c ++;                  //若字符重复,则累加
            }
            else{                      //若是新字符
```

```
                t[pos]=c+'0';
                pos++;                    //将旧字符内容填充在 t 字符串相应位置上
                t[pos]=value+'0';
                pos++;                    //将旧字符次数填充在 t 字符串相应位置上
                c = 1;
                value=s[i]-'0';           //设置新字符初始计数为 1,并保存新字符内容
            }
        }
        t[pos]=c+'0';
        pos++;                            //此后五行是对 s 字符串末尾的边界处理,并保存到 t 字符串中
        t[pos]=value+'0';
        pos++;
        t[pos] = 0;
        strcpy(s,t);                      //将 t 字符串内容复制到 s 串中,为下一次处理作准备
        pos = 0;
    }
    printf("%s\n", s);
}
```

【例 2-17】（第 13 届）**X 进制减法**。（Dotcpp 编程（C 语言网）：2658）

进制规定了数字在数位上逢几进一。X 进制是一种很神奇的进制,因为其每一数位的进制并不固定! 例如说某种 X 进制数,最低数位为二进制,第二数位为十进制,第三数位为八进制,则 X 进制数 321 转换为十进制数为 65。

现在有两个 X 进制表示的整数 A 和 B,但是其具体每一数位的进制还不确定,只知道 A 和 B 是同一进制规则,且每一数位最高为 N 进制,最低为二进制。请你算出 A－B 的结果最小可能是多少。

请注意,你需要保证 A 和 B 在 X 进制下都是合法的,即每一数位上的数字要小于其进制。

[输入]

第 1 行一个正整数 N,含义如题面所述。

第 2 行一个正整数 Ma,表示 X 进制数 A 的位数。

第 3 行 Ma 个用空格分开的整数,表示 X 进制数 A 按从高位到低位顺序各个数位上的数字在十进制下的表示。

第 4 行一个正整数 Mb,表示 X 进制数 B 的位数。

第 5 行 Mb 个用空格分开的整数,表示 X 进制数 B 按从高位到低位顺序各个数位上的数字在十进制下的表示。

请注意,输入中的所有数字都是十进制的。

[输出]

输出一行一个整数,表示 X 进制数 A－B 的结果的最小可能值转换为十进制后再模 1000000007 的结果。

[样例输入]

```
11
3
10 4 0
```

```
3
1 2 0
```

[样例输出]

```
94
```

[提示]

当进制为：最低位二进制，第 2 数位五进制，第 3 数位十一进制时，减法得到的差最小。此时 A 在十进制下是 108，B 在十进制下是 14，差值是 94。

对于 30％的数据，N≤10；Ma，Mb≤8。

对于 100％的数据，2≤N≤1000；1≤Ma，Mb≤100000；A≥B。

分析：我们对每位是十进制的数非常熟悉，其实对每位不确定 X 进制数是一样的，假设某 X 进制数用数组 $a[0]$，$a[1]$，……，$a[i]$ 表示，每一位的进制用 $c[0]$，$c[1]$，……，$c[i]$ 表示，如图 2-7 所示。

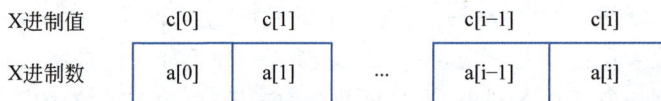

X进制值	c[0]	c[1]		c[i−1]	c[i]
X进制数	a[0]	a[1]	...	a[i−1]	a[i]

图 2-7　X 进制数

则该 X 进制数转化为十进制数的值如下所示。

$$value = a[i] + a[i-1] * (c[i]) + a[i-2] * (c[i] * c[i-1]) + \cdots +$$
$$a[1] * (c[i] * c[i-1] * \cdots * c[2]) +$$
$$a[0] * (c[i] * c[i-1] * \cdots * c[2] * c[1])$$

上述算法是实现本题功能的关键。可得关键步骤如下所示：①令两个 X 进制数为数组 a、b，进制数组为 c；②因为要获得 a−b 的最小值，所以对应位的进制值应该最小。一般情况下获得 a、b 对应位置元素的最大值，该值加 1 即是 c 数组对应的进制值；③计算 a−b 的结果，将其保存回 a 数组中；④利用 a 数组及进制 c 数组值，求对 1000000007 的余数值。

当然，若原始 X 进制数 a 位数大于 b 位数时，要考虑数组元素对齐的情况。

其完整代码如下所示。

```cpp
#include<cstdio>
int main(){
    int N;
    int Ma;
    scanf("%d", &N);
    scanf("%d", &Ma);
    long long a[Ma];                    //X 进制数数组 a
    long long b[Ma];                    //X 进制数数组 b
    long long c[Ma+1];                  //进制数组 c
    for(int i=0; i<Ma; i++){            //获得 X 进制数数组 a
        scanf("%lld", &a[i]);
        b[i] = 0;
    }
    int Mb;
```

```
    scanf("%d", &Mb);
    for(int i=Ma-Mb; i<Ma; i++){          //获得 X 进制数数组 b
        scanf("%lld", &b[i]);
    }
    int value;
    c[0] = N;
    c[Ma] = 1;                            //进制值左右边界初始化
    for(int i=1; i<Ma; i++){
        value = a[i];
        if(value<b[i]) value = b[i];
        if(value==0) value = 1;
        c[i] = value+1;                   //进制值为 a、b,对应值为最大值加 1
    }
    //计算 a-b 的值,将结果保存回 a 数组
    int u = 0;                            //u 代表进位值
    for(int i=Ma-1; i>=0; i--){
        if(u+a[i]>=b[i]){
            a[i] = u+a[i]-b[i];
            u = 0;                        //为下一个数做准备
        }
        else{
            a[i] = u+a[i]+c[i]-b[i];
            u = -1;                       //为下一个数做准备
        }
    }
    //求余方法
    long long mod = 1000000007;
    long long unit = 1;
    long long sum = 0;
    for(int i=Ma-1; i>=0; i--){
        unit *= c[i+1];
        unit %= mod;
        sum += unit * a[i]%mod;
        sum %= mod;
    }
    printf("%lld\n", sum);
    return 0;
}
```

【例 2-18】(第 13 届)数的拆分。(Dotcpp 编程(C 语言网):2670)

给定 T 个正整数 a_i,分别问每个 a_i 能否表示为 $x_1^{y_1} x_2^{y_2}$ 的形式,其中 x_1,x_2 为正整数,y_1,y_2 为大于或等于 2 的正整数。

[输入]

输入第一行包含一个整数 T 表示询问次数。

接下来 T 行,每行包含一个正整数 a_i。

[输出]

对于每次询问,如果 a_i 能够表示为题目描述的形式,则输出 yes,否则输出 no。

[样例输入]

```
2
6
12
4
8
24
72
```

[样例输出]

```
no
no
no
yes
yes
no
yes
```

[提示]

第 4,5,7 个数分别可以表示为:

$a_4 = 2^2 \times 1^2$;

$a_5 = 2^3 \times 1^2$;

$a_7 = 2^3 \times 3^2$。

[评测用例规模与约定]

对于 10% 的评测用例,$1 \leqslant T \leqslant 200$,$a_i \leqslant 10^9$;

对于 30% 的评测用例,$1 \leqslant T \leqslant 300$,$a_i \leqslant 10^{18}$;

对于 60% 的评测用例,$1 \leqslant T \leqslant 10000$,$a_i \leqslant 10^{18}$;

对于所有评测用例,$1 \leqslant T \leqslant 100000$,$1 \leqslant a_i \leqslant 10^{18}$。

方法 1 分析:对于任意 $x^y(y \geqslant 2)$,可以做一个数学变换,令 $y = 3m + 2n$,当 m、n 均是非负整数(不能同时为 0)时,y 可表示为大于或等于 2 的任意正整数。根据题意有如下公式。

$$a = x_1^{y1} x_2^{y2} = x_1^{3m1+2n1} x_2^{3m2+2n2}$$
$$= (x_1^{m1} x_2^{m2})^3 (x_1^{n1} x_2^{n2})^2$$

令 $u = (x_1^{m1} x_2^{m2})^3$,$v = (x_1^{n1} x_2^{n2})$,则有:

$$a = u^3 v^2$$

因此原题转化为:对任意整数 a,是否有整数 u、v 满足 $a = u^3 v^2$。基本思维就是遍历,由于 a 的值可以很大($\leqslant 10^{18}$),如何取 u 或 v 的上限就非常关键。可以这样考虑:u、v 中一定有一个最小值 $\min$,求出这个最小值可能取的最大值即可,推导如下所示。

$$\min^5 \leqslant (a = u^3 v^2) \leqslant 10^{18}$$
$$\min \leqslant \sqrt[5]{10^{18}} = 1000 * \sqrt[5]{1000} = 3961$$

也就是说,若 a 满足 $a = u^3 v^2$,u、v 必有一个值小于 3961。这样,u 或 v 遍历的上限就确定了,可得出如下的关键代码。

```cpp
#include<cstdio>
#include<cmath>
using namespace std;
int main(){
    int T;
    int max2 = 1000 * pow(1000, 0.2)+4;          //加 4 是为了处理浮点累积误差
    scanf("%d", &T);
    long long value;
    long long u,v,mid;
    for(int i=0; i<T; i++){
        scanf("%lld", &value);
        bool mark = false;
        for(long long j=1; j<=max2; j++){
            //第 1 种情况:遍历 v-->[1,max2]
            v = j * j;                            //计算 v^2
            if(value<v) break;
            if(value%v == 0){
                mid = value/v;
                u = pow(mid, 1.0/3);
                //要处理浮点累积误差,计算 u^3
                if (u * u * u==mid||(u+1) * (u+1) * (u+1)==mid||(u+2) * (u+2) * (u+
                   2)==mid){
                    mark = true;
                    break;
                }
            }
            //第 2 种情况:遍历 u-->[1,max2]
            u = j * j * j;
            if(value<u) break;
            if(value%u == 0){
                mid = value/u;
                v = pow(mid, 1.0/2);
                if(v * v * v==mid||(v+1) * (v+1) * (v+1)==mid){
                    mark = true;
                    break;
                }
            }
        }                                         //for()
        if(mark)
            puts("yes");
        else
            puts("no");
    }
    return 0;
}
```

方法 2 分析:通过方法 1 我们知道,若 $a = x_1^{y_1} x_2^{y_2}$,$(y_1 \geqslant 2, y_2 \geqslant 2)$,则 a 一定能化成 $a = u^3 v^2$。若将 u、v 进行素因子分解,令 $u = p_1^{m1} p_2^{m2} \cdots p_k^{mk}$,$v = q_1^{l1} q_2^{l2} \cdots q_l^{ml}$,则有:$a = (p_1^{m1} p_2^{m2} \cdots p_k^{mk})^3 (q_1^{l1} q_2^{l2} \cdots q_l^{ml})^2$。因此方法 2 是通过素数分解的特点实现题目要求功能的。具体分析有以下几点。

① $a = u^3 v^2$。若 u 或 v 是 1,则只需验证 a 是否是某数的平方或立方即可。

② $a=u^3v^2$。u、v 均不为 1，将 u、v 进行素数分解。由于 u 是 3 次方，v 是 2 次方，也就是说每个素数因子的乘方数均大于或等于 2(或 3)。也就是说若 $a=u^3v^2$ 成立，则 a 的每个素数因子的个数都至少大于或等于 2。若为 1，则 $a=u^3v^2$ 式子不可能成立。

③ 方法 1 中我们 u 或 v 遍历的范围是[1,3961]，引入素数思维后只需遍历[2,3961]间素数因子的个数即可，大大减少了遍历范围。当[2,3961]间素因子个数为 1 时，则 a 一定不能表示成 u^3v^2 形式。由于 $a=u^3v^2=$(小于 3961 素因子连乘积 f) * (大于 3961 素因子连乘积 g)，而 f 至少是某数 1 次方，若素因子大于 3961，由于 $3961^5 \approx 10^{18}$，所以 g 不可能是某数 5 次方，只能是某数的 2、3、4 次方，而 4 次方也可表示成某数平方形式。因此根据 a 及[2,3961]间素因子遍历，可以获得 a 除以这些素因子后的乘积 g(即大于 3961 的素因子连乘积)，判断 g 是否为某数的平方或立方即可。

根据上述，得出关键代码如下所示。

```cpp
#include<cstdio>
#include<cmath>
using namespace std;
//检查 x 是否为平方或立方式
bool check(long long x){
    long long u = pow(x,1.0/2);
    if(u * u==x ||(u+1) * (u+1)==x)                //避免浮点误差
        return true;
    u = pow(x,1.0/3);
    if(u * u * u==x||(u+1) * (u+1) * (u+1)==x||(u+2) * (u+2) * (u+2)==x)
        return true;
    return false;
}

int main(){
    int T;
    int prime[4000];    //保存[2,4000]素数表,其实理论上[2,3961],但为避免误差,扩大至 4000
    int size = 0;                                 //保存[2,4000]素数个数
    bool mark = true;
    for(int i=2; i<=4000; i++){
        mark = true;
        for(int j=2; j * j<=i; j++){
            if(i%j == 0){
                mark=false;
                break;
            }
        }
        if(mark){
            prime[size] = i;
            size ++;
        }
    }
    scanf("%d", &T);
    long long value;
    for(int i=0; i<T; i++){
        scanf("%lld", &value);
        if(check(value)){                         //看是否直接为某数立方或平方
```

```
            printf("yes\n");
            continue;
        }
    mark = true;
    int num = 0;
    for(int j=0; j<size; j++){
        num = 0;
        while(value%prime[j]==0){          //若有素因子
            value /= prime[j];             //获取除去素因子后的值
            num ++ ;                       //素因子个数
        }
        if(num==1){                        //弱素因子个数为 1,置"不可表示标志"
            mark=false;
            break;
        }
    }//for()
    if(mark && check(value))    //素因子个数均大于或等于 2,并且大于 4000 的素数积
                                //是某数平方或立方
        printf("yes\n");
    else
        printf("no\n");
    }
    return 0;
}
```

【**例 2-19**】(第 14 届)**公因数匹配**。(Dotcpp 编程(C 语言网):3164)

给定 n 个正整数 A_i,请找出两个数 i,j 使得 i<j 且 A_i 和 A_j 存在大于 1 的公因数。如果存在多组 i,j,请输出 i 最小的那组。如果仍然存在多组 i,j,请输出 i 最小的所有方案中 j 最小的那组。

[输入格式]

输入的第一行包含一个整数 n。

第二行包含 n 个整数分别表示 $A_1, A_2, \cdots, A_n$,相邻整数之间使用一个空格分隔。

[输出格式]

输出一行包含两个整数分别表示题目要求的 i、j,用一个空格分隔。

[样例输入]

```
5
5 3 2 6 9
```

[样例输出]

```
2 4
```

[提示]

对于 40% 的评测用例,n≤5000;

对于所有评测用例,$1 \leqslant n \leqslant 10^5$,$1 \leqslant A_i \leqslant 10^6$。

分析:本题关键思路及注意事项如下所示。

① 求出素数表,保存在 prm 数组中,由于 $1 \leqslant A_i \leqslant 10^6$,求出 2~1000 间的素数表即可。任何 A_i 都能表示成素数因子连乘积,至多有一个素因子大于 1000。

② $1 \leqslant A_i \leqslant 10^6$,定义整型二维数组 $v[10^6 + 5]$,用以保存包含素因子对应原始数据中的位置。遍历 n 个数据,对每个数据而言,看它都包含哪些素因子,将相应位置填充在 v 中。以样例数据为例,其填充过程如表 2-4 所示。

表 2-4　样例数据填充二维数组 v

数组	数据				
	5	3	2	6	9
v[2]			v[2][0]=2	v[2][0]=2 v[2][1]=3	v[2][0]=2 v[2][1]=3
v[3]		v[3][0]=1	v[3][0]=1	v[3][0]=1 v[3][1]=3	v[3][0]=1 v[3][1]=3 v[3][2]=4
v[4]					
v[5]	v[5][0]=0	v[5][0]=0	v[5][0]=0	v[5][0]=0	v[5][0]
v[6]					
v[7]					
v[8]					
v[9]					
v[10]					

当添加数据 5 时,v[5][0]=0 表明原数据中第 0 个元素可整除 5;当添加数据 3 时,新增了 v[3][0]=1,表明原数据中第 1 个元素可整除 3;当添加数据 2 时,新增了 v[2][0]=2,表明原数据中第 2 个元素可整除 3。同理,当添加数据 6(有素因子 2、3)时,新增了 v[2][1]=3,v[3][1]=3;当添加数据 9(有素因子 2、3)时,新增了 v[3][2]=4。

③ 当 v[i]中包含的元素大于或等于 2 时,表明原数组中有两个元素的位置(假设 p、q)可整除素数 i,因此遍历二维数组 v,即可获得最小的(p,q),得到答案。其实在二维数组中至多保存两个位置即可,如表 2-4 中数据为 9 时,新添加的 v[3][2]=4 对结果是没有影响的。以表 2-4 为例,当数据填充完毕后,遍历过程如下:首先得到的位置是(2,3),然后得到的位置是(1,3),两者比较,结果是(1,3)。

④ 可能有读者问:素数表值是小于 1000 的,但二维表 v 长度却是大于 1000 的,大于 1000 的素数如何填充到二维表中?其实前文已经说过,若 A_i 有素因子大于 1000,只能有一个,在将 A_i 分解成素数连乘积函数中加以处理就可以了。

综上所述,本示例相关代码及注释如下所示。

```
#include<vector>
#include<cstdio>
using namespace std;
vector<int> v[1000005];
int size;                              //素数表元素个数
```

```
int prm[200];                                    //素数表
int mark[1005] = {0};
//功能:原序列 pos 位置处值为 value 的数据,均能整除其所有素因子
void calc(int value, int pos){
    int mid = value;
    int p = 0;
    int c = 0;
    while(p<size){
        if(prm[p] * prm[p]>mid)
            break;
        if(mid%prm[p] != 0){
            c = 0;                               //复位
            p ++;
        }                                        //if
        else{
            mid /= prm[p];
            c ++;
            if(c == 1){                          //第 1 次完成设置
                if(v[prm[p]].size() < 2){        //最多填充两个位置
                    v[prm[p]].push_back(pos);
                }
            }                                    //if
        }                                        //else
    }                                            //while
    if(mid>1){                    //此时素因子大于 1000,将其位置压入二维数组 v 中
        if(v[mid].size()<2)
            v[mid].push_back(pos);
    }                                            //if
}
int main(){
    //求素数表
    int pos = 0;
    for(int i=2; i<=1000; i++){
        if(mark[i]==1) continue;
        prm[pos] = i;
        pos ++;
        for(int j=i+i; j<=1000; j+=i){
            mark[j] = 1;
        }
    }
    size = pos;                                  //保存素数全局变量值
    int n;
    scanf("%d", &n);
    int value;
    for(int i=0; i<n; i++){
        scanf("%d", &value);
        if(value==1) continue;
        calc(value,i);                           //调用素数连乘积函数,填充二维数组 v
    }
    int l=1000005,r=1000005;      //由于需最小的 l、r,将其设置成大于 100000 的值即可
    for(int i=2; i<=1000000; i++){
        if(v[i].size()<2)
            continue;
    }
```

```
        if(l>v[i][0]){
            l = v[i][0];
            r = v[i][1];
        }
        if(l==v[i][0] && r>v[i][1])
            r = v[i][1];
    }
    printf("%d %d\n", l+1,r+1);
    return 0;
}
```

【例 2-20】(第 14 届)棋盘。(Dotcpp 编程(C 语言网):3180)。

小蓝拥有 n×n 大小的棋盘,一开始棋盘上全都是白子。小蓝进行了 m 次操作,每次操作会将棋盘上某个范围内的所有棋子的颜色取反(也就是白色棋子变为黑色,黑色棋子变为白色)。请输出所有操作做完后棋盘上每个棋子的颜色。

[输入格式]

输入的第一行包含两个整数 n、m,用一个空格分隔,表示棋盘大小与操作数。接下来 m 行每行包含四个整数 x1、y1、x2、y2,相邻整数之间使用一个空格分隔,表示将在 x1 至 x2 行和 y1 至 y2 列中的棋子颜色取反。

[输出格式]

输出 n 行,每行 n 个 0 或 1 表示该位置棋子的颜色。如果是白色则输出 0,否则输出 1。

[样例输入]

```
3 3
1 1 2 2
2 2 3 3
1 1 3 3
```

[样例输出]

```
001
010
100
```

[提示]

对于 30% 的评测用例,n,m≤500;

对于所有评测用例,1≤n,m≤2000,1≤x1≤x2≤n,1≤y1≤y2≤m。

分析:很明显,若对每给的一组矩形坐标(x1,y1)、(x2,y2)中的所有元素都进行翻转操作,当数据量大时,运行时间必超限。转换一下思路,先看一维情况:假设数轴上有 n 个点 d[0]~d[n−1],若对(x1,x2)间数据进行增 1 操作,我们只进行两端标识设置,仅操作两个点即可,令 d[x1]+=1,d[x2+1]−=1。若有 m 次不同的(x1,x2)区间操作,执行上述相同的操作。那么最后如何计算数轴上各点的值呢?其实非常简单,后一个数均可由前一个数推导出来,公式为:d[n+1] += d[n]。

对本题而言是二维矩阵,可以把它看作多个一维数轴即可。其代码及相关注释如下所示。

```
#include<cstdio>
using namespace std;
int d[2005][2005] = {0};
int main(){
    int n,m;
    scanf("%d%d", &n, &m);
    int x1,y1,x2,y2;
    for(int i=0; i<m; i++){
        scanf("%d%d%d%d",&x1,&y1,&x2,&y2);
        for(int j=y1; j<=y2; j++){          //二维矩阵转换成多个一维数轴
            d[x1][j] += 1;                   //每个数轴上设置两个端点
            d[x2+1][j] -= 1;                 //d[x1][j]是增加 1 的起始端点;
                                             //d[x2+1][j]是减少 1 的起始端点

        }
    }
    for(int i=1; i<=n; i++){                 //有 n 个一维数轴
        for(int j=1; j<=n; j++){             //操作一维数轴
            d[i][j] += d[i-1][j];            //计算每点值
            if(d[i][j]%2==0)                 //判断黑白
                printf("0");
            else
                printf("1");
        }
        printf("\n");
    }
    return 0;
}
```

【例 2-21】(第 13 届)积木画。(Dotcpp 编程(C 语言网):2660)

小明最近迷上了积木画,有这么两种类型的积木,分别为 I 型(大小为 2 个单位面积)和 L 型(大小为 3 个单位面积),如图 2-8 所示。

同时,小明有一块面积大小为 2×N 的画布,画布由 2×N 个 1×1 区域构成。小明需要用以上两种积木将画布拼满,他想知道总共有多少种不同的方式。积木可以任意旋转,且画布的方向固定。

图 2-8　积木示例图

[输入]

输入一个整数 N,表示画布大小。对于所有测试用例,1≤N≤10000000。

[输出]

输出一个整数表示答案。由于答案可能很大,所以输出其对 1000000007 取模后的值。

[样例输入]

3

[样例输出]

5

[提示]

五种情况如图 2-9 所示,虚线条形只是为了标识不同的积木。

图 2-9　积木的五种情况

分析:设 f(n)为当画布宽度为 n 时的总拼接数目。那么,有多少种拼接情况呢?

第 1 种:当 f(n−1)铺满后,如图 2-10 所示,只能添加 I 型垂直积木,因此 f(n)=f(n−1)。

第 2 种:当 f(n−2)铺满后,如图 2-11 所示。

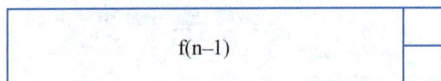

图 2-10　f(n−1)积木图

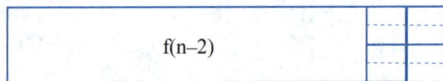

图 2-11　f(n−2)积木图

由于只能加 I 型水平积木,因此 f(n)=f(n−2)。也许有读者会说:加两条 I 型垂直积木不行吗?当然不行,因为与第 1 种情况有重复部分。所以讨论的每种情况与之前的均是独立的,无重复的,这一点至关重要。

第 3 种:当 f(n−3)铺满后,如图 2-12 所示。

图 2-12　f(n−3)积木图

可以看出:此种情况只能添加 L 型积木,且有两种情况,因此 f(n)=2*f(n−3)。

综合上述,我们能够得出一般公式 f(n)=f(n−1)+f(n−2)+2*f(n−3),但是该公式是错误的,因为还能举出与上述第 1、2、3 种不同的情况,继续分析如下。

第 4 种:当 f(n−4)铺满后,如图 2-13 所示。

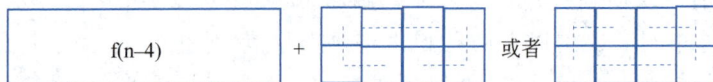

图 2-13　f(n−4)积木图

可以看出:f(n) = 2f(n−4)。

那么,还有第 5 种(n−5),第 6 种(n−6)…等情况,上述的推导还有何意义呢?事实上对第 k 种情况而言,为了保证与前 k−1 种情况无重复,L 型积木必须添加在左右两端,中间只能用 I 型水平积木(注意不能是 I 型垂直积木)填充。因此虽然 k 是变化的,但对第 k 种情况而言:f(n−k)=2f(k)。

综合上述各种情况对 f(n)的贡献,有如下公式。

f(n)＝f(n−1)＋f(n−2)＋2*f(n−3)＋2*f(n−4)＋…＋2*f(1)

＝f(n−1)＋f(n−2)＋2*S(n−3)　(S(n−3)代表 f(1)＋f(2)＋…＋f(n−3)的和)

因此根据上述递推公式,编制的程序代码如下所示。

```
#include<cstdio>
using namespace std;
int main(){
    long long mod = 1000000007;
    int N;
    scanf("%d", &N);
    long long f0=1, f1=1, f2=2, f3=5;
    if(N<=3){
        if(N==1) printf("1\n");
        if(N==2) printf("2\n");
        if(N==3) printf("5\n");
        return 0;
    }
    long long f4;
    long long s1 = f0+f1;
    for(int i=4; i<=N; i++){
        f4 = f3+f2+2*s1;
        f4%=mod;
        s1 += f2;
        s1%=mod;
        f2 = f3;
        f2%=mod;
        f3 = f4;
    }
    printf("%lld\n", f4);
    return 0;
}
```

代码中：f4、f3、f2、f1 相当于算法中的 f(n)、f(n−1)、f(n−2)、f(n−3)。初值 f1＝1,f2 ＝2,f3＝5 好理解,那么为什么要定义 f0 呢？ 这是因为 f3 必须满足公式 f3＝f2＋f1＋2f0, 可方便推出 f0＝1。

【例 2-22】(第 8 届)**小计算器**。(Dotcpp 编程(C 语言网)：1844)

模拟程序型计算器,依次输入指令,可能包含的指令有：

(1) 数字：'NUM X',X 为一个只包含大写字母和数字的字符串,表示一个当前进制的数。

(2) 运算指令：'ADD'、'SUB'、'MUL'、'DIV'、'MOD',分别表示加、减、乘、除法取商、除法取余。

(3) 进制转换指令：'CHANGE K',将当前进制转换为 K 进制(2≤K≤36)。

(4) 输出指令：'EQUAL',以当前进制输出结果。

(5) 重置指令：'CLEAR',清除当前数字。

指令按照以下规则给出：

数字、运算指令不会连续给出,进制转换指令、输出指令、重置指令有可能连续给出。运算指令后出现的第一个数字,表示参与运算的数字,且在该运算指令和该数字中间不会出现运算指令和输出指令。重置指令后出现的第一个数字,表示基础值,且在重置指令和第一个数字中间不会出现运算指令和输出指令。进制转换指令可能出现在任何地方。

运算过程中中间变量均为非负整数,且小于 2^63。以大写的'A'～'Z'表示 10～35。

［输入格式］

第 1 行：1 个 n，表示指令数量。

第 2～n+1 行：每行给出一条指令。指令序列一定以'CLEAR'作为开始，并且满足指令规则。

［输出格式］

依次给出每一次'EQUAL'得到的结果。

［样例输入］

```
7
CLEAR
NUM 1024
CHANGE 2
ADD
NUM 100000
CHANGE 8
EQUAL
```

［样例输出］

```
2040
```

分析：题中给出的指令主要是完成两个数的加、减、乘、除、取余运算。一定要获得如下信息：操作数 1 的字符串值（由于操作数 1 可以是 2～36 进制，因此只能用字符串接收），操作数 1 的进制值（整型数），操作数 2 的字符串值，操作数 2 的进制值，操作符（用不同整型数表示，代表加、减、乘、除、取余运算）。根据上述 5 个信息值，就可实现小计算器功能，获得两个数的加、减、乘、除、取余结果。其相关代码如下所示。

```cpp
#include<cstdio>
#include<cstring>
#include<vector>
using namespace std;
int k = 10;
int k1,k2;
int op;
char u[40];
char v[40];
bool mark = true;
vector<char> ve;
void output(int u){
    int mid;
    while(u != 0){
        mid = u%k;
        if(mid<10)
            ve.push_back('0'+mid);
        else
            ve.push_back('A'+(mid-10));
        u /= k;
    }
    for(int i=0; i<ve.size();i++){
```

```
            printf("%c", ve[ve.size()-1-i]);
    }
}
int calc(char * p, int k){
    int sum = 0;
    for(int i=0; i<strlen(p); i++){
        if(p[i]<'9')
            sum = sum * k+(p[i]-'0');
        else
            sum = sum * k + (p[i]-'A'+10);
    }
    return sum;
}
void process(){
    int a = calc(u,k1);
    int b = calc(v,k2);
    if(op==1)
        output(a+b);
    else if(op==2)
        output(a-b);
    else if(op==3)
        output(a * b);
    else if(op==4)
        output(a/b);
    else
        output(a%b);
}
int main(){
    char s[100];
    int n;
    scanf("%d", &n);
    for(int i=0; i<n; i++){
        scanf("%s", s);
        if(strcmp(s,"CLEAR")==0){
            k = 10;
            mark=true;
        }
        else if(strcmp(s,"NUM")==0){
            if(mark==true){
                scanf("%s", u);
                mark = false;
                k1 = k;
            }
            else{
                scanf("%s", v);
                k2=k;
            }
        }
        else if(strcmp(s,"CHANGE")==0){
            scanf("%d", &k);
        }
        else if(strcmp(s,"EQUAL")==0){
            process();
```

```
        }
        else{
            if(strcmp(s,"ADD")==0){op=1;}
            else if(strcmp(s,"SUB")==0){op=2;}
            else if(strcmp(s,"MUL")==0){op=3;}
            else if(strcmp(s,"DIV")==0){op=4;}
            else{op=5;}
        }
    }
    return 0;
}
```

时　间

本章应掌握的是闰年、平年的判定方法。解决时间问题的一般思路是选择一个时间基准点。例如：求两个时间 a 与 b 之间的天数，可以以公元元年 1 月 1 日为基准，分别计算 a、b 时间与元年 1 月 1 日的天数，得到两个数值后，相减取绝对值即可。再如计算某时间 a 是星期几，仍选取公元元年 1 月 1 日为基准(已知该日是星期六)，计算 a 与元年 1 月 1 日间总天数，将结果对 7 取余，根据余数值，可获得该日是星期几。总之，时间基准点的选择对减少时间条件分支的判断有重要作用，在以下典型例题中均有体现。

【例 3-1】(第 9 届)航班时间。(Dotcpp 编程(C 语言网)：2274)

小 h 前往美国参加了蓝桥杯国际赛。小 h 的女朋友发现小 h 上午十点出发，上午十二点到达美国，于是感叹道"现在飞机飞得真快，两小时就能到美国了"。

小 h 对超音速飞行感到十分恐惧。仔细观察后发现飞机的起降时间都是当地时间。由于北京和美国东部有 12 小时时差，故飞机总共需要 14 小时的飞行时间。

不久后小 h 的女朋友去中东做交换生。小 h 并不知道中东与北京的时差。但是小 h 得到了女朋友来回航班的起降时间。小 h 想知道女朋友的航班飞行时间是多少。

对于一个可能跨时区的航班，给定来回程的起降时间。假设飞机来回飞行时间相同，求飞机的飞行时间。

[输入格式]

从标准输入读入数据。一个输入包含多组数据。

输入第一行为一个正整数 T，表示输入数据组数。

每组数据包含两行，第一行为去程的起降时间，第二行为回程的起降时间。

起降时间的格式如下。

```
h1:m1:s1 h2:m2:s2,
```

或

```
h1:m1:s1 h3:m3:s3 (+1),
```

或

```
h1:m1:s1 h4:m4:s4 (+2)
```

表示该航班在当地时间 h1 时 m1 分 s1 秒起飞。

第一种格式表示在当地时间 当日 h2 时 m2 分 s2 秒降落。

第二种格式表示在当地时间 次日 h3 时 m3 分 s3 秒降落。

第三种格式表示在当地时间 第三天 h4 时 m4 分 s4 秒降落。

对于此题目中的所有以 h:m:s 形式给出的时间,保证 $0 \leqslant h \leqslant 23, 0 \leqslant m \leqslant 59, 0 \leqslant s \leqslant 59$。

[输出格式]

输出到标准输出。对于每一组数据输出一行一个时间 hh:mm:ss,表示飞行时间为 hh 小时 mm 分 ss 秒。

注意,当时间为一位数时,要补齐前导零。如三小时四分五秒应写为 03:04:05。

[样例输入]

```
3
17:48:19 21:57:24
11:05:18 15:14:23
17:21:07 00:31:46 (+1)
23:02:41 16:13:20 (+1)
10:19:19 20:41:24
22:19:04 16:41:09 (+1)
```

[样例输出]

```
04:09:05
12:10:39
14:22:05
```

分析:本题关键思路有以下两点。

① 求时差思路。设 A、B 两地时差为 B−A=diff,以 A 地为基准。若 A 当地时间为 Ta,则 B 当地时间 Tb 为 Tb+diff。因此,由去程起止时间 Ta1、Tb1,返程起止时间 Ta2、Tb2 可得方程:(Tb1+diff)−Ta1 = Ta2−(Tb2+diff),所以 diff=[(Ta2−Tb2)−(Tb1−Ta1)]/2。因此航行时间可得,为 Tb1+diff−Ta1。

② 如何描述①中的 Ta、Tb 呢?将其全部转化为秒即可,若 T="17:48:19",则总秒数为 17∗3600+48∗60+19=64099;若 T="17:48:19(+1)",则总秒数为 17∗3600+48∗60+19=64099+1∗(3600∗24)=150499,即将串中的"(+1)"看作增加一天的秒数,串中的"(+2)"看作增加两天的秒数。

本示例的关键代码如下所示。

```cpp
#include<cstdio>
#include<cstring>
using namespace std;
int main(){
    char s[100];
    int n;
    scanf("%d", &n);
    int h1,m1,s1,h2,m2,s2;            //去程时间变量
    int h3,m3,s3,h4,m4,s4;            //返程时间变量
```

```
    int f1, f2;                             //次日或第 3 日控制变量,1:次日;2:第 3 日
    int diff;                               //时差变量,单位秒
    getchar();
    for(int i=0; i<n; i++){
        gets(s);                            //获得去程时间串
        int l = strlen(s);
        f1 = 0;
        if(s[l-1]==')')
            sscanf(s,"%d:%d:%d %d:%d:%d (%d)", &h1,&m1,&s1,&h2,&m2,&s2,&f1);
        else
            sscanf(s,"%d:%d:%d %d:%d:%d", &h1,&m1,&s1,&h2,&m2,&s2);
        gets(s);                            //获得返程时间串
        l = strlen(s);
        f2 = 0;
        if(s[l-1]==')')
            sscanf(s,"%d:%d:%d %d:%d:%d (%d)", &h3,&m3,&s3,&h4,&m4,&s4,&f2);
        else
            sscanf(s,"%d:%d:%d %d:%d:%d", &h3,&m3,&s3,&h4,&m4,&s4);
        int time1 = h1 * 3600+m1 * 60+s1;
        int time2 = h2 * 3600+m2 * 60+s2+f1 * 3600 * 24;    //B
        int time3 = h3 * 3600+m3 * 60+s3;                   //B
        int time4 = h4 * 3600+m4 * 60+s4+f2 * 3600 * 24;    //A
        diff = ((time4-time3)-(time2-time1))/2;             //求时差
        int result = time2 - time1 + diff;                 //获得航班真实运行时间
        int hour = result/3600%24;
        int minute = result/60%60;
        int second = result%60;
        printf("%02d:%02d:%02d\n", hour,minute,second);//显示结果
    }
    return 0;
}
```

【例 3-2】（第 11 届）**回文日期**。（Dotcpp 编程（C 语言网）：2571）

2020 年春节期间,有一个特殊的日期引起了大家的注意：2020 年 2 月 2 日。因为如果将这个日期按"yyyymmdd"的格式写成一个 8 位数是 20200202,恰好是一个回文数。我们称这样的日期是回文日期。

有人表示 20200202 是"千年一遇"的特殊日子。对此小明很不认同,因为不到 2 年之后就是下一个回文日期：20211202,即 2021 年 12 月 2 日。也有人表示 20200202 并不仅仅是一个回文日期,还是一个 ABABBABA 型的回文日期。对此小明也不认同,因为大约 100 年后就能遇到下一个 ABABBABA 型的回文日期：21211212,即 2121 年 12 月 12 日。算不上"千年一遇",顶多算"千年两遇"。

给定一个 8 位数的日期,请你计算该日期之后下一个回文日期和下一个 ABABBABA 型的回文日期各是哪一天。

[输入格式]
输入包含一个八位整数 N,表示日期。

[输出格式]
输出两行,每行 1 个八位数。第一行表示下一个回文日期,第二行表示下一个

ABABBABA 型的回文日期。

［样例输入］

```
20200202
```

［样例输出］

```
20211202
21211212
```

［提示］

对于所有评测用例，10000101≤N≤89991231，保证 N 是一个合法日期的 8 位数表示。

分析：本题关键思路及注意事项有以下三点。

① 利用三重循环即可。第 1 层循环变量是年，第 2 层循环变量是月，第 3 重循环变量是日。根据题中要求 10000101≤N≤89991231，若输入 N＝89991231，则下一个回文日期年数一定大于或等于 9000。因此年数循环变量结束值不是 8999，要大一些，比如 10000。月份循环变量范围为 1～12；日期循环范围与闰年、平年、所在月份相关。

② 根据输入 N 值确定年、月、日的循环变量初值。

③ 在三重循环中可获得每个可确定的年（year）、月（month）、日（day），均为整数，通过取余，可方便确定是否是回文日期。

关键代码如下所示。

```cpp
#include<cstdio>
int a[] = {31,28,31,30,31,30,31,31,30,31,30,31};
int b[] = {31,29,31,30,31,30,31,31,30,31,30,31};
bool isleap(int y){                            //判断闰年函数
    return (y%4==0&&y%100!=0)||y%400==0;
}
int main(){
    int N;
    scanf("%d", &N);
    int yy = N/10000;                          //获得年,年循环初值
    int mm = N%10000/100;                       //获得月,月循环初值
    int dd = N%10000%100;                       //获得日,日循环初值
    int u1,u2,u3,u4;                            //年值每位对应的数值
    int v1,v2,v3,v4;             //日值每位对应的数值 v1、v2;月值每位对应的数值 v3、v4
    bool first = true;
    bool mark = false;
    for(int y=yy; y<10000; y++){
        int * p = isleap(y)==1?p=b:p=a;      //根据闰年判定,确定指针 p 对应的具体数组
        for(int m=mm; m<=12; m++){
            for(int d=dd; d<=p[m-1]; d++){
                u1=y/1000; u2=y%1000/100; u3=y%100/10; u4=y%10;
                v1=d%10; v2=d/10; v3=m%10; v4=m/10;
                if(u1==v1 && u2==v2 && u3==v3 && u4==v4 && !first){
                                                //当 first=true 时,表明是第 1 组
                    if(!mark){                  //数,不进行处理
                        printf("%d%02d%02d\n", y,m,d);
                                                //打印第一个回文数
```

```
                        mark = true;              //已找到回文数,之后不再找了
                    }
                    if(u1==u3 && u2==u4){         //ABABBABA 型回文数判定
                        printf("%d%02d%02d\n", y,m,d);
                        return 0;                 //若找到,则程序运行结束
                    }
                }
                first = false;                    //保证从第 2 个获得的年、月、日值处理
            }
            dd = 1;                               //下一个月的初始值从 1 号开始
        }
        mm = 1;                                   //下一年的月份值从 1 月开始
    }
    return 0;
}
```

【例 3-3】(第 8 届)日期问题。(Dotcpp 编程(C 语言网):1883)

小明正在整理一批历史文献。这些历史文献中出现了很多日期。小明知道这些日期都在 1960 年 1 月 1 日至 2059 年 12 月 31 日范围内。令小明头疼的是,这些日期采用的格式非常不统一,有采用年/月/日的,有采用月/日/年的,还有采用日/月/年的。更加麻烦的是,年份也都省略了前两位,使得文献上的一个日期,存在很多可能的日期与其对应。

比如 02/03/04,可能是 2002 年 03 月 04 日、2004 年 02 月 03 日或 2004 年 03 月 02 日。给出一个文献上的日期,你能帮助小明判断有哪些可能的日期与其对应吗?

[输入格式]

一个日期,格式是"AA/BB/CC"。(0<=A,B,C<=9)

[输出格式]

输出若干不相同的日期,每个日期一行,格式是"yyyy-MM-dd"。多个日期按从早到晚排列。

[样例输入]

```
02/03/04
```

[样例输出]

```
2002-03-04
2004-02-03
2004-03-02
```

分析:本题关键思路及注意事项有以下两点。

① 要注意有效年、月、日的判定。月值一定在[1,12]内;日期最小值是 1,最大值与闰年及具体月份相关。

② 由于日期有"年/月/日、月/日/年、日/月/年"三种可能性,结果要求按时间升序输出,采用 STL 中 set 集合保存有效的日期值,最后遍历输出即可。有读者可能说 vector 保存日期,最后排序输出不可以吗?若这样的话,一定在排序后完成去重工作,然后输出才可以。例如若输入"02/02/02",按"年/月/日、月/日/年、日/月/年",三种情况结果都是 2002-

02-02。而采用 set 保存,则直接完成了去重工作,是优于 vector 的。

关键代码如下所示。

```cpp
#include<cstdio>
#include<set>
#include<algorithm>
using namespace std;
set<int> se;
int a[] = {31,28,31,30,31,30,31,31,30,31,30,31};
int b[] = {31,29,31,30,31,30,31,31,30,31,30,31};
bool isleap(int y){                    //闰年判定
    return (y%4==0 && y%100!=0) || (y%400==0);
}
void ymd(int y, int m, int d){
    y<60? y+=2000:y+=1900;             //确定年份
    int *p=isleap(y)?b:a;              //根据是否闰年,确定指向每月天数的指针数组
    if(m<=12 && d>=1 && d<=p[m-1]){    //月份必须小于或等于 12,日期在 1~p[m-1],不
                                       //能为 0
        int value = y*10000+m*100+d;   //获得代表年、月、日的 8 位整数值
        se.insert(value);             //保存在 set 中,直接完成了去重工作
    }
}
void mdy(int m, int d, int y){ ymd(y,m,d); }
void dmy(int d, int m, int y){ ymd(y,m,d); }
int main(){
    int a, b, c;
    scanf("%d/%d/%d", &a, &b, &c);
    ymd(a,b,c);
    mdy(a,b,c);
    dmy(a,b,c);
    set<int>::iterator it = se.begin();
    while(it != se.end()){             //遍历 set
        int y = (*it)/10000;           //获得年
        int m = (*it)%10000/100;       //获得月
        int d = (*it)%100;             //获得日
        printf("%d-%02d-%02d\n", y, m, d);
        it ++;
    }
    return 0;
}
```

字　符　串

　　字符串是编程中不可或缺的数据类型,它提供了处理文本信息的丰富功能,使程序能够更灵活地操作和管理文本数据。总之,字符串编程能力体现了编程者的基本功,是编程人员提高编程能力的必经之路。

　　【例 4-1】(**第 10 届**)**最长子序列**。(Dotcpp 编程(C 语言网):2567)

　　我们称一个字符串 S 包含字符串 T 是指 T 是 S 的一个子序列,即可以从字符串 S 中抽出若干个字符,它们按原来的顺序组合成一个新的字符串与 T 完全一样。给定两个字符串 S 和 T,请问 T 中从第一个字符开始最长连续多少个字符被 S 包含?

　　[输入格式]

　　输入两行,每行一个字符串。第一行的字符串为 S,第二行的字符串为 T。两个字符串均非空而且只包含大写英文字母。

　　[输出格式]

　　输出一个整数,表示答案。

　　[样例输入]

```
ABCDEABCD
AABZ
```

　　[样例输出]

```
3
```

　　[提示]

　　对于 20% 的评测用例,$1 \leqslant |T| \leqslant |S| \leqslant 20$;

　　对于 40% 的评测用例,$1 \leqslant |T| \leqslant |S| \leqslant 100$;

　　对于所有评测用例,$1 \leqslant |T| \leqslant |S| \leqslant 1000$。

　　分析:该题比较简单,可以利用系统函数 char * strchr(char * src, char ch) 来实现,关键代码如下所示。

```
#include<cstdio>
#include<cstring>
using namespace std;
int main(){
    char s[1005];
```

```
char t[1005];
scanf("%s%s", s, t);
int len = strlen(s);
int len2 = strlen(t);
int pos = 0;
char * p = NULL;
int i;
for(i=0; i<len2; i++){
    p = strchr(s+pos, t[i]);
    if(p==NULL){                              //搜索结束,跳出循环
        break;
    }
    pos = p-s+1;                              //计算下一次搜索的指针偏移
}
printf("%d\n", len2);
return 0;
}
```

【例 4-2】(第 6 届)密文搜索。(Dotcpp 编程(C 语言网):1828)

福尔摩斯从 X 星收到一份资料,全部是小写字母组成。他的助手提供了另一份资料:许多长度为 8 的密码列表。福尔摩斯发现,这些密码是被打乱后隐藏在先前那份资料中的。请你编写一个程序,从第一份资料中搜索可能隐藏密码的位置。要考虑密码的所有排列可能性。

[输入格式]

输入第一行:一个字符串 s,全部由小写字母组成,长度小于 1024×1024;紧接着一行是一个整数 n,表示以下有 n 行密码,$1 \leqslant n \leqslant 1000$;紧接着是 n 行字符串,都是小写字母组成,长度都为 8。

[输出格式]

一个整数,表示每行密码的所有排列在 s 中匹配次数的总和。

[样例输入]

```
aaaabbbbaabbcccc
2
aaaabbbb
abcabccc
```

[样例输出]

```
4
```

分析:本题主要利用 STL 中 next_permutation() 及 sort() 函数,主要思路见注释,如下所示。

```
#include<cstdio>
#include<cstring>
#include<algorithm>
using namespace std;
```

```
char s[1024 * 1024];
int main(){
    scanf("%s", s);
    int n;
    scanf("%d", &n);
    char t[10];
    int sum = 0;
    for(int i=0; i<n; i++){
        scanf("%s", t);
        sort(t,t+8);                        //对密码串排序
        do{
            if(strstr(s,t)!=NULL){          //若在 s 串中发现 t
                sum ++;                     //则累加
            }
        }while(next_permutation(t,t+8));    //取密码的下一排列
    }
    printf("%d\n", sum);
    return 0;
}
```

【例 4-3】(第 5 届)排列序数。(Dotcpp 编程(C 语言网)：1815)

如果用 a、b、c、d 这 4 个字母组成一个串，有 4! = 24 种，如果把它们排个序，每个串都对应一个序号：

```
abcd  0
abdc  1
acbd  2
acdb  3
adbc  4
adcb  5
bacd  6
badc  7
...
```

现在有不多于 10 个两两不同的小写字母，给出它们组成的串，你能求出该串在所有排列中的序号吗？

[输入格式]

一行，一个串。

[输出格式]

一行，一个整数，表示该串在其字母所有排列生成的串中的序号。注意：最小的序号是 0。

[样例输入]

```
bdca
```

[样例输出]

```
11
```

分析：本示例可以从纯数学排列组合角度来解决。以 bdca 字符串为例，第 1 个字符 b 与后续 dca 三个字符相比，排位为第 2 位（由小到大），所以 b 开始的字符串起始位置为 3! * (2−1)＝6；第 2 个字符 d 与后续 ca 两个字符相比，排位为第 3 位（由小到大），所以 d 开始的字符串起始位置为 2! * (3−1)＝4；第 3 个字符 c 与后续 a 一个字符相比，排位为第 2 位（由小到大），所以 c 开始的字符串起始位置为 1! * (2−1)＝1；第 4 个字符 a 无后续字符可比，值为 0 即可。因此得出 bdca 所在位置为 6＋4＋1＝11。

本示例关键代码如下所示。

```
#include<cstdio>
#include<cstring>
#include<algorithm>
using namespace std;
int main(){
    int d[11] = {0};                    //用于保存 1! ~ 10!
    char s[100];
    scanf("%s", s);
    int u = 1;
    int l = strlen(s);
    for(int i=1; i<=l; i++){
        u *= i;
        d[i] = u;                       //保存 1! ~ 10!
    }
    int pos = 0;
    int value = 0;
    for(int i=0; i<l; i++){
        pos = 0;
        for(int j=i; j<l; j++){
            if(s[i]>=s[j])
                pos ++;
        }
        value += d[l-i-1] * (pos-1);
    }
    printf("%d\n", value);
    return 0;
}
```

【例 4-4】（第 9 届）等腰三角形。（Dotcpp 编程（C 语言网）：2282）

本题目要求你在控制台输出一个由数字组成的等腰三角形。具体的步骤是：

（1）先用 1,2,3,… 的自然数拼一个足够长的串。

（2）用这个串填充三角形的三条边。从上方顶点开始，逆时针填充。

比如，当三角形高度是 8 时：

```
      1
     2 1
    3   8
   4     1
  5       7
 6         1
7           6
891011121314151
```

[输入格式]

一个正整数 n(3＜n＜300)，表示三角形的高度。

[输出格式]

用数字填充的等腰三角形。为了便于测评，我们要求空格一律用"."代替。

[样例输入]

```
5
```

[样例输出]

```
....1
...2.1
..3...2
.4.....1
567891011
```

分析：本题的关键思路主要有以下两点。

① 总体思路是：将数据填充到某二维字符数组中，填充完毕后，输出该二维数组即可。当然要把等腰三角形划分成三部分进行填充。以样例数据为例(n＝5 时)：第 1 部分，左下数据(1,2,3,4)；第 2 部分，水平数据(5,6,7,8,9,1,0,1,1)；第 3 部分，右下数据(1,2,1)。进而推出对一般数据 n 来说，左下数据个数为 n−1 个，水平数据个数为 2n−1 个，右下数据个数为 n−2 个。这三个数值是控制循环变量的关键。

② 那么如何方便生成每部分的具体数据呢？一个巧妙的办法是采取截取法。即先生成"12345678910111213…"的字符序列。然后截取前 n−1 个字符填充等腰三角形左下第一部分数据，截取后续的 2n−1 个字符填充等腰三角形水平部分数据，截取后续的 n−2 个字符填充等腰三角形右下部分数据即可。

本示例关键代码如下所示。

```cpp
#include<cstdio>
#include<cstring>
using namespace std;
char s[700][700];                    //等腰三角形二维填充字符数组
char t[5000] = {0};                  //字符序列数组
int main(){
    char unit[6];
    int n;
    scanf("%d", &n);
    for(int i=1;i<4*n; i++){
        sprintf(unit, "%d", i);
        strcat(t,unit);              //形成"1234567891011112…"字符序列数组
    }
    for(int i=0; i<700; i++){
        for(int j=0; j<700; j++){
            s[i][j] = '.';
        }
    }
    //填充左侧,填充 t 字符数组元素个数 n-1 个,填充 t 字符数组下标范围[0, n-1)
```

```
        for(int i=0; i<n-1; i++){
            s[i][n-i-1]=t[i];
        }
        //填充水平,填充 t 字符数组元素个数 2n-1 个,下标范围[n-1, n-1+(2n-1))
        for(int i=0; i<2*n-1; i++){
            s[n-1][i] = t[n-1+i];
        }
        //填充右侧, 填充 t 字符数组元素个数 n-2 个,下标范围[3n-2, 3n-2+(n-2))
        for(int i=0; i<n-2; i++){
            s[n-2-i][2*n-3-i] = t[3*n-2+i];
        }
        //输出
        for(int i=0; i<n; i++){
            for(int j=0; j<n+i; j++){
                printf("%c", s[i][j]);
            }
            printf("\n");
        }
        return 0;
}
```

【例 4-5】(第 11 届)**重复字符串**。(Dotcpp 编程(C 语言网):2600)

如果一个字符串 S 恰好可以由某个字符串重复 K 次得到,就称 S 是 K 次重复字符串。例如 abcabcabc 可以看作是 abc 重复 3 次得到,所以 abcabcabc 是 3 次重复字符串。同理 aaaaaa 既是 2 次重复字符串、又是 3 次重复字符串和 6 次重复字符串。

现在给定一个字符串 S,请你计算最少要修改其中几个字符,可以使 S 变为一个 K 次字符串。

[输入格式]

输入第一行包含一个整数 K。

第二行包含一个只含小写字母的字符串 S。

其中,$1 \leqslant K \leqslant 10^5$,$1 \leqslant |S| \leqslant 10^5$。其中|S|表示 S 的长度。

[输出格式]

输出一个整数代表答案。如果 S 无法修改成 K 次重复字符串,输出 -1。

[样例输入]

```
2
aabbaa
```

[样例输出]

```
2
```

分析:令字符串 S 长度为 l,若 l%k 为非 0,则 S 无法修改成 K 次重复字符串。若 l%k 为 0,则 S 可修改成 K 次重复字符串,亦即 S 可划分成 K 组元素个数相等的子字符串,如图 4-1 所示。

统计子串 1、子串 2、……、子串 K 位置 1 处不同字符出现的最大次数 unit,则将其改造

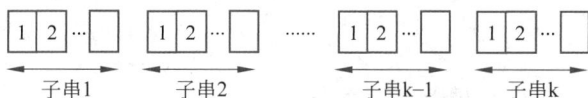

图 4-1　S 划分成 K 个等长的子串

为 K 次字符串需要修改的字符数值为 K－unit1,同理可得子串位置为 2、3、……、l/K 需要
修改的字符数值为 K－unit2、K－unit3、……、K－unitk。将上述所得的值累加即为题目所
求,其关键代码如下所示。

```c
#include<cstdio>
#include<cstring>
int main(){
    int d[30] = {0};
    char s[100005];
    int k;
    scanf("%d", &k);
    scanf("%s", s);
    int l = strlen(s);
    if(l<k || l%k != 0){              //不能划分成 K 重字符串
        printf("-1\n");
        return 0;
    }
    int size = l/k;                  //每个子串有 size 个字符
    int unit = 0;
    int sum = 0;
    for(int i=0; i<size; i++){
        for(int k=0; k<30; k++)      //字符出现次数数组清零
            d[k] = 0;
        for(int j=i; j<l; j+=size){  //统计每个子串第 i 个位置的字符出现的次数
            d[s[j]-'a']++;
        }
        unit = d[0];
        for(int j=1; j<30; j++){     //求字符出现次数的最大值
            if(unit<d[j])
                unit = d[j];
        }
        sum += (k-unit);             //累加各子串第 i 个位置需要修改的次数
    }
    printf("%d\n", sum);
    return 0;
}
```

【例 4-6】(第 11 届)字符串编码。(Dotcpp 编程(C 语言网):2581)

小明发明了一种给由全大写字母组成的字符串编码的方法。对于每一个大写字母,小
明将它转换成它在 26 个英文字母中序号,即 A→1,B→2,…,Z→26。这样一个字符串就能
被转化成一个数字序列:比如 ABCXYZ→123242526。

现在给定一个转换后的数字序列,小明想还原出原本的字符串。当然这样的还原有可
能存在多个符合条件的字符串。小明希望找出其中字典序最大的字符串。

[输入]

一个数字序列。

[输出]

一个只包含大写字母的字符串,代表答案。

[样例输入]

```
123242526
```

[样例输出]

```
LCXYZ
```

[提示]

对于 20% 的评测用例,输入的长度不超过 20。

对于所有评测用例,输入的长度不超过 200000。

分析:该题看起来很容易,但写得层次清晰并不容易。本题主要采用贪心算法,以部分示例数据为例,其关键思路如图 4-2 所示。

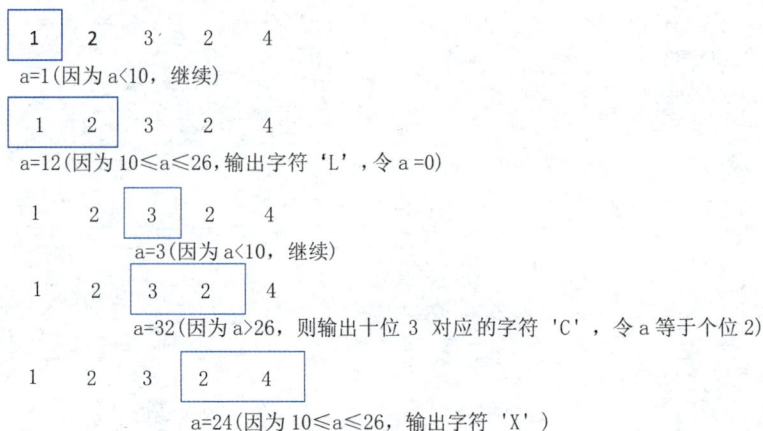

图 4-2　字符串编码思路图

本示例关键代码如下所示。

```cpp
#include<cstdio>
#include<cstring>
using namespace std;
char s[200005];
int main(){
    scanf("%s", s);
    int a = 0;
    int b;
    bool mark = false;          //标识,主要用于处理字符串尾部单个字符
    int mid;
    int l = strlen(s);
    for(int i=0; i<l; i++){
        b = s[i] - '0';
        mid = a * 10 + b;
```

```
        if(mid<10){
            mark = false;
            a = mid;
            continue;
        }
        if(mid <= 26){                    //表明 10<=mid<=26,则打印 a、b 对应的字符
            printf("%c", 'A'+(mid-1));
            a = 0;
            mark = true;                  //同时置 a 为 0
        }
        else{                             //表明 mid>=27
            printf("%c", 'A'+(a-1));      //则仅打印高位 a 对应的字符
            a = b;
            mark = false;                 //同时令 a 等于低位字符
        }
    }
    if(mark==false){                      //为 false,表明最尾字符未处理,必须打印
        printf("%c", 'A'+(b-1));
    }
    return 0;
}
```

【例 4-7】（第 13 届）**内存空间**。（Dotcpp 编程（C 语言网）：2702）

小蓝最近总喜欢计算自己的代码中定义的变量占用了多少内存空间。为了简化问题，变量的类型只有以下三种：

int：整型变量，一个 int 型变量占用 4 字节的内存空间。

long：长整型变量，一个 long 型变量占用 8 字节的内存空间。

String：字符串变量，占用空间和字符串长度有关，设字符串长度为 L，则字符串占用 L 字节的内存空间，如果字符串长度为 0 则占用 0 字节的内存空间。

定义变量的语句只有两种形式，第一种形式为：

```
type var1=value1,var2=value2,…;
```

定义了若干个 type 类型变量 var1、var2、……，并且用 value1、value2、……初始化，多个变量之间用“,”分隔，语句以“;”结尾，type 可能是 int、long 或 String。例如“int a=1,b=5,c=6;”占用空间为 12 字节；“long a=1,b=5;”占用空间为 16 字节；“String s1="",s2="hello",s3="world";”占用空间为 10 字节。

第二种形式为：

```
type[] arr1=new type[size1],arr2=new type[size2],…;
```

定义了若干 type 类型的一维数组变量 arr1、arr2、……，且数组的大小为 size1、size2、……，多个变量之间用“,”进行分隔，语句以“;”结尾，type 只可能是 int 或 long。例如“int[] a1=new int[10];”占用的内存空间为 40 字节；“long[] a1=new long[10],a2=new long[10];”占用的内存空间为 160 字节。

已知小蓝有 T 条定义变量的语句，请你帮他统计下一共占用了多少内存空间。结果的

表示方式为：aGBbMBcKBdB，其中 a、b、c、d 为统计的结果，GB、MB、KB、B 为单位。优先用大的单位来表示：1GB＝1024MB，1MB＝1024KB，1KB＝1024B，其中 B 表示字节。如果 a、b、c、d 中的某几个数字为 0，那么不必输出这几个数字及其单位。题目保证一行中只有一句定义变量的语句，且每条语句都满足题干中描述的定义格式，所有的变量名都是合法的且均不重复。题目中的数据很规整，和上述给出的例子类似，除了类型后面有一个空格，以及定义数组时 new 后面的一个空格之外，不会出现多余的空格。

[输入格式]

输入的第一行包含一个整数 T，表示有 T 句变量定义的语句。接下来 T 行，每行包含一句变量定义语句。

[输出格式]

输出一行包含一个字符串，表示所有语句所占用空间的总大小。

[样例输入]

```
1
long[] nums=new long[131072];
```

[样例输出]

```
1MB
```

[提示]

样例占用的空间为 131072×8＝1048576B，换算过后正好是 1MB，其他三个单位 GB、KB、B 前面的数字都为 0，所以不用输出。

对于所有评测用例，1≤T≤10，每条变量定义语句的长度不会超过 1000。所有的变量名称长度不会超过 10，且都由小写字母和数字组成。对于整型变量，初始化的值均是在其表示范围内的十进制整数，初始化的值不会是变量。对于 String 类型的变量，初始化的内容长度不会超过 50，且内容仅包含小写字母和数字，初始化的值不会是变量。对于数组类型变量，数组的长度为一个整数，范围为[0,230]，数组的长度不会是变量。T 条语句定义的变量所占的内存空间总大小不会超过 1GB，且大于 0B。

分析：变量定义可以进一步抽象为一种形式：type XXX，即变量定义可看成由两部分组成。例如：int[] a＝new int[10]，则 type 相当于 int[]，XXX 相当于 a＝new int[10]；再如 String s ＝"hello"，type 相当于 String，XXX 相当于 s＝"hello"。那么，如何能方便获得变量定义的两部分内容呢？令两个字符串变量为 char unit[100]、char s[100]。则利用如下两行语句可获得变量定义的两部分内容。

```
scanf("%s", unit);                      //获得 type
gets("%s", s);                          //获得 XXX 内容
```

可知 unit 可以为 int[]、long[]、int、long、String 五个值之一。

• 若 unit 为 int[]，则定义的是整数数组，只需提取 s 字符串中"[]"中的数字即可，若为整数 value，则 value＊4 即是整数数组所占内存大小。

• 若 unit 为 long[]，则同上述 int[]计算一致。

- 若 unit 为 int 或 long,则勿需对字符串 s 进行操作,整数(或长整数)占内存字节大小为 4(或 8)。
- 若 unit 为 String,则 s 字符串中双引号之间字符串长度,即为所占内存字节大小。

综上,本示例关键代码及相关注释如下所示。

```cpp
#include<cstdio>
#include<cstring>
using namespace std;
char s[1005];                              //语句字符串
int sum = 0;                               //字节累加和
void arrayProc(int m){                     //m=4,处理 int 数组;m=8,处理 long 数组
    int pos = 0;
    char * p = NULL;
    char * q = NULL;
    char num[20];
    int value;
    int len = strlen(s);
    //查询获得左右括号间内容,将其转化成整型数
    while(pos<len && (p=strchr(s+pos,'['))!= NULL){      //发现左括号
        q = strchr(s+pos, ']');                //发现右括号
        strncpy(num,p+1,q-p-1);
        num[q-p-1] = 0;                        //获得左右括号间的数字字符串
        sscanf(num, "%d", &value);             //转化成整型数
        sum += value * m;                      //累加数组字节量
        pos = q-s+1;
    }
}
void variousProc(int m){                   //m=4,处理 int 变量;m=8,处理 long 变量
    int len = strlen(s);
    int pos = 0;
    int unit = 0;
    char * p=NULL;
    //主要查有多少个",",即可知道有多少个 int 或 long 变量
    while(pos<len && (p=strchr(s+pos,','))!= NULL){
        unit ++;
        pos = p-s+1;
    }
    sum += (unit+1) * m;
}
void strProc(){                            //处理字符串变量
    int len = strlen(s);
    int pos = 0;
    int unit = 0;
    char * p=NULL;
    char * q=NULL;
    //查询每对""间的内容
    while(pos<len && (p=strchr(s+pos,'\\"'))!= NULL){
        q = strchr(p+1,'\\"');
        sum += (q-p-1);                        //累加""间内容的字节大小
        pos = q-s+1;
    }
}
```

```
int main(){
    int T;
    char unit[20];
    scanf("%s", unit);
    sscanf(unit,"%d", &T);
    for(int i=0; i<T; i++){
        scanf("%s",unit);
        gets(s);
        //判定是数组否
        if(strcmp(unit,"long[]")==0)
            arrayProc(8);
        else if(strcmp(unit,"int[]")==0)
            arrayProc(4);
        else if(strcmp(unit,"long")==0)
            variousProc(8);
        else if(strcmp(unit,"int")==0)
            variousProc(4);
        else
            strProc();
    }
    int gb = sum/(1024 * 1024 * 1024);
    int mb = sum%(1024 * 1024 * 1024)/(1024 * 1024);
    int kb = sum%(1024 * 1024)/1024;
    int b = sum%1024;
    if(gb>0)printf("%dGB",gb);
    if(mb>0)printf("%dMB",mb);
    if(kb>0)printf("%dKB",kb);
    if(b>0)printf("%dB",b);
    return 0;
}
```

【例 4-8】（第 14 届）**子串简写**。（Dotcpp 编程（C 语言网）：3154）

程序员圈子里正在流行一种很新的简写方法：对于一个字符串，只保留首尾字符，将首尾字符之间的所有字符用这部分的长度代替。例如 internation alization 简写成 i18n，Kubernetes（注意连字符不是字符串的一部分）简写成 K8s，Lanqiao 简写成 L5o 等。

在本题中，我们规定长度大于或等于 K 的字符串都可以采用这种简写方法（长度小于 K 的字符串不配使用这种简写）。

给定一个字符串 S 和两个字符 c1 和 c2，请你计算 S 有多少个以 c1 开头 c2 结尾的子串可以采用这种简写。

[输入格式]

第一行包含一个整数 K。

第二行包含一个字符串 S 和两个字符 c1 和 c2。

[输出格式]

一个整数代表答案。

[样例输入]

```
4
abababdb a b
```

[样例输出]

```
6
```

[提示]

符合条件的子串如下所示,中括号内是该子串:

```
[abab]abdb
[ababab]db
[abababdb]
ab[abab]db
ab[ababdb]
abab[abdb]
```

对于 20% 的数据,$2 \leqslant K \leqslant |S| \leqslant 10000$。

对于 100% 的数据,$2 \leqslant K \leqslant |S| \leqslant 5 \times 10^5$。S 只包含小写字母。c1 和 c2 都是小写字母。$|S|$ 代表字符串 S 的长度。

分析:①首先分别利用数组 a、b 保存字符串中每个字符 c1、c2 的位置,令为 $\{a[0],$ $a[1], \cdots, a[p-1]\}$,共 P 个 c1 字符位置,且升序排列。$\{b[0], b[1], \cdots, b[q-1]\}$,共 q 个 c2 字符位置,且升序排列;②由于要求 c1,c2 字符至少相距 K,那么该题转化为对 a 数组每个元素 a[i] 而言,把数组中有多少个元素 b[j],满足 $b[j] \geqslant a[i] + (K-1)$。很明显利用二分查找方法即可解决。其代码如下所示。

```cpp
#include<cstdio>
#include<cstring>
#include<algorithm>
using namespace std;
int a[500005];                      //保存 c1 字符位置
int b[500005];                      //保存 c2 字符位置
char str[500005];                   //源串
int main(){
    int k;
    char s[5];                      //c1 串
    char t[5];                      //c2 串
    scanf("%d", &k);
    scanf("%s%s%s", str, s, t);
    int l = strlen(str);
    int p= 0;
    int q= 0;
    for(int i=0; i<l; i++){
        if(str[i]==s[0]){
            a[p] = i;
            p++;                    //保存 c1 位置至 a 数组
        }
        if(str[i]==t[0]){
            b[q] = i;
            q++;                    //保存 c2 位置至 b 数组
        }
    }
    long long sum = 0;
```

```
    k-= 1;
    for(int i=0; i<p; i++){
        int * pp = lower_bound(b, b+q, a[i]+k);    //二分查找求结果
            sum += (q-(pp-b));
    }
    printf("%lld\n", sum);
    return 0;
}
```

规 律 题

一般来说,规律题是指按常规方法,在大量测试数据的前提下,一定是超时的。但是我们可通过常规方法及小量的输入数据获得小量的输出数据。通过观察输入、输出数据的变化特点,总结出经验公式,利用该公式可极大缩短该题目时间消费,顺利解决此类题的程序编制。

【例 5-1】（第 9 届）约瑟夫环。（Dotcpp 编程（C 语言网）：2288）

n 个人的编号是 1~n,如果他们依编号按顺时针排成一个圆圈,从编号是 1 的人开始顺时针报数（报数是从 1 报起）。当报到 k 的时候,这个人就退出游戏圈。下一个人重新从 1 开始报数。求最后剩下的人的编号。这就是著名的约瑟夫环问题。

本题目就是已知 n,k 的情况下,求最后剩下的人的编号。

[输入格式]

题目的输入是一行,2 个空格分开的整数 n,k。

约定：$0 < n, k < 10^6$

[输出格式]

要求输出一个整数,表示最后剩下的人的编号。

[样例输入]

```
10 3
```

[样例输出]

```
4
```

方法 1 分析：利用 vector 定义大小为 n 的数组 ve,元素值为[0,n−1]。一重循环,循环变量 i,循环范围为[2,n],每次循环中,根据报数 k 值,删除 ve 中相应位置元素,并从相应位置处继续跟踪。最终 ve 中仅剩下一个元素,即最后剩下的人的编号。其相关代码及注释如下所示。

```
#include<cstdio>
#include<vector>
using namespace std;
int main(){
    int n,k;
```

```
    scanf("%d%d", &n, &k);
    vector<int> ve(n);
    for(int i=0; i<n; i++){
        ve[i] = i;                          //赋值数组编号
    }
    int mod;
    int pos = 0;                            //本次报数起始报数人在数组中的位置
    for(int i=n; i>1; i--){
        mod = k%n;
        if(mod==0) mod = i;
        pos += mod-1;
        pos %= i;                           //获得删除位置及下次报数起始位置
        ve.erase(ve.begin()+pos);
        if(pos==ve.size())                  //边界处理
            pos = 0;
    }
    printf("%d\n", ve[0]+1);
    return 0;
}
```

方法 2 分析：方法 1 仅能通过部分测试数据。其实只要思路与方法 1 一样，采用链表、队列等实现方法效果是一样的，即许多测试数据是时间超限的。那么，进一步思考，能否找出一种递推公式？例如若 n 个人，采用 k 数报数，最终剩下的人编号用 $F(n)$ 表示。若增加为 $n+1$ 人，$F(n+1)$ 又如何呢？也就是求出 $F(n+1)$ 与 $F(n)$ 的递推关系。

有了上述思路，我们可以通过运行方法 1 中代码，设 $k=3$，人数从 2～12 人，获得信息如表 5-1 所示。

表 5-1　k＝3 报数最终剩人信息表

报名人数 n,编号[0,n)	最终剩人编号 F(n)	F(n+1)与 F(n)关系
2	$F(2)=1$	
3	$F(3)=1$	$F(3)=(F(2)+k)\%3$
4	$F(4)=0$	$F(4)=(F(3)+k)\%4$
5	$F(5)=3$	$F(5)=(F(4)+k)\%5$
6	$F(6)=0$	$F(6)=(F(5)+k)\%6$
7	$F(7)=3$	$F(7)=(F(6)+k)\%7$
8	$F(8)=6$	$F(8)=(F(7)+k)\%8$
9	$F(9)=0$	$F(9)=(F(8)+k)\%9$
10	$F(10)=3$	$F(10)=(F(9)+k)\%10$
11	$F(11)=6$	$F(11)=(F(10)+k)\%11$
12	$F(12)=9$	$F(12)=(F(11)+k)\%12$

通过表 5-1，我们得出 $F(n+1)$ 与 $F(n)$ 的关系为：$F(n+1)=(F(n)+k)\%(n+1)$。根

据此递推关系,得出关键代码及注释如下所示。

```
#include<cstdio>
int main(){
    int n,k;
    scanf("%d%d", &n,&k);
    int fn, fn_1;
    k%2==0? fn_1=0:fn_1=1;         //对 2 人来说,k 若偶数,剩编号 0;k 若奇数,剩编号 1
    for(int i=3; i<=n; i++){
        fn = (fn_1+k)%i;           //i 个人 k 报数剩的编号
        fn_1 = fn;
    }
    printf("%d\n", (fn+1)%n);
    return 0;
}
```

【例 5-2】(第 5 届)生物芯片。(Dotcpp 编程(C 语言网):1818)

X 博士正在研究一种生物芯片,其逻辑密集度、容量都远远高于普通的半导体芯片。博士在芯片中设计了 n 个微型光源,每个光源操作一次就会改变其状态,即:点亮转为关闭,或关闭转为点亮。这些光源的编号从 1 到 n,开始的时候所有光源都是关闭的。

博士计划在芯片上执行如下动作:

所有编号为 2 的倍数的光源操作一次,也就是把 2 4 6 8 … 等序号光源打开。

所有编号为 3 的倍数的光源操作一次,也就是对 3 6 9 … 等序号光源操作,注意此时 6 号光源又关闭了。

所有编号为 4 的倍数的光源操作一次。

……

直到编号为 n 的倍数的光源操作一次。

X 博士想知道:经过这些操作后,某个区间中的哪些光源是点亮的。

[输入格式]

3 个用空格分开的整数:N、L、R ($L < R < N < 10^{15}$),N 表示光源数,L 表示区间的左边界,R 表示区间的右边界。

[输出格式]

输出 1 个整数,表示经过所有操作后,[L,R] 区间中有多少个光源是点亮的。

[样例输入]

5 2 3

[样例输出]

2

分析:由于 $L < R < N < 10^{15}$,数据级数大,常规方法一定是超时的。我们先通过 N=10 对应的数据,看操作后各个灯变化情况,如表 5-2 所示。

表 5-2 N＝10 对应数据操作情况表

操作情况	1	2	3	4	5	6	7	8	9	10
2 的倍数	×	√		√		√		√		√
3 的倍数			√			×			√	
4 的倍数				×				×		
5 的倍数					√					×
6 的倍数						√				
7 的倍数							√			
8 的倍数								√		
9 的倍数									×	
10 的倍数										√

通过表 5-2 可看出：当操作完一遍后，灯（1 4 9）是灭的，其余均是亮的。可得出规律：编号为完全平方数的灯是灭的。因此若求[L，R]中的亮灯数，只需将[L，R]区间中的数据数目减去该区间内完全平方数的数目即可。

本示例的关键代码如下所示。

```cpp
#include<cstdio>
#include<cmath>
using namespace std;
int main(){
    long long n,l,r;
    scanf("%lld%lld%lld", &n, &l, &r);
    int c = 0;
    long long a = sqrt(l);
    if(a * a != l)
        a ++;
    long long b = sqrt(r);
    long long total = r-l+1;
    if(a<=b)
        total = total - (b-a+1);
    printf("%lld\n", total);
    return 0;
}
```

【例 5-3】（第 10 届）数正方形。（Dotcpp 编程（C 语言网）：2568）

在一个 N×N 的点阵上，取其中 4 个点恰好组成一个正方形的 4 个顶点，一共有多少种不同的取法？由于结果可能非常大，你只需要输出模 $10^9＋7$ 的余数。图 5-1 所示的正方形都是合法的。

［输入格式］

输入包含一个整数 N。

［输出格式］

输出一个整数代表答案。

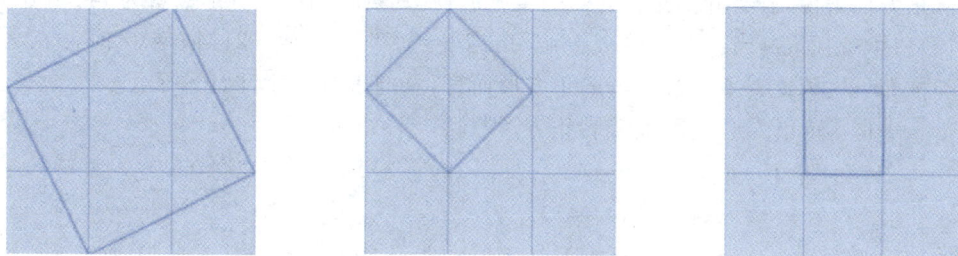

图 5-1 合法正方形示例

［样例输入］

4

［样例输出］

20

［提示］

对于所有评测用例，$2 \leqslant N \leqslant 1000000$。

分析：本示例基本思路是找规律，发现合适的"找"法是关键，具体思路如下所示。

① 对一个 $N \times N$ 的点阵来说，易知非旋转边长为 $N-1$ 的正方形个数为 1^2 个，边长为 $N-2$ 的正方形个数为 2^2 个，边长为 $N-3$ 的正方形个数为 3^2 个，……，边长为 1 的正方形个数为 $(N-1)^2$ 个。

② 对边长分别为 1、2、3、4、5 的一个正方形而言，其旋转正方形个数（虚线部分）如图 5-2 所示。

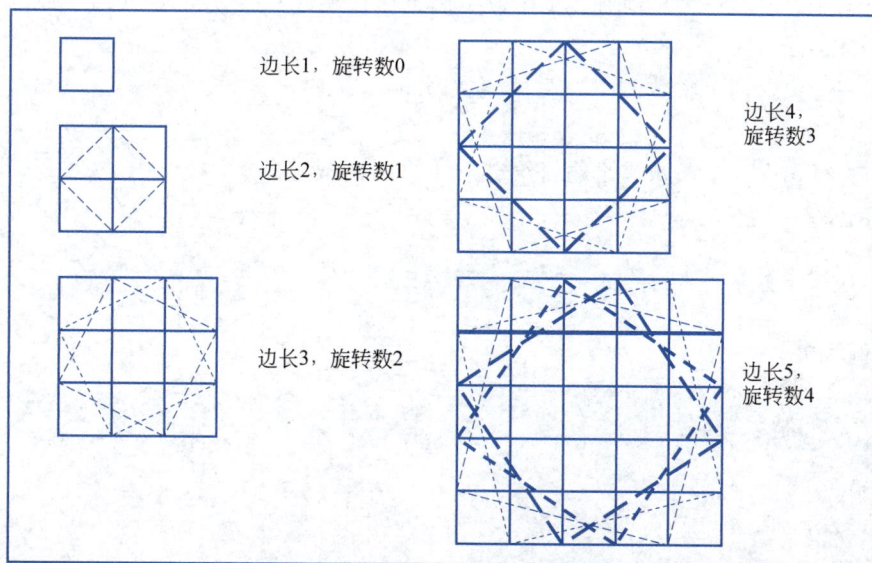

边长1，旋转数0

边长2，旋转数1

边长3，旋转数2

边长4，旋转数3

边长5，旋转数4

图 5-2 正方形边长与旋转正方形个数

从图 5-2 可知，对一个边长为 a 的正方形而言，其旋转正方形个数为 $a-1$ 个。对 $N \times N$

的点阵正方形来说,若有 q 个边长为 a 的正方形,则其贡献的总正方形数目为 $unit = q + q *$ $(a-1)$。对本题而言,当 $q = 1^2$ 时,$a = N-1$;当 $q = 2^2$ 时,$a = N-2$;当 $q = 3^2$ 时,$a = N-3$;依次类推即可。因此对 $N \times N$ 点阵的正方形而言,总的正方形数目如下所示。

$$Sum = 非旋转正方形数目 + 旋转正方形数目$$
$$= (1^2 + 1^2 * (N-1)) + (2^2 + 2^2 * (N-2)) + (3^2 + 3^2 * (N-3)) + \cdots +$$
$$((N-1)^2 + (N-1)^2 * 1)$$
$$= (1^2 * N) + (2^2 * (N-1)) + (3^2 * (N-2)) + \cdots + ((N-1)^2 * 2)$$

本示例关键代码如下所示。

```
#include<cstdio>
#include<cmath>
using namespace std;
int main(){
    long long mod = pow(10,9)+7;
    long long n;
    scanf("%lld", &n);
    long long sum = 0;
    for(long long i=1; i<n; i++){
        sum += ((i * i%mod) * (n-i))%mod;
        sum %= mod;
    }
    printf("%lld\n", sum);
    return 0;
}
```

【例 5-4】(第 14 届)平方差。(Dotcpp 编程(C 语言网):3142)

[题目描述]

给定 L、R,问 $L \leqslant x \leqslant R$ 中有多少个数 x 满足存在整数 y、z,使得 $x = y^2 - z^2$。

[输入格式]

输入一行包含两个整数 L、R,用一个空格分隔。

[输出格式]

输出一行包含一个整数满足题目给定条件的 x 的数量。

[样例输入]

```
1 5
```

[样例输出]

```
4
```

[提示]

$1 = 1^2 - 0^2$;

$3 = 2^2 - 1^2$;

$4 = 2^2 - 0^2$;

$5 = 3^2 - 2^2$。

对于 40% 的评测用例，$L,R \leqslant 5000$；

对于所有评测用例，$1 \leqslant L \leqslant R \leqslant 10^9$。

分析：计算两个数平方差的一般规律，如表 5-3 所示。

表 5-3　求平方差规律表

一般算式	结果编号	分析
$(k+1)^2 - k^2 = 2k+1$	①	当两数差 1 时，平方差结果是从 3 开始的奇数，随 k 不同而不同
$(k+2)^2 - k^2 = 4k+4$	②	当两数差 2 时，平方差结果是从 8 开始 4 的倍数，且随 k 不同而不同
$(k+3)^2 - k^2 = 6k+9$	③	④是①的子集
$(k+4)^2 - k^2 = 8k+16$	⑤	⑥是②的子集

因此，对本题而言，若平方差结果集在 $[L,R]$ 之间，只需求 $[L,R]$ 中有多少个大于 3 的奇数及多少个大于 8 的 4 的倍数个数之和即可。代码如下所示。

```c
#include<cstdio>
int main(){
    int L,R;
    scanf("%d%d", &L,&R);
    int mid = L;
    while(mid%2==0)
        mid++;
    int n1 = 0;
    if(mid<=R)
        n1 = (R-mid)/2 + 1;
    mid = L;
    int n2 = 0;
    while(mid%4 != 0)
        mid++;
    if(mid <=R)
        n2 = (R-mid)/4 + 1;
    int n = n1+n2;
    printf("%d\n", n);
    return 0;
}
```

【例 5-5】（第 10 届）后缀表达式。（Dotcpp 编程（C 语言网）：2306）

给定 N 个加号、M 个减号以及 $N+M+1$ 个整数 $A_1, A_2, \cdots, A_{N+M+1}$，小明想知道在所有由这 N 个加号、M 个减号以及 $N+M+1$ 个整数凑出的合法的后缀表达式中，结果最大的是哪一个？请你输出这个最大的结果。

例如使用 1 2 3 ＋ －，则 2 3 ＋ 1 － 这个后缀表达式结果是 4，是最大的。

[输入格式]

第一行包含两个整数 N 和 M。

第二行包含 $N+M+1$ 个整数 $A_1, A_2, \cdots, A_{N+M+1}$。

（对于所有评测用例，$0 \leqslant N, M \leqslant 100000, -10^9 \leqslant A_i \leqslant 10^9$）

[输出格式]

输出一个数,表示答案

[样例输入]

```
1 1
1 2 3
```

[样例输出]

```
4
```

分析:本示例容易犯如下的思路错误,将 $n+m+1$ 个数降序排列,前 $n+1$ 个数用于加法,后 $m-1$ 个数用于减法。例如 $n=0$,$m=2$,数据为 3 2 1。按上述算法,$max=3-2-1=0$,但实际上 $max=3-(1-2)=4$。造成这种情况的根本原因是题中求后缀表达式的最大值,当转化成中缀表达式时是可以带括号的。括号的位置及嵌套数量都是可变的。

因此,本题的思路是:寻求运算规律。可分三种情况:全是非负数,全是负数,正负数均有。下面一一讨论。

① 全是非负数。以(5 4 3 2 1)数据加以分析,如表 5-4 所示。

表 5-4　全是非负数运算表

序号	n	m	表达式(且数据 $d_\square$ 降序排列)	分　　析
1	4	0	$5+4+3+2+1 = 15$	有两种情况: 当全加法时,直接运算即可; 当至少有一个减号时,所得结果的最大值都相同,都为 $d[0]+d[1]+\cdots+d[n+m-1]-d[n+m]$
2	3	1	$5+4+3+2-1 = 13$	
3	2	2	$5+4-(1-(2+3))=5+4+3+2-1=13$	
4	1	3	$5+4-(1-2-3)=5+4+3+2-1=13$	
5	0	4	$5-(1-2-3-4)=5+4+3+2-1=13$	

② 全是负数。以(-1 -2 -3 -4 -5)数据加以分析,如表 5-5 所示。

表 5-5　全是负数运算表

序号	n	m	表达式(且数据 $d_\square$ 降序排列)	分　　析
1	4	0	$-1+(-2)+(-3)+(-4)+(-5) = -15$	有两种情况: 当全加法时,直接运算即可; 当至少有一个减号时,所得结果的最大值都相同,都为 $-(d[1]+d[2]+\cdots+d[n+m])+d[0]$
2	3	1	$-1-((-2)+(-3)+(-4)+(-5))=-1+2+3+4+5=13$	
3	2	2	$-1-(-2)-((-3)+(-4))=-1+2+3+4+5=13$	
4	1	3	$-1-((-2)+(-3)+(-4))=-1+2+3+4+5=13$	
5	0	4	$-1-(-2)-(-3)-(-4)-(-5)=-1+2+3+4+5=13$	

③ 正负均有情况。以(5 4 3 -1 -2)数据加以分析,如表 5-6 所示。

表 5-6　正负均有运算表

序号	n	m	表达式（且数据 d□ 降序排列）	分　　析
1	4	0	$5+4+3+(-1)+(-2)=9$	有两种情况：
2	3	1	$5+4+3-((-1)+(-2))=5+4+3+2+1=15$	当全加法时，直接运算即可；
3	2	2	$5+4+3-(-1)-(-2)=5+4+3+2+1=15$	当至少有一个减号时，所得结果的最大值都相同，都为数组中非
4	1	3	$5+4-((-1)+(-2)-3)=5+4+3+2+1=15$	负数相加之和减去负数相加
5	0	4	$5-((-1)-3)-((-2)-4)=5+4+3+2+1=15$	之和

本示例关键代码如下所示。

```cpp
#include<cstdio>
#include<algorithm>
using namespace std;
int d[200005];
bool cmp(const int& a, const int& b){
    return a>b;
}
int main(){
    int n,m;
    int s1 = 0;                          //有 s1 个正数
    int s2 = 0;                          //有 s2 个负数
    scanf("%d%d", &n, &m);
    for(int i=0; i<n+m+1; i++){
        scanf("%d", &d[i]);
        if(d[i]>=0) s1++;
        else s2 ++;

    }
    if(n==0 && m==0){                    //处理 n=0,m=0 的特殊情况
        printf("%d\n", d[0]);
        return 0;
    }
    //排序
    sort(d, d+(n+m+1), cmp);
    long long sum = 0;
    if(s1==n+m+1){                       //全正
        for(int i=0; i<n+m+1; i++)
            sum += d[i];
        if(m!=0) sum -= 2 * d[n+m];
    }
    else if(s2==n+m+1){                  //全负
        for(int i=0; i<n+m+1; i++)
            sum += d[i];
        if(m!=0){                        //至少有一个减法
            sum = - sum;
            sum += 2 * d[0];
        }
    }
    else{                                //既有加法又有减法
```

```
        if(m!=0){
            for(int i=0; i<n+m+1; i++){
                if(d[i]>=0) sum += d[i];
                else sum -= d[i];
            }
        }
        else{
            for(int i=0; i<n+m+1; i++){
                sum += d[i];
            }
        }
    }
    printf("%lld\n", sum);
    return 0;
}
```

二 分 法

二分法是一种数值计算和问题求解的算法,其基本思想是将问题分成两部分,然后选择一个部分进行继续求解,如此重复,直到找到解或满足特定条件为止。这种算法通常应用于有序数据集的查找、数值逼近和优化等问题。二分法的优点包括高效性、简单性、通用性以及能够进行误差估计。

【例 6-1】(第 9 届)递增三元组。(Dotcpp 编程(C 语言网):2194)

给定三个整数数组

$A=[A_1, A_2, \cdots, A_N]$,

$B=[B_1, B_2, \cdots, B_N]$,

$C=[C_1, C_2, \cdots, C_N]$,

请你统计有多少个三元组 (i, j, k) 满足:

1. $1 \leqslant i, j, k \leqslant N$

2. $A_i < B_j < C_k$

[输入格式]

第一行包含一个整数 N。第二行包含 N 个整数 $A_1, A_2, \cdots, A_N$。第三行包含 N 个整数 $B_1, B_2, \cdots, B_N$。第四行包含 N 个整数 $C_1, C_2, \cdots, C_N$。

[输出格式]

一个整数表示答案。

[样例输入]

```
3
1 1 1
2 2 2
3 3 3
```

[样例输出]

```
27
```

分析:本示例主要是应用 STL 二分查找函数 upper_bound(),关键思路如下所示。

① A 数组保持原序列,B、C 数组按升序排列。

② 对每个元素 a[i],利用 upper_bound() 函数查询 B 中元素大于 a[i] 的首指针,则首指针到 B+n 间指向的值均大于 a[i],假设指向元素是 [b[j], b[j+1], \cdots, b[k],…,b[n]]。遍历获得的 B 数组元素,对其中每个元素仍利用 upper_bound()函数在 C 中查询大于 b[k](k∈[j,n])元素的首指针,该首指针到 C+n 间指向的元素均大于 B[k],且易求得元素个数,假设为 n[k]。因此 $\sum_{k=j}^{n}n[k]$ 即是对每一个具体元素 a[i]而言,满足 a[i]<b[j]<c[k]的三元组数目。

③ 遍历 A 中各元素,按②中进行操作,将获得的结果再累加,即是题目所求。

综上,本示例代码及相关注释如下所示。

```
#include<cstdio>
#include<algorithm>
using namespace std;
int main(){
    int n;
    scanf("%d", &n);
    int a[n],b[n],c[n];
    for(int i=0; i<n; i++){
        scanf("%d", &a[i]);
    }
    for(int i=0; i<n; i++){
        scanf("%d", &b[i]);
    }
    for(int i=0; i<n; i++){
        scanf("%d", &c[i]);
    }
    sort(b, b+n);                          //b、c数组排序,a不用排序
    sort(c, c+n);
    int p, q;
    long long total = 0;
    for(int i=0; i<n; i++){
        p = upper_bound(b,b+n,a[i])-b;     //b数组中大于a[i]的数组起始下标
        for(int j=p; j<n; j++){
            q = upper_bound(c, c+n, b[j]) - c;  //c数组中大于b[j]的数组起始下标
            total += n-q;                  //一个a[i],一个b[j]对应多少个满足条件的c数组元素
        }
    }
    printf("%lld\n", total);
    return 0;
}
```

【例 6-2】(第 14 届)买二赠一。(Dotcpp 编程(C 语言网):3175)

某商场有 N 件商品,其中第 i 件的价格是 A_i。现在该商场正在进行"买二赠一"的优惠活动,具体规则是:每购买 2 件商品,假设其中较便宜的价格是 P(如果两件商品价格一样,则 P 等于其中一件商品的价格),就可以从剩余商品中任选一件价格不超过 P/2 的商品,免费获得这一件商品。可以通过反复购买 2 件商品来获得多件免费商品,但是每件商品只能被购买或免费获得一次。

小明想知道如果要拿下所有商品(包含购买和免费获得),至少要花费多少钱。

[输入格式]

第一行包含一个整数 N。

第二行包含 N 个整数,代表 $A_1,A_2,A_3,\cdots,A_N$。

[输出格式]

输出一个整数,代表答案。

[样例输入]

```
7
1 4 2 8 5 7 1
```

[样例输出]

```
25
```

[提示]

小明可以先购买价格 4 和 8 的商品,免费获得一件价格为 1 的商品;再后买价格为 5 和 7 的商品,免费获得价格为 2 的商品;最后单独购买剩下的一件价格为 1 的商品。总计花费 $4+8+5+7+1=25$。不存在花费更低的方案。

对于 30% 的数据,$1\leqslant N\leqslant 20$。

对于 100% 的数据,$1\leqslant N\leqslant 5\times10^5$,$1\leqslant A_i\leqslant 10^9$。

分析:主要应用排序、贪心、二分查找运算,寻找到哪些商品可最大价值的免费获得,将 n 件产品的总价值减去免费获得的产品价值,即为所求。以 20 件产品为例,做如下说明。

① 将 20 件产品按价值降序进行排列。

② 选出最大价值免费商品过程如图 6-1 所示。

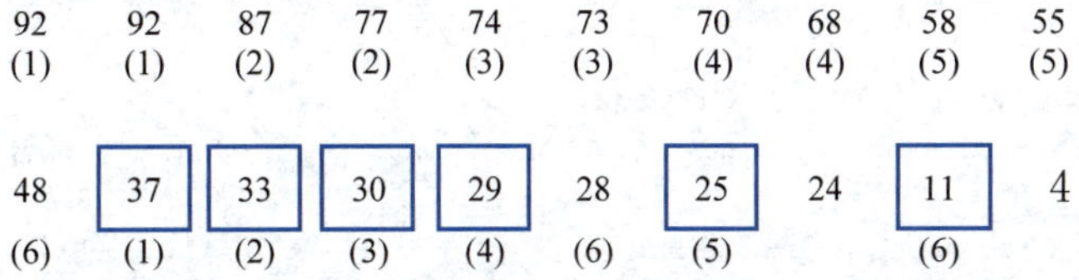

图 6-1　免费商品选择过程

第 1 次选择两件商品,价值为 92、92,由于可选免费商品价值不超过($92/2=46$),根据图 6-1,可选免费价值为 37 的产品;第 2 次选择两件商品,价值为 87、77,由于可选免费商品价值不超过($\mathrm{int}(77/2)=38$),根据图 6-1,免费商品一定是从已经选的免费价值为 37 商品之后的商品,因此选择的是价值 33 的商品;由此可以选出第 3、4、5 件免费商品价值为 30、29、25。第 6 次选择两件商品,价值为 48、28,可看出这两件商品在原序列中是非近邻的,可选的第 6 件免费商品价值为 11。

③ 由于两件可选付费商品可能非近邻,因此增加一个布尔标识,将免费商品标识置为 true,遍历数组时,选择两个连续标识为 false 的即可。另外,若已知当前免费商品的数组下标为 left,免费商品价值小于或等于 P/2,则只需在区间[left+1,n)二分查找第 1 个小于或等于 P/2 价值的商品即为所求。

综上,其关键代码如下所示。

```
#include<cstdio>
```

```
#include<set>
#include<algorithm>
using namespace std;
struct U{
    int value;
    int mark;

};
bool cmp(const U& one,const U& two){
    return one.value>two.value;
}
U u[500005] = {0};
long long result = 0;
int main(){
    int n, value;
    scanf("%d", &n);
    for(int i=0; i<n; i++){
        scanf("%d", &u[i].value);
        result += u[i].value;                        //求总价值
    }
    sort(u, u+n, cmp);                               //按 value 降序排列
    int size = 0;
    int left = 0;
    U * p;
    U mid;
    for(int i=0;i<n; i++){
        if(u[i].mark==1) continue;                   //略过免费商品
        size ++;
        if(size==2){                                 //选择两个付费商品
            size =0;
            mid.value = u[i].value/2;
            p = lower_bound(u+left, u+n, mid, cmp);  //求第 1 个符合条件的免费商品
            if(p != u+n){                            //若有
                result -= p->value;                  //总价值-免费产品价值
                p->mark = 1;                         //免费商品标识置为 1
                left = p-u+1;                        //免费商品二分查找起始左位置
            }
            else
                break;
        }
    }
    printf("%lld\n", result);
    return 0;
}
```

【例 6-3】（第 8 届二分法）分巧克力。（Dotcpp 编程（C 语言网）：1885）

儿童节那天有 K 位小朋友到小明家做客。小明拿出了珍藏的巧克力招待小朋友们。小明一共有 N 块巧克力，其中第 i 块是 $H_i \times W_i$ 的方格组成的长方形。

为了公平起见，小明需要从这 N 块巧克力中切出 K 块巧克力分给小朋友们。切出的巧克力需要满足：

（1）形状是正方形，边长是整数。

（2）大小相同。

例如一块 6×5 的巧克力可以切出 6 块 2×2 的巧克力或者 2 块 3×3 的巧克力。

当然小朋友们都希望得到的巧克力尽可能大，你能帮小明计算出最大的边长是多少么？

[输入格式]

第一行包含两个整数 N 和 K。(1≤N,K≤100000)

以下 N 行每行包含两个整数 Hi 和 Wi。(1≤Hi,Wi≤100000)

输入保证每位小朋友至少能获得一块 1×1 的巧克力。

[输出格式]

输出切出的正方形巧克力最大可能的边长。

[样例输入]

```
2 10
6 5
5 6
```

[样例输出]

```
2
```

分析：很明显该题应采用二分法，可快速确定所切巧克力的最大边长。边长初值最大值 u＝100000，边长初值最小值 v＝1，根据边长 mid＝(u＋v)/2，算出各巧克力(hi、wi)可切的正方形总数 total。若 total 小于总人数 K，则说明所切正方形边长大，则应使边长减少，令边长大值 u＝mid－1；若 total 大于总人数 K，则说明所切正方形边长小，则应使边长增加，令边长小值 v＝mid－1；若 total 等于总人数 K，并不能说明此时边长 mid 为所求，有可能比 mid 还大，因此令边长小值 v＝mid。由于二分法收缩非常快，为了方便，不用过多思考二分法循环结束条件，我们可以二分迭代 100 次即可（其实迭代 30 次也就可以了）。其关键代码如下所示。

```cpp
#include<cstdio>
using namespace std;
int main(){
    int n,k;
    scanf("%d%d", &n, &k);
    int h[n];
    int w[n];
    for(int i=0; i<n; i++){
        scanf("%d%d", &h[i], &w[i]);       //每块巧克力宽、高
    }
    int mid;
    int total;
    int u=100000;                          //迭代边长最大值100000
    int v = 1;                             //迭代边长最小值1
    for(int i=0; i<100; i++){              //迭代100次
        total = 0;
        mid = (u+v)/2;                     //作为切巧克力的边长
        for(int j=0; j<n; j++){
```

```
        total += (h[j]/mid) * (w[j]/mid);  //求可切的正方形累加总数
    } //有可能有的巧克力一块正方形也切不了,为 0
    if(total<k){                           //边长太大
        u = mid-1;                         //为缩小边长做准备
    }
    else if(total>k){                      //边长太小
        v = mid+1;                         //为扩大边长做准备
    }
    else if(total==k){                     //虽然可切正方形总数与人数相等
        v = mid;                           //但有可能有比 mid 更大的正方形
    }
    }
    printf("%d\n", mid);
    return 0;
}
```

【例 6-4】(第 13 届)**第 K 小的和**。(洛谷网站:P10417)

给定两个序列 A,B,长度分别为 n,m。设另有一个序列 C 中包含了 A,B 中的数两两相加的结果(C 中共有 n×m 个数)。问 C 中第 K 小的数是多少。请注意重复的数需要计算多次。例如 1,1,2,3 中,最小和次小都是 1,而 3 是第 4 小。

[输入格式]

输入的第一行包含三个整数 n,m,K,相邻两个整数之间使用一个空格分隔。

第二行包含 n 个整数,分别表示 $A_1, A_2, \cdots, A_n$。相邻两个整数之间使用一个空格分隔。第三行包含 m 个整数,分别表示 $B_1, B_2, \cdots, B_m$。相邻两个整数之间使用一个空格分隔。

[输出格式]

输出一行包含一个整数表示答案。

[样例输入]

```
3 4 5
1 3 4
2 3 5 6
```

[样例输出]

```
6
```

[说明]

对于 40% 的评测用例,$n, m \leq 5000$,$A_i, B_i \leq 1000$;

对于所有评测用例,$n, m \leq 10^5$,$1 \leq A_i, B_i \leq 10^9$,$1 \leq K \leq n \times m$。

分析:A 中有 n 个数,B 中有 m 个数,C 由 A、B 中数两两相加而得,共有 n*m 个。由于 n、m 都可取较大值,因此开 n*m 大小的数组保存相应数是不现实的。因此求 C 中第 K 大小的数必须转换思路:首先利用二分算法,计算 C 中比某值 mid 小的数有多少个。关键步骤如下所示。

① A 数组保持不变,B 数组升序排列。

② 遍历 A 数组,对每个 A[i]来说,B 中哪些数与其相加小于或等于 mid 呢? 由于 B 已经排好序,利用 STL 函数可得:unit = upper_bound(B, B+m, mid−A[i])−B。遍历 A[i],累加 unit,即可获得 C 中比 mid 值小的总数 sum。

有了上述基础,那么如何选取 mid 呢? 毫无疑问,再次利用二分法即可,左边界初值 l=2(A、B 中最小数为 1),右边界初值 r=2000000005(A、B 中最大数为 10^9),mid=(r+l)/2,根据获得 C 中比 mid 值小的总数 sum 与 K 的关系,不断地修改 l、r。当 l+1=r 时,退出循环,则 r 值即为所求。

综上,本示例关键代码及注释如下所示。

```cpp
#include<cstdio>
#include<algorithm>
using namespace std;
int a[100005],b[100005];
int main(){
    int n,m;
    long long k;
    scanf("%d%d%lld", &n, &m, &k);
    int max1=0,max2=0;
    for(int i=0; i<n; i++){
        scanf("%d", &a[i]);
        if(max1<a[i]) max1=a[i];                 //求数组 a 最大值
    }
    for(int i=0; i<m; i++){
        scanf("%d", &b[i]);
        if(max2<b[i]) max2=b[i];                 //求数组 b 最大值
    }
    sort(b, b+m);                                //a 数组保持不变,b 数组升序排列
    int * pp = NULL;
    int mid;
    long long l = 2;                             //二分法左侧初值
    long long r = max1+max2;                     //二分法右侧初值
    long long sum = 0;
    while(l+1<r){
        sum = 0;
        mid = (l+r)/2;                           //二分中值
        for(int j=0; j<n; j++){
            pp = upper_bound(b,b+m,mid-a[j]);    //对每个 a[j]而言
            sum += (pp-b);                       //累加:b 中有多少元素+a[j]≤mid
        }
        if(sum>=k)                               //根据 sum 与 k 的关系,调整二分法左右边界
            r=mid;
        else if(sum<k)
            l=mid;
    }
    printf("%d\n", r);                           //二分法右边界值 r 即为所求
    return 0;
}
```

【例 6-5】(第 13 届国赛)卡牌。(Dotcpp 编程(C 语言网):2693)

这天,小明在整理他的卡牌。他一共有 n 种卡牌,第 i 种卡牌上印有正整数数 i(i∈[1,

n]),且第 i 种卡牌现有 a_i 张。而如果有 n 张卡牌,其中每种卡牌各一张,那么这 n 张卡牌可以被称为一套牌。小明为了凑出尽可能多套牌,拿出了 m 张空白牌,他可以在上面写上数 i,将其当作第 i 种牌来凑出套牌。然而小明觉得手写的牌不太美观,决定第 i 种牌最多手写 b_i 张。

请问小明最多能凑出多少套牌?

[输入格式]

输入共 3 行,第一行为两个正整数 n、m;

第二行为 n 个正整数 $a_1, a_2, \cdots, a_n$;

第三行为 n 个正整数 $b_1, b_2, \cdots, b_n$。

[输出格式]

一行,一个整数表示答案。

[样例输入]

```
4 5
1 2 3 4
5 5 5 5
```

[样例输出]

```
3
```

[提示]

这 5 张空白牌中,拿 2 张写 1,拿 1 张写 2,这样每种牌的牌数就变为了 3,3,3,4,可以凑出 3 套牌,剩下 2 张空白牌不能再帮助小明凑出一套。

对于 30% 的数据,保证 n≤2000;

对于 100% 的数据,保证 $n \leq 2 \times 10^5$;$a_i, b_i \leq 2n$;$m \leq n^2$。

分析:本题关键思路如下所示。

① 计算出这 n 种卡片的最小值 min。因为若凑出更多套卡片,必须以该值为基准,假若该卡片填充了 X 张空白卡,则此时应有的套数为 min+X。因此若遍历已有 n 张卡的数量,就一定能计算出需要多少张空白卡 sum,因此就是求最大的 X,满足的条件是:sum 必须小于或等于题目中的空白卡总数 m,且 X 必须小于或等于每张卡能填充的空白卡数量。

② 因此,如何分配 X 的策略是本示例关键所在,很明显采用二分策略为佳,其收敛速度快,易于得到答案。

综上,本示例关键代码及相关注释如下所示。

```cpp
#include<cstdio>
int n;
long long m;
long long a[400005];                    //每张卡片数量
long long b[400005];                    //每种卡片最多能填多少张空白卡
int main(){
    int n;
    long long m;
    long long min = 1e18;
```

```
        scanf("%d%lld", &n, &m);
        for(int i=0; i<n; i++){
            scanf("%lld", &a[i]);
            if(min >a[i])                          //求卡片数量最小值
                min = a[i];
        }
        for(int i=0;i<n; i++)
            scanf("%lld", &b[i]);

        long long l = 1;                            //二分法左边界
        long long r = m;                            //二分法右边界
        long long sum = 0;
        long long value;
        long long mid;
        long long inc;
        bool mark;
        long long ans;
        while(l<=r){
            mark = true;
            sum = 0;
            mid = (l+r)/2;                          //二分
            value = min + mid;                      //假设有 value 套牌
            for(int j=0; j<n; j++){
                if(a[j]+b[j]<value)
                { mark = false;break; }             //填充空白卡超出约束值,退出循环
                inc = value - a[j];                 //计算每种卡片需要的空白卡增量
                if(inc <0) inc = 0;
                 sum += inc;                        //sum上累加空白卡增量值
                if(sum > m)                         //sum 大于空白卡总数
                { mark = false;break; }
            }
            if(mark==true){                         //获得一个可能解 ans
                ans = value;
                l=mid+1;                            //增加二分左边界,为计算下一个可能的更大值做准备
            }
            else{                                   //当前二分值太大
                r = mid-1;
            }
        }
        printf("%lld\n", ans);
        return 0;
    }
```

【例 6-6】(第 11 届)整数拼接。(Dotcpp 编程(C 语言网):2578)

给定一个长度为 n 的序列 $A_1, A_2, \cdots, A_n$。你可以从中选出两个数 A_i、A_j($i \neq j$),然后将 A_i、A_j 一前一后拼成一个新的整数。例如,12 和 345 可以拼成 12345 或 34512。注意交换 A_i、A_j 的顺序总是被视为 2 种拼法,即便是 $A_i = A_j$。

给定一整数 K,问有多少种拼法满足拼出的整数是 K 的倍数。

[输入]

第一行包含 2 个整数 N 和 K。

第二行包含 N 个整数。

［输出］

一个整数代表答案。

［样例输入复制］

```
4 2
1 2 3 4
```

［样例输出复制］

```
6
```

［提示］

对于 100％ 的数据，$1 \leqslant N \leqslant 10^5$，$1 \leqslant K \leqslant 10^5$，$1 \leqslant A_i \leqslant 10^9$。

分析：关键思路如下所示。

① 两个数拼接 A_iA_j 相当于 $d = A_i * 10^x + A_j$。x 与 A_j 是相关的。当 x 为 1 时，A_j 只能是 $[0,9]$ 中的数；当 x 为 2 时，A_j 只能是 $[10,99]$ 中的数；以此类推。由于约束条件 $1 \leqslant A_i \leqslant 10^9$，所以 x 的范围是 $[1,9]$。

② 由于 $d\%K = (A_i * 10^x + A_j)\%K = (A_i * 10^x \% K + A_j \% K)\%K$。

若 $d\%K = 0$，则有两种情况：一种是 $A_i * 10^x \% K + A_j \% K = A_j \% K = 0$；一种是 $A_i * 10^x \% K + A_j \% K = K$。例如：当 x=1 时，若 $A_i * 10 \% K = 0$，则只需统计 $[0,9]$ 范围内的 A_j 整除 K（若 K=2）余数为 0 的个数即可；当 x=2 时，若 $A_i * 10^2 \% K = 1$，则只需统计 $[10,99]$ 范围内的 A_j 整除 K（若 K=2）余数为 1 的个数即可。

③ 那么，将原序列 $A_1, A_2, \cdots, A_n$ 按 $[0,9]$，$[10,99]$，$[100,999]$，… 存储并获取其对 K 的余数就非常关键了，并且要将这些余数值有序排列，利用二分查找就可快速计算出某余数值的个数。

④ 当然还要考虑自身数据对结果的影响。按表意形式来说，就是若 $A_iA_i\%K=0$，则要将此种情况考虑，从结果数据中去掉。

本示例的关键代码如下所示。

```cpp
#include<cstdio>
#include<vector>
#include<algorithm>
using namespace std;
int d[100005] = {0};                        //原数据序列
vector<int> vec[10]; //用于存取不同区间余数,vec[1]存取[0,9]范围内Ai对K的余数,
                     //且升序排列;vec[2]存取[10,99]范围内Ai对K的余数,且升序排列

int main(){
    int n,k;
    scanf("%d%d", &n, &k);
    unsigned long long u;
    int pos;
    for(int i=0; i<n; i++){
        scanf("%d", &d[i]);
        u = 10;
        pos = 1;
```

```
        while(u<d[i]){                     //求 d[i]数据在 vec 的位置,表示在[0,9],[10,99],...
            u *= 10;
            pos ++;
        }
        vec[pos].push_back(d[i]%k);        //保存余数
    }
    for(int i=1; i<=9; i++){
        sort(vec[i].begin(), vec[i].end()); //各区间余数升序排列
    }
    int v;
    int size;
    unsigned long long p;
    unsigned long long q;
    unsigned long long total = 0;
    for(int i=0; i<n; i++){
        p = 10;
        u = d[i] * p;
        pos = 1;
        while(u<=1e18 && pos<10){
            v = u%k;                        //求 d[i] * 10^x%K 的余数
            if(v==0) q=0;                   //q 表示满足条件合并的 d[j]%k 的值
            else q = k-v;
            //二分查找满足条件不同区间余数个数
            size = upper_bound(vec[pos].begin(), vec[pos].end(), q)-
lower_bound(vec[pos].begin(),vec[pos].end(), q);
            total += size;
            u *= 10;
            pos ++;
        }                                   //while
        //去掉可能重复的 1 个,即对自身数据 d[i]d[i]的判定
        p = 1;
        while(p<=d[i]) p*=10;
        u = d[i] * p + d[i];
        if(u%k==0)
            total -- ;
    }
    printf("%llu\n", total);
    return 0;
}
```

【例 6-7】（第 13 届）统计子矩阵。（Dotcpp 编程（C 语言网）：2659）

给定一个 N×M 的矩阵 A,请你统计有多少个子矩阵（最小 1×1,最大 N×M）满足子矩阵中所有数的和不超过给定的整数 K?

［输入］

第一行包含三个整数 N,M 和 K。

之后 N 行每行包含 M 个整数,代表矩阵 A。

［输出］

一个整数代表答案。

［样例输入］

```
3 4 10
1 2 3 4
5 6 7 8
9 10 11 12
```

[样例输出]

```
19
```

[提示]

满足条件的子矩阵一共有 19 个,包含:

大小为 1×1 的有 10 个;

大小为 1×2 的有 3 个;

大小为 1×3 的有 2 个;

大小为 1×4 的有 1 个;

大小为 2×1 的有 3 个。

对于 30% 的数据,N,M≤20。对于 70% 的数据,N,M≤100。

对于 100% 的数据,$1 \leqslant N, M \leqslant 500; 0 \leqslant A_{ij} \leqslant 1000; 1 \leqslant K \leqslant 250000000$。

分析:本题关键算法有两点,如下所示。

① 屏蔽不同矩阵大小差异,转化成一维数据处理,如下所示(以样例数据为例)。

对原矩阵而言,分别处理每行(1 2 3 4)、(5 6 7 8)、(9 10 11 12)数据,可获得 1 行 X 列的矩阵有多少满足条件。

若处理 2 行 X 列的矩阵怎么办呢? 一个巧妙的方法是将原矩阵 1、2 行,2、3 行相加,形成新的矩阵 $\begin{pmatrix} 6 & 8 & 10 & 12 \\ 14 & 16 & 18 & 20 \end{pmatrix}$,由于每一行得出的是原矩阵相邻两行相加结果,因此对每一行元素进行处理,得出的一定是 2 行 X 列矩阵有多少满足条件。

若处理 3 行 X 列的矩阵怎么办呢? 则将原矩阵 1、2、3 行相加,形成新的矩阵(15 18 21 24),由于每一行得出的是原矩阵相邻三行相加结果,因此对每一行元素进行处理,得出的一定是 3 行 X 列矩阵有多少满足条件。

由此得出更一般的处理方法,若处理相邻 K 行 X 列的矩阵,则将原矩阵的相邻 K 行相加。即第 1 行加到第 K 行,第 2 行加到 K+1 行,……,第 N−K+1 加到原矩阵的最后一行第 N 行。对新矩阵每一行元素进行处理,得出的一定是 K 行 X 列矩阵有多少满足条件。

② 一维数据具体处理办法。

方法 1:累加+二分查找。

以一维数据$(a_1 a_2 \cdots a_k \cdots a_n)$为例,首先形成前缀和$(b_1 b_2 \cdots b_k \cdots b_n)$,其中 $b_k = \sum_{i=1}^{k} a_k$ 由于每个元素都是非负数,因此结果一定是递增数列。对任意 a_k 开始而言,若求那些项连续和小于或等于 value,只需求对数组 b 而言,从 b_{k-1}(是 k−1,非 k)开始,哪一项的 b 数组值第 1 次大于 b_{k-1}+value 即可,很明显利用 STL upper_bound()函数是很容易得到的。

方法 2:尺取法。

以一维数据$(a_1 a_2 \cdots a_k \cdots a_n)$为例,利用 sum 进行累加。当累加到 k 时 sum>value,则表

明以 a_1 为起点,数组下标为[1,k−1]时,都满足连续元素累加和小于或等于 value,可计算出有多少连续区间满足所求;然后以 a_2 为起点,sum 为减去 a_1 的值,该值代表数组下标在[2,k−1]的元素累加和,因此循环变量从 k 开始继续循环,找到下一个 sum 大于或等于 value 的临界点,如此往复,直至结束。

从运算效率来说,方法 2 优于方法 1。

方法 1 对应代码如下所示。

```cpp
#include<cstdio>
#include<algorithm>
using namespace std;
int main(){
    int n,m,K;
    scanf("%d%d%d", &n, &m, &K);
    long long d[n+1][m+1];                       //原矩阵单行累加数据
    long long u[n+1][m+1];                       //累加 X 行矩阵数据
    long long value;
    long long sum = 0;
    for(int i=0; i<n; i++){
        sum = 0; d[i][0]=0; u[i][0]=0;
        for(int j=1; j<=m; j++){
            scanf("%lld", &value);
            sum += value;
            d[i][j]=sum;
            u[i][j]=0;
        }
    }
    long long count = 0;
    for(int k=0; k<n; k++){                       //k代表多少行原矩阵数据累加
        for(int i=0; i<n-k; i++){
            for(int j=1; j<=m; j++){
                u[i][j] += d[i+k][j];
            }
            for(int j=1; j<=m; j++){
                int pos = upper_bound(u[i]+j, u[i]+(m+1),u[i][j-1]+K) - u[i]-1;
                if(pos>=j){
                    if(pos < m)
                        count += pos-j+1;
                    else{
                        count += ((long long)(m-j+2)) * (m-j+1)/2;
                        break;
                    }
                }
            }
        }
    }
    printf("%lld\n", count);
    return 0;
}
```

方法 2 代码如下所示。

```cpp
#include<cstdio>
int main(){
    int n,m,K;
    scanf("%d%d%d", &n,&m,&K);
    long long d[n+1][m+1];                  //原矩阵
    long long u[n+1][m+1];                  //累加矩阵
    for(int i=0; i<n; i++){
        d[i][0]=0; u[i][0]=0;
        for(int j=1; j<=m; j++){
            scanf("%lld", &d[i][j]);
            u[i][j]=0;
        }
    }
    long long count = 0;
    for(int k=0; k<n; k++){
        for(int i=0; i<n-k; i++){
            for(int j=1; j<=m; j++){
                u[i][j] += d[i+k][j];
            }
            long long sum = 0;
            int cur = 1;
            for(int p=1; p<=m; p++){
                sum += u[i][p];
                if(sum <= K) continue;
                sum -= u[i][p];
                if(sum==0){
                    cur++;
                    continue;
                }
                count += p-cur;                 //[cur, p)
                sum -= u[i][cur];               //减去左边元素
                cur ++;
                p--;
            }
            if(sum<=K){
                count += ((long long)(m-cur+2)) * (m-cur+1)/2;
            }
        }
    }
    printf("%lld\n", count);
    return 0;
}
```

第 7 章

优先队列与堆栈

一般来说,优先队列用于"最"值问题中,堆栈用于"括号"表达式中,下面通过实例加以说明。

【例 7-1】（第 15 届）爬山。（Dotcpp 编程（C 语言网）：3213）

小明这天在参加公司团建,团建项目是爬山。在 x 轴上从左到右一共有 n 座山,第 i 座山的高度为 h_i。他们需要从左到右依次爬过所有的山,需要花费的体力值为 $S = \sum_{i=1}^{n} h_i$。然而小明偷偷学了魔法,可以降低一些山的高度。他掌握两种魔法,第一种魔法可以将高度为 H 的山的高度变为 $\lfloor \sqrt{H} \rfloor$,可以使用 P 次;第二种魔法可以将高度为 H 的山的高度变为 $\lfloor H/2 \rfloor$,可以使用 Q 次。并且对于每座山可以按任意顺序多次释放这两种魔法。

小明想合理规划在哪些山使用魔法,使得爬山花费的体力值最少。请问最优情况下需要花费的体力值是多少?

［输入格式］

输入共两行。

第一行为三个整数 n,P,Q。

第二行为 n 个整数 $h_1, h_2, \cdots, h_n$。

［输出格式］

输出共一行,一个整数代表答案。

［样例输入］

```
4 1 1
4 5 6 49
```

［样例输出］

```
18
```

［提示］

样例说明:将第四座山变为 $\lfloor \sqrt{49} \rfloor = 7$,然后再将第四座山变为 $\lfloor 7/2 \rfloor = 3$。体力值为 $4+5+6+3=18$。

［评测用例规模与约定］

对于 20% 的评测用例,保证 $n \leqslant 8, P = 0$。

对于 100% 的评测用例，保证 n≤100000，0≤P≤n，0≤Q≤n，0≤h_i≤100000。

分析：本示例关键思路及注意事项如下所示。

① 选出当前 n 做山中最高的山，令其高为 h。假设按 P 魔法后山高为 h2，按 Q 魔法后山高为 h3。比较 h2，h3 大小。若 h2 小，则该山实际选择 P 魔法；若 h3 小，则该山实际选择 Q 魔法；若两者相等，则该山实际选择 P 魔法。这是因为 P 魔法是根号操作，对大数下降快；Q 魔法是半数操作，对小数下降相对快。

② 因此，如何快速取出当前操作 n 座山的高度最大值是本算法的核心。优先队列是一个很好的解决方法：让 n 座山高度依次进入优先队列 pq。因为魔法总数是 P+Q 次，所以循环 P+Q 次，每次循环中，从优先队列 pq 中弹出（相当于从优先队列中删除）当前 n 座山的最大值 h，按①进行魔法选择操作，并把实际选择魔法后山高变化后的数值压入优先队列中，作为下一次循环的待选数据。当 P+Q 次循环结束后，遍历优先队列 pq，累加各元素的数值，即为所求。

③ 要注意②中 P+Q 次循环中的边界条件。例如对当前最高山实际应选择 P 操作，但 P 魔法已用完了，这时只能选择 Q 操作；同理对当前最高山实际应选择 Q 操作，但 Q 魔法已用完了，这时只能选择 P 操作。

综上，本示例关键代码及注释如下所示。

```cpp
#include<cstdio>
#include<cmath>
#include<queue>
using namespace std;
int main(){
    int n,p,q;
    scanf("%d%d%d", &n, &p, &q);
    int t;
    priority_queue<int> pq;
    for(int i=0; i<n; i++){
        scanf("%d", &t);
        pq.push(t);                        //各个山高值入队
    }
    int size=p+q;
    for(int i=0; i<size; i++){             //共循环 P+Q 次
        int h = pq.top(); pq.pop();        //取出当前 n 座山最高值,并出队
        int h2 = sqrt(h);                  //假设选择 P 魔法
        int h3 = h/2;                      //假设选择 Q 魔法
        if(h2<=h3){
            if(p>0){p--; pq.push(h2);}     //实际选择 P 魔法
            else{q--; pq.push(h3);}        //应选择 P 魔法,但 p==0,只能选择 Q 魔法
        }
        else{
            if(q>0){q--; pq.push(h3);}     //实际选择 Q 魔法
            else{p--;pq.push(h2);}         //应选择 Q 魔法,但 q==0,只能选择 P 魔法
        }
    }
    long long sum = 0;
    while(!pq.empty()){
        long long u = pq.top();            //遍历优先队列
        sum += u;                          //累加优先队列元素值
        pq.pop();
```

```
    }
    printf("%lld\n", sum);
    return 0;
}
```

【例 7-2】（第 13 届）砍竹子。（Dotcpp 编程（C 语言网）：2663）

这天,小明在砍竹子,他面前有 n 棵竹子排成一排,一开始第 i 棵竹子的高度为 h_i。他觉得一棵一棵砍太慢了,决定使用魔法来砍竹子。魔法可以对连续的一段相同高度的竹子使用,假设这一段竹子的高度为 H,那么使用一次魔法可以把这一段竹子的高度都变为 $\left\lfloor \sqrt{\left\lfloor \dfrac{H}{2} \right\rfloor + 1} \right\rfloor$,其中 $\lfloor x \rfloor$ 表示对 x 向下取整。小明想知道他最少使用多少次魔法可以让所有的竹子的高度都变为 1。

［输入］

第一行为一个正整数 n,表示竹子的棵数。

第二行共 n 个空格分开的正整数 h_i,表示每棵竹子的高度。

［输出］

一个整数表示答案。

［样例输入］

```
6
2 1 4 2 6 7
```

［样例输出］

```
5
```

［提示］

其中一种方案:

```
  2 1 4 2 6 7
→ 2 1 4 2 6 2
→ 2 1 4 2 2 2
→ 2 1 1 2 2 2
→ 1 1 1 2 2 2
→ 1 1 1 1 1 1
```

共需要 5 步完成。

对于 20% 的数据,保证 $n \leqslant 1000, h_i \leqslant 10^6$。

对于 100% 的数据,保证 $n \leqslant 2 \times 10^5, h_i \leqslant 10^{18}$。

分析:通过对"提示"分析,可得砍竹子的一般思路。关键是两点:一是砍当前最高的竹子;二是若最高的竹子有多处,要注意其邻接性,每次只能砍连续的一段。例如若当前竹子高度依次是[2 1 1 2 2 2],竹子最高值是 2,有两个连续区间第 1 个 2,第 3~5 个 2。因此要砍两次,而不是一次。

总之,要优先砍高的竹子,还要注意其连续性特点,很明显想到了利用优先队列容器解决此问题。正砍的竹子出队,砍后的竹子入队,重新参与计算,直到优先队列中的竹子最高值为 1 时截止。关键代码如下所示。

```cpp
#include<cstdio>
#include<cmath>
#include<queue>
using namespace std;
struct UNIT{                                    //每个竹子信息结构体
    long long h;                                //高度
    int pos;                                    //位置,根据位置值判定是否相邻
    bool operator<(const UNIT& two)const{       //优先队列要求重载的运算符
        if(h==two.h)
            return pos > two.pos;
        return h<two.h;                         //表明大值先出队
    }
};
int main(){
    int n;
    scanf("%d", &n);
    UNIT u;
    priority_queue<UNIT> pq;
    for(int i=0; i<n; i++){                      //所有竹子进入优先队列
        u.pos = i;
        scanf("%lld", &u.h);
        pq.push(u);
    }
    int tmp;
    int size = 0;
    UNIT last = {0,-1};
    while(!pq.empty()){
        u = pq.top();                           //最高的竹子出队
        pq.pop();
        if(u.h == 1) break;
        if(last.h != u.h){                      //当前高度是新高度开始
            size ++ ;                           //砍的次数+1
        }
        else{                                   //表明高度重复
            tmp = abs(last.pos - u.pos);        //判定相邻否
            if(tmp>1){                          //若不相邻
                size ++;                        //则砍的次数+1
            }
        }
        last = u;
        u.h = sqrt((u.h/2)+1);                   //砍后竹子入队
        pq.push(u);
    }
    printf("%d\n", size);
    return 0;
}
```

利用优先队列特点,我们很容易解决了砍竹子问题,但并不是效率最高的,其入队、调整、出队耗费了许多时间。有无更轻巧的方式解决砍竹子问题呢?当然有。例如当竹子高

度为最高 10^{18} 时,若将其砍为 1,其大致的过程变化为 $(10^9, 10^5, 10^3, 10^2, 10^1, 3, 1)$,也就是说,竹子最多砍 7 次变为 1。有了上述先验认识,我们再看明白图 7-1(以示例数据为例),就可得出具体的砍竹子算法。

图 7-1　砍竹子分层示意图

可以看出,若分别砍的话,高度为 (2,1,4,2,6,7) 的竹子需要砍的次数是 (1,0,1,1,2,2),共 7 次。对每个竹子而言,第 2 层所对应的竹子高度数据为 (2,0,4,2,2,2),高度相同且重复序列是 (2,2,2),重复 2 次,所以砍竹子次数变为 7−2=5;第 3 层所对应的竹子高度数据为 (0,0,0,0,6,7),无重复元素(0 不计算在内),所以砍竹子的次数仍为 5,即为所求次数。

请读者认真分析:每层竹子所对应的高度可以是不同的,这是明晓该算法的关键,具体思路是:砍竹子所求次数=分别砍竹子次数之和−(每层连续重复的元素数目−1)。其关键代码如下所示。

```
#include<cstdio>
#include<cmath>
using namespace std;
#define N 200001                     //最多竹子数目
int a[N][10];                        //竹子 i 每砍一次后高度,直至为 1
int b[N][10];                        //上述 a 数组的变换数组,更符合实际含义
int main(){
    int n;
    scanf("%d", &n);
    int sum = 0;
    int pos = 0;
    long long h;
    for(int i=0; i<n; i++){
        scanf("%lld", &h);
        pos = 0;
        a[i][pos] = h;
        while(h>1){                   //每个竹子砍几次及相应高度数据
            pos ++;
            h = sqrt(h/2+1);
            a[i][pos] = h;
        }
        for(int j=0; j<=pos; j++){     //转换成第几层
            b[i][j] = a[i][pos-j];
        }
        sum += pos;
    }
    bool mark = true;
```

```
    int value = 0;
    for(int i=1; i<10; i++){                    //第几层
        mark = true;
        for(pos=0; pos<n; pos++){               //遍历每一层数据
            if(b[pos][i] != 0){                 //求起始位置
                mark = false;
                break;
            }
        }//for
        if(mark==true) break;                   //若该层是全0数据,则计算完毕,退出
        for(int j=pos+1; j<n; j++){
            if(b[j][i]==0) continue;
            if(b[j-1][i]==b[j][i])              //重复一次,则减一次
                sum --;
        }
    }
    printf("%d\n", sum);
    return 0;
}
```

【例 7-3】(第 14 届)**最大开支**。(Dotcpp 编程(C 语言网):3177)

小蓝所在学校周边新开业了一家游乐园,小蓝作为班长,打算组织大家去游乐园玩。已知一共有 N 个人参加这次活动,游乐园有 M 个娱乐项目,每个项目都需要买门票后才可进去游玩。门票的价格并不是固定的,团购的人越多单价越便宜,当团购的人数大于某个阈值时,这些团购的人便可以免费进入项目进行游玩。这 M 个娱乐项目是独立的,所以只有选择了同一个项目的人才可以参与这个项目的团购。第 i 个项目的门票价格 H_i 与团购的人数 X 的关系可以看作是一个函数:$H_i(X) = \max(K_i \times X + B_i, 0)$

max 表示取二者之中的最大值。当 $H_i = 0$ 时说明团购人数达到了此项目的免单阈值。这 N 个人可以根据自己的喜好选择 M 个娱乐项目中的一种,或者有些人对这些娱乐项目都没有兴趣,也可以选择不去任何一个项目。每个人最多只会选择一个娱乐项目,如果多个人选择了同一个娱乐项目,那么他们都将享受对应的团购价格。小蓝想知道他至少需要准备多少钱,使得无论大家如何选择,他都有能力支付得起所有 N 个人购买娱乐项目的门票钱。

[输入格式]

第一行两个整数 N、M,分别表示参加活动的人数和娱乐项目的个数。

接下来 M 行,每行两个整数,其中第 i 行为 K_i、B_i,表示第 i 个游乐地点的门票函数中的参数。

[输出格式]

一个整数,表示小蓝至少需要准备多少钱,使得大家无论如何选择项目,自己都支付得起。

[样例输入]

```
4 2
-4 10
-2 7
```

[样例输出]

12

[提示]

样例中有 4 个人,2 个娱乐项目,我们用一个二元组(a,b)表示 a 个人选择了第一个娱乐项目,b 个人选择了第二个娱乐项目,那么就有 4−a−b 个人没有选择任何项目,方案(a,b)对应的门票花费为 $\max(-4\times a+10,0)\times a+\max(-2\times b+7,0)\times b$,所有的可能如表 7-1 所示。

表 7-1 消费情况表

a	b	花 费
0	0	0
0	1	5
0	2	6
0	3	3
0	4	0
1	0	6
1	1	11
1	2	12
1	3	9
2	0	4
2	1	9
2	2	10
3	0	0
3	1	5
4	0	0

其中当 a=1,b=2 时花费最大,为 12。此时 1 个人去第一个项目,所以第一个项目的单价为 10−4=6,在这个项目上的花费为 6×1=6;2 个人去第二个项目,所以第二个项目的单价为 7−2×2=3,在这个项目上的花费为 2×3=6;还有 1 个人没去任何项目,不用统计,总花费为 12,这是花费最大的一种方案,所以答案为 12。

对于 30% 的评测用例,1≤N,M≤10。

对于 50% 的评测用例,1≤N,M≤1000。

对于 100% 的评测用例,$1 \leq N, M, B_i \leq 10^5, -10^5 \leq K_i < 0$。

分析:本示例关键思路及注意事项如下所示。

(1) 令 M 个项目分别为 $P_1,P_2,\cdots,P_m$。用最优解思维来解决本示例。若为 1 个人,该人选择何项目?在此基础上,若为 2 个人,增加的第 2 人又选择哪个项目?以此类推。因此问题归结为,若前 k 个人已找到最优解 $P_1(x1)$、$P_2(x2)$、……、$P_m(xm)$,$x1+x2+\cdots+xm=k$,至多应花费 sum 元,那么增加的第 k+1 人,选择哪个项目呢?毫无疑问,选择 $[P_1(x1+1)-P_1(x1),\cdots,P_m(xm+1)-P_m(xm)]$ 数组元素中最大值对应的项目即可。

(2) 根据公式 $P(x)=(Kx+b)x$,$P(x+1)=(K(x+1)+b)(x+1)$,则:$val=P(x+1)-P(x)=K(2x+1)+b$。

对 P 项目来说,在已有 x 人基础上,第 x+1 人的花销是 $val=K(2x+1)+b$。

(3) 由①②得出本示例的算法:定义累加初值 sum 为 0。初始化时(第 0 人时),将 M 个项目选择人数 $x_i=0$ 及每个项目第 1 个人花销 $val_{i+1}=K_i+b_i$ 压入优先队列 pq 中;然后操作 pq 优先队列 N 次:每次弹出最大的 val_{i+1},sum 累加 val_{i+1},同时 x_i 加 1,按公式 $val_{i+1}=K_i(2x_i+1)+b_i$ 更新 val_{i+1},将 x_i、val_{i+1} 压入优先队列。sum 即为最终结果。

当然门票价格与 0 相关,这只是一个边界条件,在代码注释中做了相应说明。综上,本示例程序如下所示。

```cpp
#include<cstdio>
#include<queue>
using namespace std;
struct NODE{
    int x;                                          //人数
    int k;
    int b;
    int val;                                        //第 x+1 人消费
    bool operator<(const NODE &p) const {           //优先队列需要重载函数
        return val<p.val;                           //表明是 val 最大值优先队列
    }
};
int main(){
    NODE node;
    int n,m;
    scanf("%d%d", &n, &m);
    priority_queue<NODE> pq;
    node.x = 0;                                      //每个项目初始均是 0 人
    for(int i=0; i<m; i++){
        scanf("%d%d", &node.k, &node.b);
        node.val = node.k+node.b;                    //每个项目第 1 人的花销
        pq.push(node);                               //进入优先队列
    }
    long long sum = 0;                               //累积初值 0
    for(int i=0; i<n; i++){                           //操作优先队列 n 次,每次增加 1 人
        node = pq.top();                             //选取第 i 人最大花销节点
        pq.pop();                                    //出队
        if(node.val<=0)                              //免费就不算了
            break;                                   //跳出循环
        sum += node.val;                             //累加结果值
        node.x++;                                    //当前项目选择人数+1
        node.inc = (2 * node.x+1) * node.k+node.b;   //计算该项目增加下一人需要的花费
        pq.push(node);                               //压入队列,为下一次循环做准备
    }
```

```
    printf("%lld\n", sum);
    return 0;
}
```

【例 7-4】（第 14 届）**整数删除**。（Dotcpp 编程（C 语言网）：3155）

给定一个长度为 N 的整数数列：$A_1, A_2, \cdots, A_N$。你要重复以下操作 K 次：每次选择数列中最小的整数（如果最小值不止一个，选择最靠前的），将其删除。并把与它相邻的整数加上被删除的数值。输出 K 次操作后的序列。

［输入格式］

第一行包含两个整数 N 和 K。

第二行包含 N 个整数，$A_1, A_2, A_3, \cdots, A_N$。

［输出格式］

输出 N−K 个整数，中间用一个空格隔开，代表 K 次操作后的序列。

［样例输入］

```
5 3
1 4 2 8 7
```

［样例输出］

```
17 7
```

［提示］

数列变化如下，中括号里的数是当次操作中被选择的数。

```
[1] 4 2 8 7
5 [2] 8 7
[7] 10 7
17 7
```

对于 20% 的数据，$1 \leqslant K < N \leqslant 10000$。

对于 100% 的数据，$1 \leqslant K < N \leqslant 5 \times 10^5, 0 \leqslant A_i \leqslant 10^8$。

分析：本题用到了双向链表与优先队列。常规的双向链表是用双向指针实现的，但由于本题数据测试集可能很大（$1 \leqslant K < N \leqslant 5 \times 10^5$），因此是不可取的，必须用数组实现双向链表，用双向位置值取代双向指针，每个数组元素结构行如以下结构体 NODE。

```
struct NODE{
    int pos;                              //数组位置
    int val;                              //数组元素
    int l;                                //数组元素左侧指向元素位置
    int r;                                //数组元素右侧指向元素位置
};
```

数组实现双向链表有两种常规操作：形成链表及删除链表某元素，相关代码举例及说明如表 7-2 所示。

表 7-2　数组实现双向链表

功　能	代　码	说　明

形成双向链表	NODE node[n];
	int head = 0;
	for(int i=0; i<n; i++){
	　　node[i].l = i−1;
	　　node[i].r = i+1;
	　　scanf("%d", node[i].val);
	}
		NODE 数组,n 个元素
		链表头在数组元素中的位置
		
		设置左位置
		设置右位置
		输入值

删除链表某位置元素	NODE lnode = node[pos.l]; NODE rnode = node[pos.r]; lnode.r = node[pos].r; rnode.l = node[pos].l	链表中删除 pos 位置的元素 获得链表 pos 左侧元素对象 获得链表 pos 右侧元素对象 修改左侧元素指向的右侧元素位置 修改右侧元素指向的左侧元素位置

有了上述双向链表作基础,结合优先队列,得出本示例算法的关键点如下所示。

① 对大小为 n 的 node 数组形成双向链表,并设置链表头位置为 0,将这 n 个元素再压入按 val 小值优先的优先队列 pq 中。

② 获得优先队列出队元素 cur(包含在数组中的位置 pos,元素值 val,链表左位置 l,右位置 r)。若 cur.val 等于 node[cur.pos].val,则根据 node[cur.pos].l,node[cur.pos].r,修改数组元素中对应元素位置值即可,将修改后的 node 元素压入优先队列 pq 中;若 cur.val 不等于 node[cur.pos].val,则继续出队优先队列,直至两者相等后进行上述的相应处理。

这一步理解至关重要,利用样例数据加以说明,如表 7-3 所示。

表 7-3　优先队列处理过程说明

初始化数据(在链表中用下划线)	node 数组{1,4,2,8,7},优先队列 pq{1,4,2,8,7}
pq 第 1 次出队	获得元素 1,其在原数组位置为 0,原数组 0 位置恰为 1,因此可修改,修改后 node 为{1,5,2,8,7},将 5 压入队列,pq 变为{4,2,8,7,5}
pq 第 2 次出队	获得元素 2,其在原数组位置为 2,原数组 2 位置恰为 2,因此可修改,修改后 node 为{1,7,2,10,7},将 7、10 压入队列,pq 变为{4,8,7,5,7,10}
pq 第 3 次出队	获得元素 4,其在原数组位置为 1,而原数组 1 位置为 7。不能修改,pq 变为{8,7,5,7,10}
pq 第 4 次出队	获得元素 5,其在原数组位置为 1,原数组 1 位置为 7。不能修改,pq 变为{8,7,7,10}
pq 第 5 次出队	获得元素 7,其在原数组位置为 1,原数组 1 位置恰为 7,因此可修改,修改后 node 为{1,7,2,17,7},将 17 压入队内,pq 变为{8,7,10,17}

总结:对本样例而言,pq 第 1 次出队、第 2 次出队代表两次真正的整数删除操作;pq 第 3 次~第 5 次出队操作才完成真正的第 3 次整数操作。

③ 通过上述描述,题目中要进行 K 次整数删除操作,不意味着仅对优先队列操作 K 次,次数是不确定的。当然在执行整数删除操作中要注意链表头是否变化。最终完成 K 次整数删除后,从链表头遍历数组,即可获得结果值。

综上,本示例关键代码及相关注释如下所示。

```cpp
#include<cstdio>
#include<vector>
#include<queue>
#include<functional>
using namespace std;
int h = 0;
struct NODE{
    int pos;                                    //位置
    long long val;                              //值
    int l;                                      //链表左位置
    int r;                                      //链表右位置
    bool operator>(const NODE &p) const {       //形成按 val 升序输出,优先队列所需重
                                                //载函数

        if(val==p.val) return pos>p.pos;
        return val>p.val;
    }
}node[500005];
int main(){
    priority_queue<NODE,vector<NODE>,greater<NODE> > pq;
    int n,k;
    scanf("%d%d", &n, &k);
    for(int i=0; i<n; i++){
        scanf("%lld",&node[i].val);
        node[i].pos = i;                        //设置位置
        node[i].l = i-1;                        //形成双链表
        node[i].r = i+1;
        pq.push(node[i]);                       //入队
    }
    //出队
    NODE cur;
    int pos;
    int l, r;
    int c = 0;                                  //真实整数删除操作次数
    int head = 0;                               //链表头数组位置
    while(c<k){
        cur = pq.top();
        pq.pop();
        pos = cur.pos;                          //获得在原数组中位置
        if(cur.val==node[pos].val){             //当前值与原数组 pos 位置元素值相等,
                                                //则可进行删除操作

            c ++;                               //累加"整数删除"次数
            l = cur.l;
            if(l>=0){                           //修改链表左侧元素值
                node[l].val += cur.val;
                node[l].r = cur.r;              //修改链表右指向位置
                pq.push(node[l]);               //将修改后的 node 压入优先队列
            }
            r = cur.r;
            if(r<n){                            //修改链表右侧元素值
                node[r].val += cur.val;
                node[r].l = cur.l;              //修改链表右指向位置
```

```
                    if(cur.l<0)
                        head = r;                    //修改链表头位置
                    pq.push(node[r]);                //将修改后的node压入优先队列
                }
        }//if(cur.val=node[pos].val)

    }//while(c<k)
    pos = head;                                      //从链表头遍历,输出结果
    while(pos<n){
        if(pos<n-1)
            printf("%lld ",node[pos].val);
        else
            printf("%lld",node[pos].val);
        pos = node[pos].r;
    }
    return 0;
}
```

【例 7-5】(第 13 届)扫描游戏。(Dotcpp 编程(C 语言网):2669)

有一根围绕原点 O 顺时针旋转的棒 OA,初始时指向正上方(Y 轴正向)。在平面中有若干物件,第 i 个物件的坐标为 (x_i, y_i),价值为 z_i。当棒扫到某个物件时,棒的长度会瞬间增长 z_i,且物件瞬间消失(棒的顶端恰好碰到物件也视为扫到),如果此时增长完的棒又额外碰到了其他物件,也按上述方式消去(它和上述那个点视为同时消失)。

如果将物件按照消失的时间排序,则每个物件有一个排名,同时消失的物件排名相同,请输出每个物件的排名,如果物件永远不会消失则输出-1。

[输入]

输入第一行包含两个整数 n、L,用一个空格分隔,分别表示物件数量和棒的初始长度。

接下来 n 行每行包含第三个整数 x_i, y_i, z_i。

[输出]

输出一行包含 n 整数,相邻两个整数间用一个空格分隔,依次表示每个物件的排名。

[样例输入]

```
5 2
0 1 1
0 3 2
4 3 5
6 8 1
-51 -33 2
```

[样例输出]

```
1 1 3 4 -1
```

[提示]

对于 30% 的评测用例,1≤n≤500;

对于 60% 的评测用例,1≤n≤5000;

对于所有评测用例，$1 \leqslant n \leqslant 200000$，$-10^9 \leqslant x_i, y_i \leqslant 10^9$，$1 \leqslant L, z_i \leqslant 10^9$。

方法 1 分析：该题关键思路如下所示。

① 采用优先队列，将 n 个物件依次放入优先队列中。出队的特征是：角度小的物件先出队，当角度相同时，与原点近的物件先出队。

② 当物件出队后，根据物件坐标 (x_i, y_i) 及棒长度 l 确定棒是否能触碰到该物件。若能，则棒的长度由 l 变为 $l + z_i$；若不能，则将该物件重新放入优先队列中，但是要切记一定要修改该物件的旋转角度 α，一般来说棒再次转到该物件时角度转过 2π 角度，令旋转角度为 $α + 2π$ 即可。其实明白了其中的道理，可以设旋转角度为 $α + x$，x 为大于 2π 的数值均可，比如整数 7、10 等均可。

③ 那么什么时候程序运行结束呢？一种情况是优先队列通过不断的出队、重新入队后，队列为空。表明圆盘上所有物件均被棒碰触到而消失，圆盘上没有物件了；另一种情况是圆盘上还有物件，但是由于扫描半径不变化，这些物件永远碰不到。上述两种情况均要结束程序的运行。

该问题的关键代码如下所示。

```
#include<cstdio>
#include<cmath>
#include<queue>
using namespace std;
#define PI 3.1415926
struct UNIT{
    int pos;                                    //序号
    int x;                                      //坐标
    int y;                                      //坐标
    int z;                                      //价值
    double a;                                   //角度弧度值
    double l;                                   //与原点距离
    long long l0;                               //棒到该点时的长度
    bool operator<(const UNIT& two)const{
        if(a != two.a)                          //角度小优先
            return a>two.a;
        return l>two.l;                         //角度相等时，与坐标原点距离近的优先
    }
};
int d[200005] = {0};                            //记录每个物件排名
int main(){
    long long n,l;
    scanf("%lld%lld", &n, &l);
    priority_queue<UNIT> pq;
    long long x,y;
    int z;
    UNIT u;
    double mid;
    for(int i=0; i<n; i++){
        scanf("%lld%lld%d", &x, &y, &z);
        if(x>=0){
            u.a = acos(1.0 * y/sqrt(1.0 * x * x+1.0 * y * y));    //物件初始角度
        }
```

```
        else{
            u.a = 2 * 3.1415926 - acos(1.0 * y/sqrt(1.0 * x * x+1.0 * y * y));
                                        //物件初始角度
        }
        u.x = x; u.y = y;
        u.l = sqrt(x * x+y * y);
        u.l0=0; u.pos = i; u.z = z;
        pq.push(u);                     //物件进入优先队列
    }
    int order = 0;                      //排名
    int pos = 0;                        //位置
    double a = -100;
    while(!pq.empty()){
        u = pq.top();
        pq.pop();
        if(u.l0==l) break;              //转一圈后杆长度没变化,则退出
        if(l>=u.l){                     //棒可触碰到该物件
            pos ++ ;
            if(u.a != a){               //新的角度
                order = pos;
                a = u.a;
            }
            l += u.z;
            d[u.pos] = order;
        }
        else{                           //重新入优先队列
            u.a += 10; u.l0 = l;        //改变角度 u.a,递增值大于 2π 即可
            pq.push(u);
        }
    }
    if(d[0]==0){printf("-1");}          //输出排名结果
    else printf("%d", d[0]);
    for(int i=1; i<n; i++){
        if(d[i]==0){printf(" -1");}
        else
            printf(" %d", d[i]);
    }
    return 0;
}
```

方法 2 分析：其关键思路如图 7-2 所示。

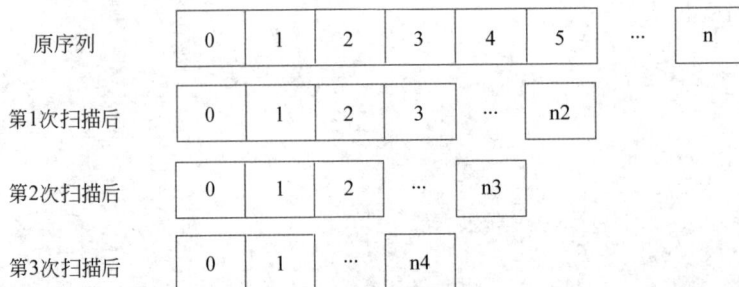

图 7-2 数组扫描示意图

　　首先，对每个物件先按角度升序，若物件角度相同，按物件与原点长度升序排序。生成原序列数组，数组元素个数为 n，如图所示。对原序列数组 n 个元素进行第 1 次扫描，对棒子能触碰到的物件设置排名，对不能碰到的物件依次存到某数组中，第 1 次扫描后，有 n2 个物件棒子未触碰；然后再进行第 2 次扫描，扫描过程同第 1 次扫描过程一致。如此往复，直至结束。

　　很明显，上述扫描次数是不确定的，每次扫描后获得的未触碰物件数量也不确定，那么把未触碰物件信息保存到哪里形成连续的数组呢？其实很简单，不必再单独开数组空间，只需把它们依次保存到原序列数组中即可。

　　上述思路的关键代码如下所示。

```cpp
#include<cstdio>
#include<cmath>
#include<algorithm>
using namespace std;
#define PI 3.1415926
struct UNIT{
    int pos;
    int x;
    int y;
    double a;                               //角度
    double l;                               //与原点距离
    int z;
    long long l0;                           //原长度
};
UNIT u[200005];                             //物件数组
int d[200005] = {0};
bool cmp(const UNIT& a, const UNIT& b){
    if(a.a != b.a)
        return a.a < b.a;
    return a.l < b.l;
}
int main(){
    long long n,l;
    scanf("%lld%lld", &n, &l);
    long long x,y;
    int z;
    double mid;
    for(int i=0; i<n; i++){
        scanf("%lld%lld%d", &x, &y, &z);
        if(x>=0){
            u[i].a = acos(1.0 * y/sqrt(1.0 * x * x+1.0 * y * y));
        }
        else{
            u[i].a = 2 * PI - acos(1.0 * y/sqrt(1.0 * x * x+1.0 * y * y));
        }
        u[i].x = x; u[i].y = y;
        u[i].l = sqrt(x * x+y * y);
        u[i].l0 = 0; u[i].pos = i; u[i].z = z;
    }
    sort(u, u+n, cmp);                      //物件按角度、长度升序排列
```

```
        int size = n;
        int num = 0;
        int order = 0;                          //排名
        int pos = 0;                            //位置
        double a = -100;
        bool mark=true;;
        while(mark && size>0){
            num = 0;
            a = -100;
            for(int i=0; i<size; i++){
                if(u[i].l0==l){                 //转一圈后杆长度没变化,则退出
                    mark = false;
                    break;
                }
                if(l>=u[i].l){
                    pos ++;
                    if(u[i].a != a){            //新的角度
                        order = pos;
                        a = u[i].a;
                    }
                    l += u[i].z;
                    d[u[i].pos] = order;
                }
                else{
                    u[i].l0 = l; u[num] = u[i];  //将未触碰物件重新放在原序列相应连续位置上
                    num ++ ;                     //num是当前未触碰物件放在原序列的位置
                }
            }//for(int i=0; i<size; i++)
            size = num;
        }
        if(d[0]==0){printf("-1");}
        else printf("%d", d[0]);
        for(int i=1; i<n; i++){
            if(d[i]==0){printf(" -1");}
            else
                printf(" %d", d[i]);
        }
        return 0;
    }
```

【例7-6】(第8届)正则问题。(Dotcpp编程(C语言网):1887)

考虑一种简单的正则表达式:只由 x ( ) | 组成的正则表达式。小明想求出这个正则表达式能接受的最长字符串的长度。

例如 ((xx|xxx)x|(x|xx))xx 能接受的最长字符串是:xxxxxx,长度是6。

[输入格式]

一个由 x()| 组成的正则表达式。输入长度不超过100,保证合法。

[输出格式]

这个正则表达式能接受的最长字符串的长度。

[样例输入]

```
((xx|xxx)x|(x|xx))xx
```

[样例输出]

```
6
```

分析：首先分析一下为什么样例输入结果对应输出为 6。$((xx|xxx)x|(x|xx))xx =$
$(xxxx|xx)xx = (xxxx)xx = xxxxxx$。所以结果输出为 6。

令整数 c 代表合并的正则表达式 x 的数量。利用堆栈完成该示例的核心思想是：遇到
'('、'|'要入栈，并且当前的 c 值也入栈，遇到')'不入栈，完成一系列出栈操作，直到对应的'('出
栈为止。上述只是简单描述，通过具体数据说明进出栈过程。读者在编程时都要考虑，如
表 7-4 所示。

表 7-4 正则问题出入栈说明

序号	输 入	说 明
1	(x)	左'('入栈，遇到 x，累积计数 c=1；遇到')'，此时栈顶正是'('，与')'匹配，则出栈。结果 c=1
2	(x)(x)	由上知，当匹配第 1 对括号后 c=1，此时栈空。之后遇到'('，则将 c 值压入堆栈，'('压入堆栈，c 置为 0；遇到 x 后，c 为 1；遇到')'，此时栈顶正是'('，与')'匹配，则出栈。此时栈顶为'1'，则出栈，与 c=1 相加，c 为 2
3	x|x(x|xx)|xx	当遇到第 2 个 x 后，栈内容："1,竖线,1"。当(x|xx)计算完后，c=2，栈内容与前述一致。栈顶是'1'，则出栈，与 c=2 合并，c=3；此时栈顶是'|'，不出栈，栈内容是："1,|"，c=3，接下来遇到第 2 个竖线，c 入栈，'|'入栈，此时栈内容："1,|,3,|"；然后遇到最后两个 x，c=2。也就是说最后栈中内容只是值和竖线，且两个竖线间只是一个值。据此，易得 c=3

表 7-4 意在说明：当遇到右括号时，必须通过出栈操作进行运算，直到出栈对应的左括
号。但并不结束，仍要进行出栈操作，进行相关运算，直到遇到下一个左括号或竖线为止（它
们并不出栈）。

综上，本示例关键代码及注释如下所示。

```cpp
#include<cstdio>
#include<cstring>
#include<stack>
using namespace std;
int c = 0;                              //合并的正则串数值
char s[200];
stack<int> st;                          //整型堆栈
int value = 1e9;                        //用数值代表堆栈中的'|'
int value2 = 1e8;                       //用数值代表堆栈中的'('
//计算括号间值
void calc(){
    int cur = c;
    int mid = st.top();
    st.pop();
    while(mid != value2){               //括号
```

```
            if(mid != value){
                if(cur < mid)
                    cur=mid;
            }
            mid = st.top();
            st.pop();
        }
        //继续往前算
        while(!st.empty()){
            mid = st.top();
            if(mid == value || mid==value2)
                break;
            st.pop();
            cur += mid;
        }
        c = cur;
    }
    int main(){
        c = 0;
        scanf("%s", s+1);
        s[0] = '(';
        int l = strlen(s);
        s[l]=')'; s[l+1]=0;
        l = l+1;
        for(int i=0; i<l; i++){
            if(s[i]=='('){
                if(c!=0){
                    st.push(c); c = 0;
                }
                st.push(value2);                    //值及左'('入栈
            }
            else if(s[i]=='x') c++;
            else if(s[i]=='|'){
                if(c!=0){
                    st.push(c);
                    c = 0;
                }
                st.push(value);
            }
            else if(s[i]==')'){
                calc();                             //当前的字符最大数量
            }
        }//for
        printf("%d\n", c);
        return 0;
    }
```

基 本 递 归

  程序调用自身的编程技巧称为递归。递归作为一种算法在程序设计语言中广泛应用。一个过程或函数在其定义或说明中有直接或间接调用自身的一种方法，它通常把一个大型复杂的问题层层转化为一个与原问题相似的规模较小的问题来求解，递归策略只需少量的程序就可描述出解题过程所需要的多次重复计算，大大地减少了程序的代码量。递归的能力在于用有限的语句来定义对象的无限集合。一般来说，递归需要有边界条件、递归前进段和递归返回段。当边界条件不满足时，递归前进；当边界条件满足时，递归返回。

◆ 8.1　递归引入

  递归是一大类程序问题，是同学们程序进阶的必经之路，而明白为什么要用递归是用好递归程序的关键所在。请看下例。

【e8-1】　编程显示 1～4 的不重复数字的全排列。

这是非常简单的一道题，利用两种非递归方法加以实现，如下所示。

非递归方法 1：

```cpp
#include<cstdio>
int main(){
    for(int a=1; a<=4; a++){
        for(int b=1; b<=4; b++){
            if(b==a) continue;
            for(int c=1; c<=4; c++){
                if(c==a||c==b) continue;
                for(int d=1; d<=4; d++){
                    if(d==a||d==b||d==c)continue;
                    printf("%d %d %d %d\n", a,b,c,d);
                }
            }
        }
    }
    return 0;
}
```

非递归方法 2：

```cpp
#include<cstdio>
int N;                                          //输入 N
```

```
int a[4];                                    //定义接收数组
int mark[5] = {0};
int main(){
    for(a[0]=1; a[0]<=4;a[0]++){
        if(mark[a[0]]==1)continue;           //若 a[0]值已用,继续取
        mark[a[0]] = 1;                      //当前 a[0]值可用
        for(a[1]=1; a[1]<=4; a[1]++){        //继续取 a[1]
            if(mark[a[1]]==1)continue;
            mark[a[1]] = 1;
            for(a[2]=1; a[2]<=4; a[2]++){    //继续取 a[2]
                if(mark[a[2]]==1)continue;
                mark[a[2]] = 1;
                for(a[3]=1; a[3]<=4; a[3]++){  //继续取 a[3]
                    if(mark[a[3]]==1)continue;
                    mark[a[3]] = 1;
                    for(int i=0; i<4; i++)    //输出可取的 4 位数 a[0]~a[3]
                        printf("%d ", a[i]);
                    printf("\n");
                    mark[a[3]] = 0;           //释放 a[3]值,准备取下一个 a[3]
                }
                mark[a[2]] = 0;               //释放 a[2]值,准备取下一个 a[2]
            }
            mark[a[1]] = 0;                   //释放 a[1]值,准备取下一个 a[1]
        }
        mark[a[0]] = 0;                       //释放 a[0]值,准备取下一个 a[0]
    }
    return 0;
}
```

方法 1 中利用整型数 a、b、c、d 表示不重复的四位数,方法 2 中是用数组 a[0]~a[3]表示不重复的四位数。在方法 2 中数组 mark[]起到标识作用,为了更清晰地看清其功能,将非递归方法 2 关键代码简写,如下所示。

```
for(a[0]=1; a[0]<=4;a[0]++){
    if(mark[a[0]]==1)continue;               //若 a[0]值已用,继续取
    mark[a[0]] = 1;                          //当前 a[0]值可用
    //其余三重循环代码略
    mark[a[0]]=0;                            //将 a[0]值释放
}
```

初始时 mark[]数组各元素均置 0,a[0]取值范围为[1,4]。若 a[0]为 1,mark[1]为 0,所以 a[0]可为 1;然后置 mark[1]为 1,表明后三位数不能再取数值 1 了。取完后三位数后,又回到最外层循环,a[0]不可能再为 1,因此应该将 1 释放给备用资源,所以必须将 mark[1]重新置为 0。以此类推,就不难理解其他三重循环中 mark[]数组的置位、复位作用。

那么,问题来了:如果要求输入整型数 N,显示 1~N 的不重复的全排列,N 是不确定的。若 N 为 4,则是四重 for 循环;若 N 为 8,则是八重 for 循环。for 循环的层数随 N 变化而变化,是不确定的,因此就写不出类似示例风格的代码了。如何解决呢? 递归方法。

递归方法 1:为方便理解,先写一个与 e8-1 最相似的代码,如下所示。

```cpp
#include<cstdio>
int N;                              //输入 N,显示 1~N 的全排列
int a[100000];                      //保存全排列数组
void perm(int layer){               //循环层数
    for(int i=1; i<=N; i++){        //a[layer]能等于变量 i 吗?
        bool mark = true;
        for(int j=0; j<=layer-1; j++){   //检查 i 与 a[0]~a[layer-1]有重复否?
            if(i==a[j]) {
                mark = false;
                break;
            }
        }
        if(mark) {                  //mark 为 true 表明 a[layer]可取 i
            a[layer] = i;
            if(layer == N-1){       //若 a[0]~a[N-1]都取完,则显示
                for(int k=0; k<N; k++){
                    printf("%d ", a[k]);
                }
                printf("\n");
                continue;
            }
            perm(layer+1);          //自身递归函数调用
        }
    }
}
int main(){
    scanf("%d", &N);
    perm(0);
    return 0;
}
```

递归方法 perm()可显示 1~N 的全排列。

递归方法 perm()有一个参数整型数 layer,表示第几层 for 循环。该参数决定递归在第几层 for 循环中结束,是非常重要的。因此在普遍的递归函数中,一般都有一个形参 layer 表示 for 循环层数。

perm(int layer)函数的功能是为 a[layer]设置正确的数值,算法描述如下所示。

算法 1-1:perm(int layer)

```
1   for i<-1  to N
2     for j<-0 to layer-1
3         检查 i 与 a[j]相等否
4     end for
5     if i 可取,则 a[layer]<-i
6         if layer==N-1,表明 a[0]~a[N-1]取完,则
7   显示全排列
8         continue
9       end if
10    perm(layer+1)
11  end if
12 end for
```

递归方法 2：代码如下所示。

```cpp
#include<cstdio>
int N;                                      //输入 N
int a[100000];                              //定义接收数组
int mark[100000] = {0};
void perm(int layer){                       //循环层数
    if(layer==N){                           //递归结束条件
        printf("%d", a[0]);
        for(int i=1; i<N; i++){
            printf(" %d", a[i]);
        }
        printf("\n");
        return;                             //递归结束
    }
    for(int i=1; i<=N; i++){
        if(mark[i]==1) continue;            //i 已经用过
        a[layer] = i;                       //i 没有用过,可设置 a[layer]值为 i
        mark[i] = 1;
        perm(layer+1);
        mark[i] = 0;
    }
}
int main(){
    scanf("%d", &N);
    perm(0);
    return 0;
}
```

方法 2 与方法 1 相比有两点做了改进。①增加了全局 mark 数组,标识循环变量 i 是否可用。当 mark[i]为 0,表明 i 可用;当 mark[i]为 1,表明 i 已经用过,不能再用。由于应用了 mark 数组,简化了判定 i 是否可用的代码;②将递归结束条件代码写在递归函数代码的开始处。方法 1 中将递归结束条件写在 for 循环内,当形参 layer 为 N－1 时,递归结束;方法 2 中当形参 layer 为 N 时,递归结束。

总之,若没有递归,则程序中很难实现多重不确定循环嵌套的代码,即使能实现,程序也非常臃肿,编程也就索然无味。有了递归,则减少了重复代码,逻辑清晰,因此读者们必须掌握好递归算法这门艺术。

◆ 8.2 基本例题

【e8-2】 部分和问题。

输入正整数 n(n<10),k,然后输入 n 个正整数,从中选出若干数,使它们的和恰好为 k,输出有多少组？假若选的是(1,2,3),则这三个数的所有排列都仅是一个答案。

[样例输入]

```
6 60
10 20 30 40 50 60
```

[样例输出]

4

包括(10,20,30)、(10,50)、(20,40)、(60)四组。

分析：由于部分数和为 k，每个数都有两种情况：取或者不取。对样例数据而言，每个数据取的情况是(0,10),(0,20),(0,30),(0,40),(0,50),(0,60)，因此 6 重循环完全可以解决样例数据，因为 n,k 的动态性，递归是解决该问题的重要手段。

方法 1：与例 e8_1 相似，其关键代码如下所示。

```
#include<cstdio>
int n,k;
int c = 0;                                   //结果组数
int a[20];
void calc(int pos, int sum){                 //计算第 pos 个数
    if(sum>k)                                //递归结束条件
        return;
    if(sum==k){                              //找到一组数
        c ++;
        return;
    }
    if(pos>=n)                               //递归结束条件
        return;
    for(int i=0; i<=a[pos]; i+= a[pos]){
        sum += a[i];
        calc(pos+1, sum);
    }
}
int main(){
    scanf("%d%d", &n, &k);
    for(int i=0; i<n; i++){
        scanf("%d", &a[i]);
    }
    calc(0,0);
    printf("%d\n", c);
    return 0;
}
```

方法 2：与方法 1 本质上是一样的，其所有代码几乎是一致的，仅是递归 calc()函数中稍有不同，见表 8-1。

表 8-1　递归形式不同写法

方法 2 中 calc()函数	方法 1 中 calc()函数

void calc(int pos, int sum){
　　//代码相同，略
　　calc(pos+1, sum);
　　calc(pos+1, sum+a[pos]);
}
	void calc(int pos, int sum){ //计算第 pos 个数
	　　//代码相同，略
	　　for(int i=0; i<=a[pos]; i+=a[pos]){
	　　　　sum += a[i];
	　　　　calc(pos+1, sum);
	　　}
	}

续表

方法 2 中 calc( )函数	方法 1 中 calc( )函数

总结：方法 1 中形式上在 for 循环中运行了两遍递归函数，方法 2 用顺序形式运行了两遍递归函数。因此若 for 循环中多次调用递归函数，完全可以写成顺序调用递归函数的形式，有时代码反而显得更简洁

讨论：读者在做题的时候一定要多思考，要做到活学活用。对本题而言，很自然地想到：如何能输出满足条件的具体数值呢？代码与上述方法 2 中几乎完全一致，下面仅列出了需要改动的内容，如下所示。

```
//定义中增加全局数组 b,其余与 e8-2 中上述定义完全一致
int b[20];
void calc(int pos, int sum, int num){   //增加了 num 形参,表示保存到 b 数组的元素数量
    if(sum>k)
        return;
    if(sum==k){
        for(int i=0; i<num; i++){     //打印具体的元素值
            printf("%d ", b[i]);
        }
        printf("\n");
        c ++; return;
    }
    if(pos>=n)
        return;
    calc(pos+1, sum,num);                //不选 a[pos]
    b[num] = a[pos];                     //选 a[pos],保存在 b 数组中
    calc(pos+1, sum+a[pos], num+1);
}
```

【e8-3】 装箱问题。(洛谷网站：P1049)

有一个箱子容量为 V，同时有 n 个物品，每个物品有一个体积。现在从 n 个物品中，任取若干个装入箱内(也可以不取)，使箱子的剩余空间最小。输出这个最小值。

[输入格式]

第一行共一个整数 V，表示箱子容量。

第二行共一个整数 n，表示物品总数。

接下来 n 行，每行有一个正整数，表示第 i 个物品的体积。

[输出格式]

共一行一个整数，表示箱子最小剩余空间。

[输入样例]

```
24
6
8
3
12
7
9
7
```

［输出样例］

```
0
```

对于 100％数据,满足 0＜n≤30,1≤V≤20000。

分析:本题与例 e8-2 相似,即从 n 件物品中选择部分物品,使它们体积最大,且小于箱的容积 V。因此,读者在做题时,要进一步抽象,也就是说递归的一大类题目是部分和问题。因此,易得本示例关键代码如下所示。

```
#include<cstdio>
int V,n;
int a[50];
int result=0;
void calc(int pos, int sum){
    if(sum>V)                    //若选中物品体积大于 V,则停止递归
        return;
    if(result <=sum){
        result = sum;
    }
    if(pos>=n)
        return;
    calc(pos+1, sum);
    calc(pos+1, sum+a[pos]);
}
int main(){
    scanf("%d%d", &V, &n);
    for(int i=0; i<n; i++)
        scanf("%d", &a[i]);
    calc(0, 0);
    printf("%d\n", V-result);
    return 0;
}
```

【e8-4】　开心的金明。(洛谷网站:P1060)

金明今天很开心,家里购置的新房就要领钥匙了,新房里有一间他自己专用的很宽敞的房间。更让他高兴的是,妈妈昨天对他说:"你的房间需要购买哪些物品,怎么布置,你说了算,只要不超过 N 元钱就行"。今天一早金明就开始做预算,但是他想买的东西太多了,肯定会超过妈妈限定的 N 元。于是,他把每件物品规定了一个重要度,分为 5 等:用整数 1～5 表示,第 5 等最重要。他还从因特网上查到了每件物品的价格(都是整数元)。他希望在不超过 N 元(可以等于 N 元)的前提下,使每件物品的价格与重要度的乘积的总和最大。

设第 j 件物品的价格为 v_j,重要度为 w_j,共选中了 k 件物品,编号依次为 $j_1,j_2,\cdots,j_k$,则所求的总和为:$v_{j1} \times w_{j1} + v_{j2} \times w_{j2} + \cdots + v_{jk} \times w_{jk}$。

请你帮助金明设计一个满足要求的购物单。

［输入格式］

第 1 行,为 2 个正整数,用一个空格隔开:n,m(n＜30000,m＜25),其中 n 表示总钱数,m 为希望购买物品的个数。

从第 2 行到第 m＋1 行,第 j 行给出了编号为 j－1 的物品的基本数据,每行有 2 个非负

整数 v、p，其中 v 表示该物品的价格(v≤10000)，p 表示该物品的重要度(1≤p≤5)。

[输出格式]

1 个正整数，为不超过总钱数的物品的价格与重要度乘积的总和的最大值(<100000000)。

[输入样例]

```
1000 5
800 2
400 5
300 5
400 3
200 2
```

[输出样例]

```
3900
```

分析：该题仍是例 e8-2 部分和问题的扩展。对本题而言，要求在 m 件商品中选择部分商品，商品花销费用不能超过总价，且单价乘以重要度的累加和为最大。其关键代码及相关注释如下所示。

```cpp
#include<cstdio>
int n,m;                          //总价 n，从 m 件商品选择部分商品
int v[30005];                     //每件产品费用
int p[20005];                     //每件产品重要度
int result = 0;                   //结果变量
void calc(int pos, int money, int sum){   //pos:正处理商品号,money:处理完[0,pos)编
                                          //号商品总花费
    if(money>n)                   //sum: 处理完[0,pos)编号商品单价乘以重要度的累积和
        return;
    if(result <=sum){
        result = sum;             //保存较大的商品单价乘以重要度的累积和
    }
    if(pos>=m)
        return;
    calc(pos+1, money, sum);
    calc(pos+1, money+v[pos], sum+v[pos] * p[pos]);
}
int main(){
    scanf("%d%d", &n, &m);
    for(int i=0; i<m; i++)
        scanf("%d%d", &v[i],&p[i]);
    calc(0,0,0);
    printf("%d\n", result);
    return 0;
}
```

◈ 8.3 递 归 真 题

【例 8-1】（第 13 届）**最大数字**。（Dotcpp 编程（C 语言网）：2694）

给定一个正整数 N。你可以对 N 的任意一位数字执行任意次以下两种操作：

1. 将该位数字加 1。如果该位数字已经是 9,加 1 之后变成 0。

2. 将该位数字减 1。如果该位数字已经是 0,减 1 之后变成 9。

你现在总共可以执行 1 号操作不超过 A 次,2 号操作不超过 B 次。请问你最大可以将 N 变成多少?

[输入格式]

第一行包含 3 个整数：N,A,B。

[输出格式]

一个整数代表答案。

[样例输入]

```
123 1 2
```

[样例输出]

```
933
```

[提示]

对百位数字执行 2 次 2 号操作,对十位数字执行 1 次 1 号操作。

对于 30% 的数据,$1 \leqslant N \leqslant 100$;$0 \leqslant A, B \leqslant 10$。

对于 100% 的数据,$1 \leqslant N \leqslant 10^{17}$;$0 \leqslant A, B \leqslant 100$。

分析：本题核心思想如下所示。

① 本题要求整数 N 经过 A 变换或 B 变换后整数最大,一定是从高位向低位计算的,且尽量使每位值等于 9 或接近 9。因此将 N 的每位值保存到数组 d 中。

② 采用递归实现,递归函数为：void process(int pos, int p, int q, long long value)。参数含义是：pos,将要处理第几位数值;p,A 操作剩余次数;q,B 操作剩余次数,value 是已经处理完的高位此时的数值。在该函数中,有四种互斥边界条件,如下所示。

条件 1：d[pos] 已是 9,已经最大,无须进行 A 或 B 操作,递归调用处理第 pos－1 位数值,p,q 不变,value 为 value * 10＋9,则递归调用为 process(pos－1,p,q,value * 10＋9)。

互斥条件 2：d[pos] 非 9,经过 A 操作或 B 操作都能使其 9,则计算使其成为 9 的 A 操作或 B 操作次数,假设分别为 x,y,则递归函数有两个分支：process(pos－1,p－x,q,value * 10＋9)及 process(pos－1,p,q－y,value * 10＋9)。

互斥条件 3：仅能通过 A 操作使 d[pos] 为 9,需 A 操作 x 次,则递归调用为 process(pos－1,p－x,q,value * 10＋9)。

互斥条件 4：仅能通过 B 操作使 d[pos] 为 9,需 B 操作 y 次,则递归调用为 process(pos－1,p,q－y,value * 10＋9)。

互斥条件 5：两种操作都不能使 d[pos] 为 9，则把剩余的 A 操作全部操作与 d[pos] 位上，递归调用为 process(pos−1,0,q,value * 10＋d[pos]＋p)。

③ pos＝−1 作为递归结束条件，用全局变量获得递归参数 value 的最大值即为所求。

综上，本示例关键代码及注释如下所示。

```cpp
#include<cstdio>
using namespace std;
long long n;
int a, b;
int d[20];                              //将 n 每位保存在数组 d 中
int size;
long long maxvalue = -1;
void process(int pos, int p, int q, long long value){
    if(pos == -1){
        if(maxvalue<value)              //获取 value 的最大值即为所求
            maxvalue = value;
        return;
    }

    if(d[pos]==9){                      //该位为 9，直接处理下一位
        process(pos-1, p, q, value * 10+d[pos]);
    }
    else{
        int x = 9-d[pos];               //使 d[pos] 为 9 需 A 操作次数
        int y = d[pos] + 1;             //使 d[pos] 为 9 需 B 操作次数

        if(x<=p && y<=q){               //两种操作都能使 d[pos] 为 9
            process(pos-1,p-x,q,value * 10+9);
            process(pos-1,p,q-y,value * 10+9);
        }
        else if(x<=p){                  //仅 A 操作使 d[pos] 为 9
            process(pos-1,p-x,q,value * 10+9);
        }
        else if(y<=q){                  //仅 B 操作使 d[pos] 为 9
            process(pos-1,p,q-y,value * 10+9);
        }
        else{                  //两种操作都能使 d[pos] 为 9，则将 A 操作全部用于 d[pos] 上
            process(pos-1,0,q,value * 10+d[pos]+p);
        }
    }
}
int main(){
    scanf("%lld%d%d", &n, &a, &b);
    size = 0;
    long long mid = n;
    while(mid != 0){
        d[size] = mid%10;
        mid /= 10;
        size ++;
    }
    process(size-1, a, b, 0);
    printf("%lld\n", maxvalue);
```

```
    return 0;
}
```

【例 8-2】（第 4 届国赛）横向打印二叉树。（Dotcpp 编程（C 语言网）：1448）

二叉树可以用于排序。其原理很简单：对于一个排序二叉树添加新节点时，先与根节点比较，若小则交给左子树继续处理，否则交给右子树。当遇到空子树时，则把该节点放入那个位置。

本题目要求：根据已知的数字，建立排序二叉树，并在标准输出中横向打印该二叉树。

比如，10　8　5　7　12　4 的输入顺序，对应图 8-1 左图；5　10　20　8　4　7 的输入顺序，对应图 8-1 右图。其中 '.' 表示空白。

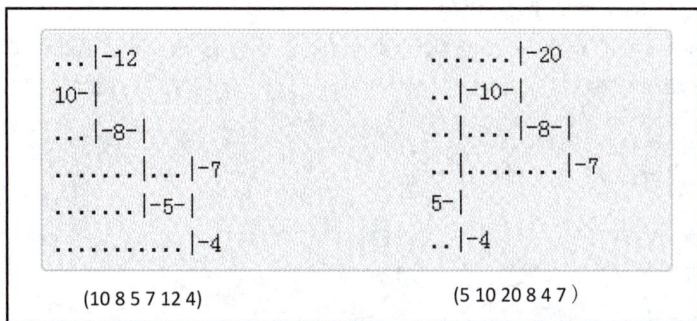

```
... |-12                          .......|-20
10-|                              ..|-10-|
... |-8-|                         ...|....|-8-|
.......|...|-7                    ..|.......|-7
.......|-5-|                      5-|
.........|-4                      ..|-4
        (10 8 5 7 12 4)                  (5 10 20 8 4 7)
```

图 8-1　横向打印二叉树示例图

[输入格式]

输入数据为一行空格分开的 N 个整数。N<100，每个数字不超过 10000。输入数据中没有重复的数字。

[输出格式]

输出该排序二叉树的横向表示。为了便于评卷程序比对空格的数目，请把空格用句点代替。

[样例输入]

```
10 5 20
```

[样例输出]

```
...|-20
10-|
...|-5
```

分析：本示例关键思路及注意事项如下所示。

① 定义结构体 NODE 数组 nd[n]，其数据说明如下所示。

```
struct NODE {
    int val;                       //值
    char d[8];                     //值的字符串表示
    int l, r;                      //值的左右子树节点编号
```

```
    int order;                                 //二叉排序树中序遍历的顺序
}nd[105];
```

　　根据输入的数值,用数组形式生成二叉排序树,主要是设置各节点的左右子树节点编号 l,r。

　　② 若实现横向打印二叉树,必须知道每个节点的横、纵坐标。认真观察图 8-1:对横坐标来说,是比较容易实现的,当先序遍历二叉树时,横坐标值递推即可;对纵坐标来说,稍显复杂,正常来说,若某一节点的当前纵坐标是 y,左子树节点的纵坐标应是 y+1,右子树节点的纵坐标应是 y−1。但并不完全正确,如图 8-1 左图中的(8,5)节点,图 8-1 右图中的(5,10)节点。可以看出,每个节点的高度与二叉排序树的中序遍历有关,以图 8-1 左图原始数据(10,8,5,7,12,4)为例,其中序遍历为(4,5,7,8,10,12)。例如:8 是父节点,5 是其左子树节点,由中序遍历结果知此两点在纵轴上相差 2 个单位。

　　③ 综上本示例关键点为:形成数组表示的二叉排序树;中序遍历,填充结构体中的 order 变量,表示其出现顺序,决定节点的纵坐标位置;先序遍历,填充结果二维数组;打印二维数组。

　　本示例关键代码及相关注释如下所示。

```
#include<cstdio>
#include<cstring>
int size;                                      //节点个数
int ymin = 100;
int ymax = 100;
char s[205][900];                              //填充的二维数组
struct NODE {
    int val;                                   //值
    char d[8];                                 //值的字符串表示
    int l,r;                                   //值的左右子树节点编号
    int order;                                 //二叉排序树中序遍历的顺序
}nd[105];
void createTree(){                             //利用数组形式创建二叉排序树
    for(int i=1; i<size; i++){                 //nd[0]是根节点,将 nd[1]~nd[size-1]
                                               //节点加入二叉树

        int cur = 0;
        while(true){
            if(nd[i].val<nd[cur].val){         //寻找插入左子树位置
                if(nd[cur].l==-1)
                {nd[cur].l = i;break;}
                cur = nd[cur].l;
            }//if
            else{                              //寻找插入右子树位置
                if(nd[cur].r==-1)
                {nd[cur].r = i;break;}
                cur = nd[cur].r;
            }//else
        }//while(true)
    }//for
}
int order = 1;
void calc(int pos){                            //中序遍历计算二叉排序树节点顺序
```

```
        if(nd[pos].l==-1 && nd[pos].r==-1)              //是叶节点
        {nd[pos].order=order;order++;return;}            //返回
        int lc = nd[pos].l;
        int rc = nd[pos].r;
        if(lc !=-1)
            calc(lc);
        nd[pos].order=order;order++;                     //当前节点顺序
        if(rc!=-1)
            calc(rc);
}
void fill(int pos,int xshift,int ycur){                  //填充结果二维数组
        if(pos==-1)                                      //非节点
            return;                                      //则返回
        int y = nd[0].order - nd[pos].order+100;         //计算第 pos 个节点的 y 坐标,常量 100
                                                         //是第 0 节点的 y 坐标
        if(ymin>y) ymin = y;
        if(ymax<y) ymax = y;
        //填充'|'
        int y1 = y, y2=ycur;
        if(y1>y2){
            int mid = y1; y1=y2; y2=mid;
        }
        if(xshift>0)
            for(int i=y1; i<=y2; i++)
                s[i][xshift]='|';
        //填充'-'
        if(xshift>0){
            s[y][xshift+1]='-';
            xshift += 2;
        }
        for(int i=0; i<strlen(nd[pos].d); i++)
            s[y][xshift+i]=nd[pos].d[i];
        xshift = xshift+strlen(nd[pos].d);               //当前 x 轴偏移总量
        if(nd[pos].l!=-1||nd[pos].r!=-1){                //有后续节点
            s[y][xshift]='-';
            s[y][xshift+1]='|';
            xshift += 2;
        }
        s[y][xshift] = '\0';
        fill(nd[pos].l,xshift-1,y+1);
        fill(nd[pos].r,xshift-1,y-1);
}
int main() {
    int val;
    int pos = 0;
    for(int i=0; i<205; i++){                            //将二维表默认填充'.'
        for(int j=0; j<900; j++)
            s[i][j]='.';
    }
    while(scanf("%d", &val)==1){
        nd[pos].val = val;
        nd[pos].l=nd[pos].r = -1;
        sprintf(nd[pos].d, "%d", val);
```

```
        pos++;
    }
    size = pos;
    createTree();                          //创建二叉排序树
    calc(0);                    //中序遍历二叉排序树,填充结构体中 order 变量,表明遍历顺序
    ymin = ymax = 100;
    fill(0,0,100);                         //先序遍历,将结果保存至二维表格
    //输出二维表格有效区结果
    for(int i=ymin; i<=ymax; i++){
        printf("%s\n",s[i]);
    }
    return 0;
}
```

图　　论

图论是程序竞赛的重要组成部分,包括深度优先搜索、广度优先搜索、并查集、最短路径、最小生成树等知识点。一般教材中都涵盖了上述内容,但大多是以邻接矩阵为基础讲解的,没有考虑到数据量,比如 100000 个点描述的图,若开 100000×100000 个点的数组就不恰当了。本部分结合 STL 模板库内容,解决大数据量内存开销问题。当然,也默认读者明晓了图论的基本知识,教材中涉及的理论就不再重复讲解了,仅强调用到的关键思想。

◆ 9.1　深度优先搜索

深度优先搜索(DFS-Depth first search)是用于遍历或搜索树或图数据结构的算法。该算法从根节点开始(在图的情况下选择一些任意节点作为根节点),并在回溯之前尽可能沿着每个分支进行探索。DFS 是图论中用得最广的算法,下面通过实例加以理解。

【e9-1】　已知一个树有 n 个节点,编号为 1～ n(n<100000),然后输入 n-1 条边信息,再输入某一节点编号 m,显示它的一个深度遍历序列。

[样例输入](见图 9-1)

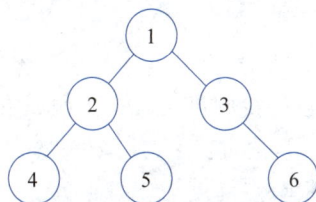

图 9-1　e9-1 样例示意图

```
6
1 2
1 3
2 4
2 5.
3 6
1
```

[样例输出]

```
1 2 4 5 3 6
```

分析:其关键代码及详细注释如下所示。

```cpp
#include<cstdio>
#include<vector>
```

```
using namespace std;
int n;                       //n 个节点
int m;                       //m 点为根节点的深度遍历
vector<int> ve[100005];      //利用 vector 产生 100005 个动态数组,ve[0]~ve[100004],
                             //初始元素个数均为 0
int mark[100005]={0};        //深度遍历节点用过标识
void dfs(int x){             //x:节点编号
    mark[x] = 1;
    printf("%d ",x);
    for(int i=0; i<ve[x].size(); i++){
        int cur = ve[x][i];
        if(mark[cur]==1) continue;
        dfs(cur);
    }
}
int main(){
    scanf("%d", &n);
    int a,b;
    for(int i=0; i<n-1; i++){
        scanf("%d%d", &a, &b);
        ve[a].push_back(b); //此下两行关键,利用 STL vector 动态产生稀疏矩阵
        ve[b].push_back(a); //a 与 b 节点相连,同时 b 与 a 相连,ve[a]包含与 a 相连节点
                            //ve[b]包含与 b 相连节点
    }
    scanf("%d", &m);
    dfs(m);
    return 0;
}
```

其实,为了更好地学习深度优先搜索,我们完全可以"自己出题目",要敢于思考,而不是盲目地找题目来做。比如如下的各个小题目。当然答案可能并不唯一。

问题 1:在 e9-1 已知条件下,如何显示以 m 为根节点的各节点的编号及深度值呢? 假设根节点深度为 1。

主要修改 dfs()函数即可,如下所示。

```
void dfs(int x,int depth){            //x:节点编号; depth:深度值
    mark[x] = 1;
    printf("%d %d\n",x, depth);       //当前节点深度 depth
    for(int i=0; i<ve[x].size(); i++){
        int cur = ve[x][i];
        if(mark[cur]==1) continue;
        dfs(cur, depth+1);            //遍历子节点,其深度是 depth+1
    }
}
```

问题 2:在 e9-1 已知条件下,如何从叶节点显示直到根节点 m 呢? 仍然是修改 dfs()函数,如下所示。

```
void dfs(int x){                      //x:节点编号
    mark[x] = 1;
    for(int i=0; i<ve[x].size(); i++){
```

```
        int cur = ve[x][i];
        if(mark[cur]==1) continue;
        dfs(cur);                      //遍历 x 的所有子节点
    }
    printf("%d ",x);                   //遍历完子节点后,显示当前节点
}
```

问题 3:在 e9-1 已知条件下,输入两个节点编号 a、b,显示此两节点路径上经过的所有节点。

对于树来说,两节点之间的路径是唯一的,因此必须动态地保存所经过的路径(假设用数组),以 a 为根节点开始深度搜索,以 b 为深度搜索的结束条件,其修改的 dfs()函数如下所示。

```
int u[100005];                         //用数组保存经过的路径
int p,q;                               //求 p、q 节点之间路径
void dfs(int x,int num){               //访问到第 x 节点,u 数组已保存的路径节点个数=num-1
    if(x==q){                          //已经到达了结束节点 q
        u[num] = q;                    //将其加入到 u 数组中
        for(int i=0; i<=num; i++){     //输出 p、q 间路径节点编号
            printf("%d ", u[i]);
        }
        return;
    }
    mark[x] = 1;
    u[num] = x;                        //将该节点保存到 u 数组中
    for(int i=0; i<ve[x].size(); i++){
        int cur = ve[x][i];
        if(mark[cur]==1) continue;
        dfs(cur, num+1);               //子节点对应的位置是 num+1
    }
}
```

问题 4:若将 e9-1 树改为多连通图,已知 n 个节点(编号 1~n)、k 条边,求 p 到 q 节点有多少路径呢?

[样例输入](见图 9-2)

```
6 7              //6 个节点,7 条边
1 2              //节点 1 与节点 2 相连
1 3
2 4
2 5
3 6
4 5
5 6              //节点 5 与节点 6 相连
1 6              //求节点 1~节点 6 有几条路径
```

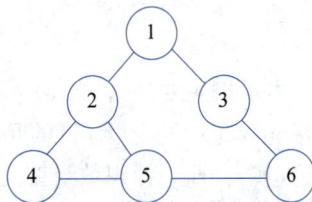

图 9-2　e9-1 问题 4 样例示意图

[样例输出]

```
3
```

分析：样例 1～6 节点共有 $(1,3,6),(1,2,5,6),(1,2,4,5,6)$ 三条路径，均可通过深度遍历获得。将树改为图，深度遍历算法是不变的。为了更好地理解，本示例全部代码如下所示。

```cpp
#include<cstdio>
#include<vector>
using namespace std;
int n;                              //n个节点
int k;
vector<int> ve[100005];             //利用 STL vector 产生 100005 个动态数组，
                                    //ve[0]~ve[100004],初始元素个数均为 0
int mark[100005]={0};               //深度遍历节点用过标识
int p,q;                            //求 p、q 两节点路径数目
int count = 0;                      //路径数目累积变量
void dfs(int x){
    if(x==q){                       //深度遍历到 q
        count ++;                   //则有一条新的 p 到 q 的路径
        return;
    }
    mark[x] = 1;                    //x 是深度遍历经过的节点
    for(int i=0; i<ve[x].size(); i++){
        int cur = ve[x][i];
        if(mark[cur]==1) continue;
        dfs(cur);
    }
    mark[x] = 0;                    //将该节点释放,以便其他路径经过此节点
}
int main(){
    scanf("%d%d", &n,&k);
    int a,b;
    for(int i=0; i<k; i++){
        scanf("%d%d", &a, &b);
        ve[a].push_back(b);         //此下两行关键,利用 STL vector 动态产生稀疏矩阵
        ve[b].push_back(a);         //a 与 b 节点相连,同时 b 与 a 相连,ve[a]包含与 a 相连节点
    }                               //ve[b]包含与 b 相连节点
    scanf("%d%d", &p,&q);
    dfs(p);                         //从 p 点开始深度遍历
    printf("%d\n", count);
    return 0;
}
```

本示例主要理解 dfs() 入口函数中对 mark[x] 先置为 1，对 x 子节点深度遍历完毕后，又将 mark[x] 置为 0。目的是将 x 节点释放，再次做其他路径上的候选节点。以样例数据为例，其 mark[] 标识数组变化如表 9-1 所示。

表 9-1　样例数据 mark[] 数组变化表

序号	描　　述	说　　明
1	从节点 1 递归,至 6 结束	mark[1,2,4,5,6]=1,路径数+1
2	回退到 5	mark[5]=0

续表

序号	描　　述	说　　明
3	回退到 4	mark[4]＝0
4	回退到 2,节点 5 可用,继续递归,到 6 结束	mark[1,2,5,6]＝1,路径数＋1
5	回退到 5	mark[5]＝0
6	回退到 2	mark[2]＝0
7	回退到 1,节点 3 可用,继续递归,到 6 结束	mark[1,3,6]＝1,路径数＋1
8	回退到 3	mark[3]＝0
9	回退到 1	mark[1]＝0

问题 5：若将 e9-1 树改为多连通图,已知 n 个节点(编号 1～n)、k 条边,求有几个连通图?

[样例输入](见图 9-3)

```
9 9                          //9个节点,9条边
1 2                          //节点1与节点2相连
1 3
2 4
2 5
3 6
4 5
7 8                          //节点7与节点8相连
7 9
8 9
```

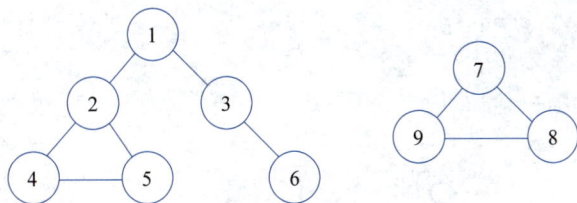

图 9-3　e9-1 问题 5 样例示意图

[样例输出]

```
2
```

分析：两重循环,外层循环遍历每个节点 x,若 mark[x]为 0,则对 x 节点进行深度遍历,置相应的 mark[x]数组值为 1。进行多少次不同节点开始的深度遍历,就有多少个不同的连通图。对示例数据而言,外层循环中首先从节点 1 开始深度遍历,则 mark[1,2,3,4,5,6]＝1;然后从节点 7 开始深度遍历,mark[7,8,9]＝1;由于再没有未处理的 mark[x]＝0 的节点,因此示例数据包含两个连通图。

综上,本示例关键代码如下所示。

```
#include<cstdio>
#include<vector>
using namespace std;
int n;                           //n 个节点
int k;                           //k 条边
vector<int> ve[100005];          //利用 STL vector 产生 100005 个动态数组,ve[0]~
                                 //ve[100004],初始元素个数均为 0
int mark[100005]={0};            //深度遍历节点用过标识
int count = 0;                   //连通图累积变量
void dfs(int x){
    mark[x] = 1;
    for(int i=0; i<ve[x].size(); i++){
        int cur = ve[x][i];
        if(mark[cur]==1) continue;
        dfs(cur);
    }
}
int main(){
    scanf("%d%d", &n,&k);
    int a,b;
    for(int i=0; i<k; i++){
        scanf("%d%d", &a, &b);
        ve[a].push_back(b);      //此下两行关键,利用 STL vector 动态产生稀疏矩阵
        ve[b].push_back(a);      //a 与 b 节点相连,同时 b 与 a 相连,ve[a]包含与 a 相连节点
    }                            //ve[b]包含与 b 相连节点

    for(int i=1; i<=n; i++){
        if(mark[i]==0){
            dfs(i);              //调用节点 i 开始的深度遍历,将遍历的所有点标识置 1
            count ++;            //调用多少次 dfs,就有多少个连通图
        }
    }
    printf("%d\n", count);
    return 0;
}
```

◆ 9.2　真 题 分 析

【例 9-1】(第 4 届)剪格子。(Dotcpp 编程(C 语言网):1432)

如图 9-4 所示,3×3 的格子中填写了一些整数。

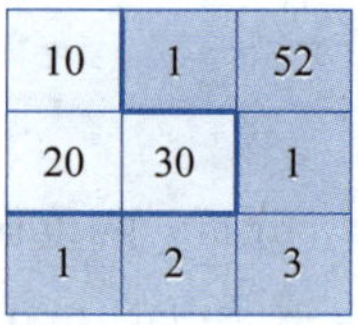

我们沿着图中的深色线剪开,得到两个部分,每个部分的数字和都是 60。

本题的要求就是请你编程判定:对给定的 m×n 的格子中的整数,是否可以分割为两个部分,使得这两个区域的数字和相等。如果存在多种解答,请输出包含左上角格子的那个区域包含的格子的最小数目。如果无法分割,则输出 0。

10	1	52
20	30	1
1	2	3

图 9-4　格子数据

[输入格式]

程序先读入两个整数 m、n 用空格分割(m,n<10)表示表格的宽度和高度。接下来是 n 行,每行 m 个正整数,用空格分开。每个整数不大于 10000。

[输出格式]

程序输出:在所有解中,包含左上角的分割区可能包含的最小的格子数目。

[输入样例 1]

```
3 3
10 1 52
20 30 1
1 2 3
```

[输出样例 1]

```
3
```

[输入样例 2]

```
4 3
1 1 1 1
1 30 80 2
1 1 1 100
```

[输出样例 2]

```
10
```

[说明]

第二个用例中,用图 9-5 加以说明。

分析:若方格所有数据和为 sum,本示例即求从方格左上角开始的一个深度搜索序列,该序列之和为 sum/2,且包含格子的数目最少。其关键代码及注释如下所示。

1	1	1	1
1	30	80	2
1	1	1	100

图 9-5　例 9-1 样例 2 说明图

```
#include<cstdio>
int sum=0;
int m,n;                           //m列,n行
int a[20][20];
int mark[20][20]={0};
int minvalue = 1e9;
void move(int r, int c, int nums, int sums){   //r:行;c:列; nums:目前包含几个格子;
    if(r==0 || r>n || c==0 || c>m)             //续前行,sums:深度搜索的序列和
        return;                                //递归结束条件
    if(mark[r][c]==1 || sums>sum)
        return;                                //递归结束条件
    if(sums == sum){                           //深搜和等于所有元素和的一半
        if(minvalue>nums)                      //取方格数目最小值
            minvalue = nums;
        return;
    }
```

```
        mark[r][c] = 1;
        move(r-1,c,nums+1,sums+a[r][c]);
        move(r,c+1,nums+1,sums+a[r][c]);
        move(r+1,c,nums+1,sums+a[r][c]);
        move(r,c-1,nums+1,sums+a[r][c]);
        mark[r][c] = 0;
    }
    int main(){
        scanf("%d%d", &m, &n);
        for(int i=1; i<=n; i++){
            for(int j=1; j<=m; j++){
                scanf("%d", &a[i][j]);
                sum += a[i][j];
            }
        }
        if(sum%2==1){                            //和为奇数,不能分割
            printf("0\n");
            return 0;
        }
        sum /= 2;
        move(1,1,0,0);                   //从左上角(1,1)开始深搜,深搜元素数目初始0,累积和为0
        if(minvalue==1e9)               //没有搜索到满足条件的答案,minvalue仍为初始值
            printf("0\n");
        else
            printf("%d\n", minvalue);
        return 0;
    }
```

【例 9-2】(第 7 届)路径之谜。(Dotcpp 编程(C 语言网):1834)

小明冒充 X 星球的骑士,进入了一个奇怪的城堡。城堡里边什么都没有,只有方形石头铺成的地面。假设城堡地面是 n×n 个方格,如图 9-6 所示。按习俗,骑士要从西北角走到东南角。可以横向或纵向移动,但不能斜着走,也不能跳跃。每走到一个新方格,就要向正北方和正西方各射一箭(城堡的西墙和北墙内各有 n 个靶子)。

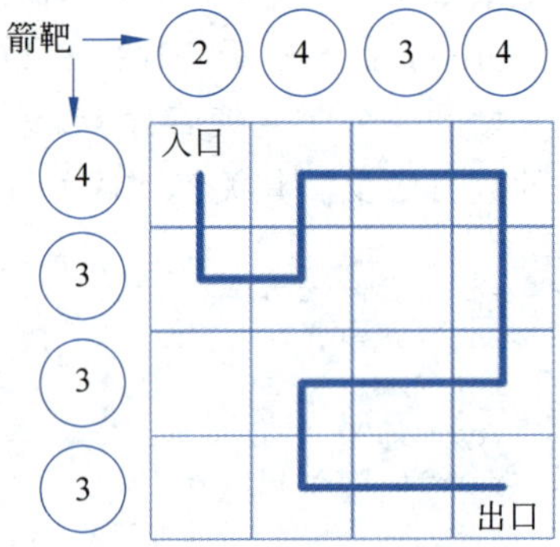

图 9-6 城堡示意图

同一个方格只允许经过一次。但不必走完所有的方格。如果只给出靶子上箭的数目,你能推断出骑士的行走路线吗?有时是可以的,比如图 9-6 中黑粗线走过的路径。

本题的要求就是已知箭靶数字,求骑士的行走路径(测试数据保证路径唯一)。

[输入格式]

第一行一个整数 n(0<n<20),表示地面有 n×n 个方格;

第二行 n 个整数,空格分开,表示北边的箭靶上的数字(自西向东);

第三行 n 个整数,空格分开,表示西边的箭靶上的数字(自北向南)。

[输出格式]

一行若干个整数,表示骑士路径。为了方便表示,我们约定每个小格子用一个数字代表,从西北角开始编号:0,1,2,3,…

比如,图 9-6 中的方块编号为:

```
0    1    2    3
4    5    6    7
8    9    10   11
12   13   14   15
```

[样例输入]

```
4
2 4 3 4
4 3 3 3
```

[样例输出]

```
0 4 5 1 2 3 7 11 10 9 13 14 15
```

分析:该题是求从左上角(0,0)到右下角(n-1,n-1)的一条路径,且满足一定的射箭结果,很明显,这是一道深度搜索题。而涉及具体路径的搜索,必须有状态的置位与复位。状态包括两个:走过该点+进行射箭,复位该点+走过该点前的射箭状态。综上,本示例关键代码及注释如下所示。

```cpp
#include<cstdio>
using namespace std;
int n;                                  //城堡 n*n 方阵
int north[25]={0};                      //北部射箭数组
int west[25] ={0};                      //西部射箭数组
int mark[30][30];                       //方阵点走过标识
struct UNIT{                            //方阵结构体
    int x;                              //坐标
    int y;
}u[500];
void dfs(int x, int y, int pos){        //走到(x,y),且已保存到 UNIT 数组第 pos-1 位
    if(x<0 || x>=n || y<0 || y>=n){     //递归结束条件
        return;
    }
    if(mark[x][y]==1) return;           //已访问过,返回
    if(north[y]-1<0 || west[x]-1<0)     //有一个方向射箭已小于 0,返回
        return;
    u[pos].x = x; u[pos].y = y;
    if(x==n-1 && y==n-1 && north[n-1]==1 && west[n-1]==1){
                                        //可能找到一条路径了
        //检查
        for(int i=0; i<n-1; i++){
            if(north[i]!=0) return;     //有一个方向不为 0,返回
            if(west[i]!=0) return;
        }
        printf("0");                    //输出结果
```

```
            for(int i=1; i<=pos; i++){
                printf(" %d", u[i].x * n+u[i].y);
            }
            return;
        }
        mark[x][y]=1;                          //走过该点置位
        north[y] = north[y]-1;                 //进行向北射箭
        west[x] = west[x] - 1;                 //进行向西射箭
        dfs(x+1, y, pos+1);                     //深搜四个方向
        dfs(x-1, y, pos+1);
        dfs(x, y+1, pos+1);
        dfs(x, y-1, pos+1);
        north[y] = north[y]+1;                 //复位走过该点前的箭状态
        west[x] = west[x]+1;
        mark[x][y]=0;                          //复位该点标识,其他路径可能走过该点
    }
    int main(){
        scanf("%d", &n);
        for(int i=0; i<n; i++){
            scanf("%d", &north[i]);
        }
        for(int i=0; i<n; i++){
            scanf("%d", &west[i]);
        }
        dfs(0,0,0);
        return 0;
    }
```

【例 9-3】（第 5 届求割点）**危险系数**。（Dotcpp 编程（C 语言网）：1433）

抗日战争时期,冀中平原的地道战曾发挥重要作用。地道的多个站点间有通道连接,形成了庞大的网络。但也有隐患,当敌人发现了某个站点后,其他站点间可能因此会失去联系。

我们来定义一个危险系数 DF(x,y)：

对于两个站点 x 和 y(x!＝y),如果能找到一个站点 z,当 z 被敌人破坏后,x 和 y 不连通,那么我们称 z 为关于 x,y 的关键点。相应的,对于任意一对站点 x 和 y,危险系数 DF(x,y)就表示为这两点之间的关键点个数。

本题的任务是：已知网络结构,求两站点之间的危险系数。

[输入格式]

输入数据第一行包含 2 个整数 n(2≤n≤1000),m(0≤m≤2000)分别代表站点数,通道数;接下来 m 行,每行两个整数 u,v(1≤u,v≤n,u!＝v)代表一条通道;最后 1 行,两个数 u、v,代表询问两点之间的危险系数 DF(u,v)。

[输出格式]

一个整数,如果询问的两点不连通,则输出－1。

[样例输入]

7 6
1 3

```
2 3
3 4
3 5
4 5
5 6
1 6
```

[样例输出]

```
2
```

分析：以本示例测试数据来说明求关键点算法，如图 9-7 所示。

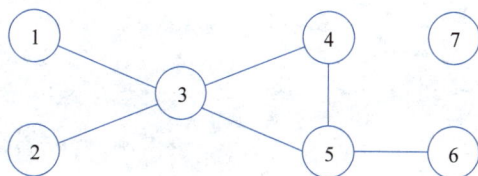

图 9-7 七个节点连接图

如何求节点 1～节点 6 路径的关键节点呢？利用 DFS 深度遍历获得每一条路径，可得为(1,3,5,6)及(1,3,4,5,6)。这两条路径的公共节点是(3,5)，因此节点 1～节点 6 间的关键节点个数为 2。

那么，如何根据每条 DFS 路径确定哪些是关键节点呢？令 d[]数组保存 DFS 遍历的各个节点，f[]数组保存每个节点用到的次数。以示例数据为例，当得到第 1 条路径(1,3,5,6)时，d[]={1,3,5,6}，f[]={1,0,1,0,1,1,0}，表明(1,3,5,6)节点各用到 1 次，(2,4,7)节点没有用到；当得到第 2 条路径(1,3,4,5,6)时，d[]={1,3,4,5,6}，f[]数组累加后为 f[]={2,0,2,1,2,2,0}，表明(1,3,5,6)节点各用到 2 次，节点 4 用到 1 次，(2,4,7)节点没有用到。若是关键节点，则其出现的次数一定与节点 1、6 出现的次数一样，因此只需遍历最终的f[]数组，看有多少节点出现次数与节点 1 相同，将其结果减去 2 即可(去除节点 1、6)。

本示例关键代码如下所示。

```cpp
#include<cstdio>
#include<vector>
using namespace std;
int n,m;
int a, b;                        //a:深搜开始节点,b:深搜结束节点
int d[1005];                     //DFS 深度搜索节点数组
int f[1005]={0};                 //保存每个节点深搜时用到的次数
int mark[1005] = {0};            //深度搜索常规标识数组
vector<int> vec[1005];           //保存图连接点信息
void dfs(int p, int pos){
    d[pos] = p;
    if(p==b){                    //当搜索到末节点时
        for(int i=0; i<=pos; i++){   //累加每个节点用到的次数
            f[d[i]] ++;
        }
        return;                  //递归返回
```

```
    }
    for(int i=0; i<vec[p].size(); i++){          //进行深度搜索
        if(mark[vec[p][i]]==1) continue;
        mark[vec[p][i]] = 1;
        dfs(vec[p][i], pos+1);
        mark[vec[p][i]] = 0;
    }
}
int main(){
    scanf("%d%d", &n, &m);
    for(int i=0; i<m; i++){
        scanf("%d%d", &a, &b);
        vec[a].push_back(b);                      //保存连接点信息
        vec[b].push_back(a);
    }

    scanf("%d%d", &a, &b);
    mark[a] = 1;
    dfs(a,0);                                      //从 a 点开始深度搜索
    mark[a] = 0;
    if(f[a]==0){                                   //f[a]为 0,说明 a、b 间不连通
        printf("-1\n");
        return 0;
    }
    int sum = 0;
    for(int i=1; i<=n; i++){                        //统计关键节点个数
        if(f[i]==f[a])
            sum ++;
    }
    printf("%d\n", sum - 2);                        //减去 a、b 两个节点
    return 0;
}
```

【例 9-4】(第 9 届)版本分支。(Dotcpp 编程(C 语言网): 2297)

小明负责维护公司一个奇怪的项目。这个项目的代码一直在不断分支(branch),但是从未发生过合并(merge)。现在这个项目的代码一共有 N 个版本,编号 1~N,其中 1 号版本是最初的版本。除了 1 号版本之外,其他版本的代码都恰好有一个直接的父版本;即这 N 个版本形成了一棵以 1 为根的树形结构。

如下图就是一个可能的版本树。

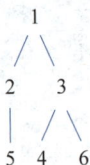

```
    1
   / \
  2   3
  |   / \
  5  4   6
```

现在小明需要经常检查版本 x 是不是版本 y 的祖先版本。你能帮助小明吗?

[输入格式]

第一行包含两个整数 N 和 Q,代表版本总数和查询总数。

以下 N−1 行,每行包含 2 个整数 u 和 v,代表版本 u 是版本 v 的直接父版本。

再之后 Q 行,每行包含 2 个整数 x 和 y,代表询问版本 x 是不是版本 y 的祖先版本。
[输出格式]
对于每个询问,输出 YES 或 NO 代表 x 是否是 y 的祖先。
[样例输入]

```
6 5
1 2
1 3
2 5
3 6
3 4
1 1
1 4
2 6
5 2
6 4
```

[样例输出]

```
YES
YES
NO
NO
NO
```

方法 1 分析:若求 x 是不是 y 的祖先版本,利用循环求 y 的级联父版本。若父版本中有 x,说明 x 是 y 的父版本,否则 x 不是 y 的父版本。关键代码如下所示。

```
#include<cstdio>
using namespace std;
int par[100005];                        //父节点数组
int main(){
    int n,q;
    scanf("%d%d", &n, &q);
    for(int i=1; i<=n; i++){            //初始化。默认每个节点的父节点是自身
        par[i] = i;
    }
    int u,v;
    for(int i=0; i<n-1; i++){
        scanf("%d%d", &u, &v);
        par[v] = u;                     //设置 v 的父节点是 u
    }
    int x,y;
    bool mark;
    for(int i=0; i<q; i++){
        scanf("%d%d", &x, &y);
        mark = false;
        do{
            if(par[y]==x){              //判断 y 的级联父节点是 x?
                mark = true;
                break;
```

```
            }
            y = par[y];
        }while(par[y] != y);             //级联父节点循环结束条件
        if(mark)
            printf("YES\n");
        else
            printf("NO\n");
    }
    return 0;
}
```

方法 2 分析：若有 100000 个节点，树退化成一根线，100000 个问答，那么方法 1 中的算法一定是超时了。因此算法必须改进。以示例数据为例，说明具体步骤。

① 从节点 1 开始进行扩展 DFS 遍历，如何扩展呢？即在深度搜索回溯时填上节点信息即可。得出遍历结果如下所示。

```
1 2 5 5 2 3 4 4 6 6 3 1
```

② 可以看出，两个 1 之间是整个树，两个 2 之间是一个子树，依此类推。因此可把树中求父子节点问题转化为线性数组中求父子节点问题。例如求 3、6 是否是父子节点问题，由于 3 的索引范围是 (6,11)，6 的索引范围 (9,10)，因为 6<9，11>6，所以 3 是 6 的父节点。再如求 5、6 是否是父子节点问题，由于 5 的索引范围是 (3,4)，6 的索引范围 (9,10)，因为 3<9，4<10，所以 5 不是 6 的父节点。

③ 因此标注每个节点在扩展 DFS 序列中的位置是本算法核心，其关键代码如下所示。

```
#include<cstdio>
#include<vector>
using namespace std;
vector<int> ve[100005];                //保存树中每个节点的连接点信息
int mark[100005] = {0};                //DFS 常规标识数组
vector<int> ve2;                       //保存扩展 DFS 遍历序列
int d[100005][2];                      //保存各 DFS 搜索点的起始与结束索引位置
void dfs(int no){
    ve2.push_back(no);                 //将 DFS 当前点保存至 ve2 向量中
    mark[no] = 1;
    for(int i=0; i<ve[no].size(); i++){
        if(mark[ve[no][i]]==1) continue;
        dfs(ve[no][i]);                //继续下一点 DFS 遍历
    }
    ve2.push_back(no);                 //将回溯的当前点压入向量 ve2 中
}
int main(){
    int n,q;
    scanf("%d%d", &n, &q);
    int a,b;
    for(int i=0; i<n-1; i++){
        scanf("%d%d", &a, &b);
        ve[a].push_back(b);            //利用向量 ve 数组保存各个连接点
        ve[b].push_back(a);
```

```
        }
        dfs(1);                          //启动 DFS 深度搜索
        for(int i=1; i<=n; i++){
            mark[i] = 0;
        }
        for(int i=0; i<ve2.size(); i++){
            if(mark[ve2[i]]==0){
                d[ve2[i]][0] = i+1;      //获得 DFS 搜索有效节点起始索引位置
                mark[ve2[i]]= 1;
            }
            else{
                d[ve2[i]][1] = i+1;      //获得 DFS 搜索有效节点结束索引位置
            }
        }
        int x,y;
        for(int i=0; i<q; i++){
            scanf("%d%d", &x, &y);
            if(d[x][0]<=d[y][0] && d[x][1]>=d[y][1]) //判定是否是父子节点
                printf("YES\n");
            else
                printf("NO\n");
        }                                //for
        return 0;
}
```

【例 9-5】(第 13 届)扫雷。(Dotcpp 编程(C 语言网)：2661)

小明最近迷上了一款名为《扫雷》的游戏。其中有一个关卡的任务如下：在一个二维平面上放置着 n 个炸雷，第 i 个炸雷(x_i,y_i,r_i)表示在坐标(x_i,y_i)处存在一个炸雷，它的爆炸范围是以半径为 r_i 的一个圆。

为了顺利通过这片土地，需要玩家进行排雷。玩家可以发射 m 个排雷火箭，小明已经规划好了每个排雷火箭的发射方向，第 j 个排雷火箭(x_j,y_j,r_j)表示这个排雷火箭将会在(x_j,y_j)处爆炸，它的爆炸范围是以半径为 r_j 的一个圆，在其爆炸范围内的炸雷会被引爆。同时，当炸雷被引爆时，在其爆炸范围内的炸雷也会被引爆。现在小明想知道他这次共引爆了几颗炸雷。

你可以把炸雷和排雷火箭都视为平面上的一个点。一个点处可以存在多个炸雷和排雷火箭。当炸雷位于爆炸范围的边界上时也会被引爆。

［输入］

输入的第一行包含两个整数 n、m。

接下来的 n 行，每行三个整数 x_i、y_i、r_i，表示一个炸雷的信息。

再接下来的 m 行，每行三个整数 x_j、y_j、r_j，表示一个排雷火箭的信息。

［输出］

输出一个整数表示答案。

［样例输入］

```
4 4 2
0 0 5
```

[样例输出]

```
2
```

[提示]

对于 40％的评测用例：$0 \leqslant x, y \leqslant 10^9, 0 \leqslant n, m \leqslant 10^3, 1 \leqslant r \leqslant 10$。

对于 100％的评测用例：$0 \leqslant x, y \leqslant 10^9, 0 \leqslant n, m \leqslant 5 \times 10^4, 1 \leqslant r \leqslant 10$。

示例图 9-8 如下，排雷火箭 1 覆盖了炸雷 1，所以炸雷 1 被排除；炸雷 1 又覆盖了炸雷 2，所以炸雷 2 也被排除。

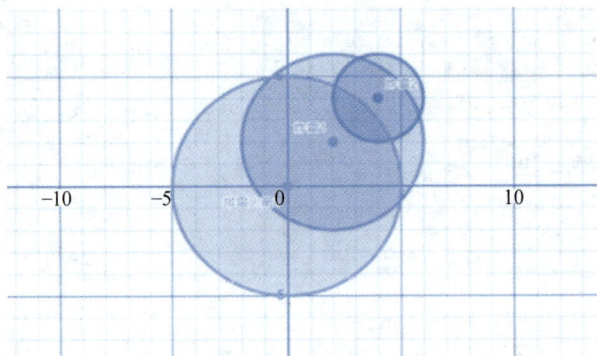

图 9-8　级连引爆示意图

分析：按普通思路，若炸雷 1(半径 r1)级连引爆炸雷 2(半径 r2)，则两个圆心距离 $d \leqslant$ r1。由于炸雷有 n 个，排雷有 m 个，则时间消耗为 O(nm)，若 n、m 为 10^4 量级，再加上其他操作，时间超时是必然的。因此必须改进算法，关键点如下所示。

① 注意到火箭和炸雷的作用半径 r($\leqslant 10$)都很小，则相应圆内及边界上的离散点个数较少。例如当对火箭 A 进行操作时，判定其作用圆中的离散点是否是其他炸雷的圆心，若炸雷 B、C 在 A 的作用范围内，则引爆炸雷 B、C。

② 那么，如何判定当前引爆火箭或炸雷作用圆中离散点是否是其他炸雷的圆心，就是解决问题的关键。主要思想是采用映射技术：首先，将 n 个炸雷坐标(x_i, y_i)进行映射，用表意形式描述如 MAP$((x_i, y_i)) = 1$。因此若判断某离散点(u, v)是否在已知映射中，只需判定 MAP$((u, v))$是否存在即可。由于采用映射技术，消耗时间大大减少了。

③ 如何解决级联引爆呢？就像图 9-8 示意图一样，很明显采用 DFS 深度优先搜索算法即可。

综上，得出关键代码如下所示。

```cpp
#include<cstdio>
#include<map>
#include<vector>
using namespace std;
struct UNIT{
    int x; int y;
```

```
};
struct INFO{
    int r;                                  //最大半径 r;
    int num;                                //数量
};
vector<UNIT> vec[11];
map<long long,INFO> bomb;                   //炸雷映射集合
int sum = 0;
long long key;
long long factor = 1000000001;
/* UNIT 是坐标结构体;vec[11]是向量数组,用于保存以原点为圆心,半径分别为 1~10 对应的离
散点的集合;INFO 是炸雷信息结构体,r 是作用半径,num 是数量,含义是:相同圆心的炸雷有 num
个,但仅保存作用半径最大的半径值 r;map<long long,INFO> bomb 定义了映射变量,键类型
long long 是离散点坐标(x,y)的变形,INFO 是炸雷信息 */
void check(int &x, int &y, int &r){
    int u,v;
    long long key2;
    for(int i=0; i<vec[r].size(); i++){
        u = vec[r][i].x + x;                //获得离散点实际坐标 u
        v = vec[r][i].y + y;                //获得离散点实际坐标 v
        key2 = u*factor+v;                  //获得(u,v)对应的键值 key2
        INFO& inf = bomb[key2];             //获得炸雷信息
        if(inf.num == 0) continue;          //若炸雷数量为 0,则(u,v)非炸雷中心
        sum += inf.num;                     //炸雷引爆,累加数量
        inf.num = 0;
        check(u,v,inf.r);                   //级联引爆炸雷
    }
}
/* 检查以(x,y)为圆心,半径为 r 的圆中的所有离散点,是否包含其他炸雷圆心。若是则进行深度
(级联)遍历。当将炸雷数量利用 sum 累加后,一定设置 inf.num 为 0,表明该处炸雷已累加,防止
深度遍历后的重复累加 */
int main(){
    int n,m;
    scanf("%d%d", &n, &m);
    UNIT u;
    for(int r=1; r<=10; r++){               //获得半径 r 对应的离散点坐标集合
        for(int x=-r,i=0; x<=r; x++,i++){
            for(int y=-r,j=0; y<=r; y++,j++){
                if(x*x+y*y<=r*r){
                    u.x = x; u.y = y;
                    vec[r].push_back(u);
                }
            }
        }
    }
    int x,y,r;
    for(int i=0; i<n; i++){                  //n 个雷
        scanf("%d%d%d", &x, &y, &r);
        key = x*factor+y;
        INFO& info = bomb[key];
        if(info.r==0){                       //添加新炸雷映射
            info.r = r; info.num = 1;
            bomb[key] = info;
```

```
        }
        else{                               //若该点已存在炸雷
            if(info.r<r) info.r = r;        //则保存最大炸雷半径
            info.num ++;
        }
    }
    for(int i=0; i<m; i++){                 //m 个火箭
        scanf("%d%d%d", &x,&y,&r);
        check(x,y,r);                       //依次激活每一个火箭
    }
    printf("%d\n", sum);
    return 0;
}
```

由于 map 映射要求键值必须唯一,坐标(x,y)是二个值,如何让每一个不同的坐标转变成一个唯一的 long long 类型值呢? 根据题中约束条件 $0 \leqslant x, y \leqslant 10^9$,最大值是 10^9,因此若(x,y)唯一,则 $x * (10^9 + 1) + y$ 一定唯一。因此定义了 factor 变量为 1000000001,巧妙实现了从(x,y)二维坐标获得 map 一维键值的公式。其他代码分析见注释。

但是由于 STL 中 map 是树形结构,其添加、查询时间消耗都是对数级别的。其实可以通过自定义哈希函数,理论上来说可以在 O(1)时间内完成对映射元素的添加、查询,从而大大提高本题的运行效率。

由前文知:对坐标(x,y)而言,value $= x \times (10^9 + 1) + y$ 的值是唯一的,但是值非常大,我们必须将它转换为一个较小的值,尽量的没有冲突。本文的哈希函数选用(value%prime + prime)%prime,则将 value 值映射为 $[0, prime)$ 中的整数值。prime 是素数,这样得到的映射值冲突是很小的。由本题中约束条件 $0 \leqslant n, m \leqslant 5 \times 10^4$,所以本题中选择 prime = 499997,为 n、m 最大值 10 倍左右的素数即可(也不一定 10 倍,至少 2 倍以上)。下面利用图 9-9 说明改进算法的哈希原理。

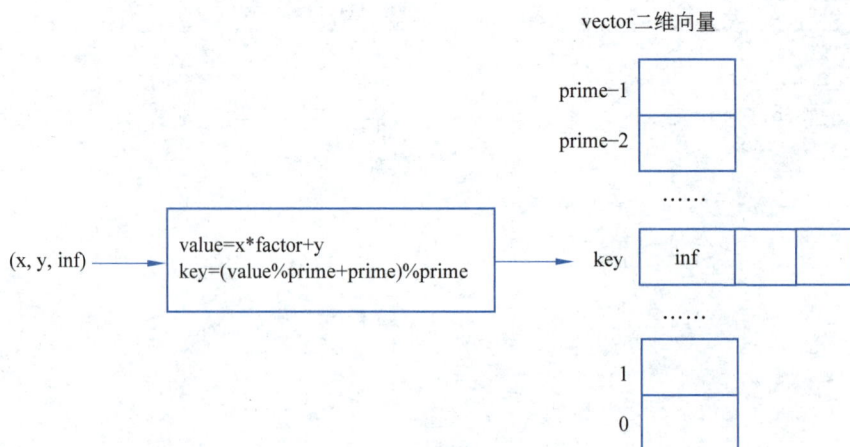

图 9-9　自定义哈希函数原理

(x,y,inf)表明炸雷圆心(x,y),信息为 inf。经过中间哈希函数后,将(x,y)坐标映射成 key。右侧的方块代表动态二维 vector 向量。表意描述如下所示:根据 key 值,查询 vector[key],若其元素个数为 0,则通过 push_back()函数将炸雷对象添加到 vector[key]中;若其元素个数非

0，则遍历 vector[key]各元素。若与已有炸雷位置相同，则修改炸雷信息；否则在 vector[key]
尾部添加炸雷对象 inf。

根据坐标(x,y)查找炸雷信息与添加炸雷信息相仿，在此不再赘述。

综上所述，自定义哈希函数后的代码如下所示。

```cpp
#include<cstdio>
#include<vector>
using namespace std;
struct UNIT{
    int x;
    int y;
};
struct INFO{
    long long value;
    int r;                          //最大半径 r
    int num;                        //数量
    int mark;
};
vector<UNIT> vec[11];
vector<INFO> vec2[500000];          //用于存放自定义哈希函数作用后的炸雷对象
long long factor = 1000000001;
long long prime = 499997;
int sum = 0;
INFO inf = {0,0,0,0};
void insert(int &x, int &y, int &r){    //在(x,y)位置处添加炸雷对象
    long long value = factor * x + y;
    int key = (value%prime+prime)%prime;
    bool flag = true;
    for(int i=0; i<vec2[key].size(); i++){
        if(vec2[key][i].value==value){
            flag = false;
            vec2[key][i].num++;
            if(vec2[key][i].r<r)
                vec2[key][i].r = r;
        }
    }
    if(flag){
        inf.r = r;
        inf.num = 1;
        inf.value = value;
        vec2[key].push_back(inf);
    }
}

void check(int &x, int &y, int &r){     //级联炸雷爆炸判断函数
    int key;
    int u,v;
    long long value;
    for(int i=0; i<vec[r].size(); i++){
        u = vec[r][i].x + x;
        v = vec[r][i].y + y;
        value = factor * u + v;
```

```
            key = (value%prime+prime)%prime;
            if(vec2[key].size()==0) continue;
            for(int j=0; j<vec2[key].size(); j++){
                if(vec2[key][j].mark==1) continue;
                if(vec2[key][j].value != value) continue;
                vec2[key][j].mark = 1;
                sum += vec2[key][j].num;
                check(u,v,vec2[key][j].r);
            }
        }
    }
}
int main(){
    int n,m;
    scanf("%d%d", &n, &m);
    UNIT u;
    for(int r=1; r<=10; r++){                    //获得半径 r 对应的点坐标集合
        for(int x=-r,i=0; x<=r; x++,i++){
            for(int y=-r,j=0; y<=r; y++,j++){
                if(x * x+y * y<=r * r){
                    u.x = x; u.y = y;
                    vec[r].push_back(u);
                }
            }
        }
    }
    int x,y,r;
    for(int i=0; i<n; i++){                       //n 个雷
        scanf("%d%d%d", &x, &y, &r);
        insert(x,y,r);
    }
    for(int i=0; i<m; i++){                       //m 个火箭
        scanf("%d%d%d", &x, &y, &r);
        check(x,y,r);
    }
    printf("%d\n", sum);
    return 0;
}
```

【例 9-6】(第 8 届)发现环。(Dotcpp 编程(C 语言网):1841)

小明的实验室有 N 台计算机,编号 1~N。原本这 N 台计算机之间有 N−1 条数据链接相连,恰好构成一个树形网络。在树形网络上,任意两台计算机之间有唯一的路径相连。不过在最近一次维护网络时,管理员误操作使得某两台计算机之间增加了一条数据链接,于是网络中出现了环路。环路上的计算机由于两两之间不再是只有一条路径,使得这些计算机上的数据传输出现了 BUG。

为了恢复正常传输。小明需要找到所有在环路上的计算机,你能帮助他吗?

[输入]

第一行包含一个整数 N。

以下 N 行每行两个整数 a 和 b,表示 a 和 b 之间有一条数据链接相连。

对于 30% 的数据,1≤N≤1000。

对于 100％的数据,1≤N≤100000,1≤a,b≤N。

输入保证合法。

[输出]

按从小到大的顺序输出在环路上的计算机的编号,中间由一个空格分隔。

[样例输入]

```
5
1 2
3 1
2 4
2 5
5 3
```

[样例输出]

```
1 2 3 5
```

分析:本题的思路是,根据边信息,得出每个节点的度信息。依次遍历节点度信息,当度值为 1 时,删除该节点及边,并使其连接节点的度值减 1,若相连的节点度值也为 1,则继续执行之前相似的删除及设置功能,直到相连节点的度值大于或等于 2 为止。当所有节点遍历完毕后,剩下的一定是度都大于或等于 2 的节点,也就是本题环路所包括的节点。

为了更好地说明解题过程,以图 9-10 加以说明。

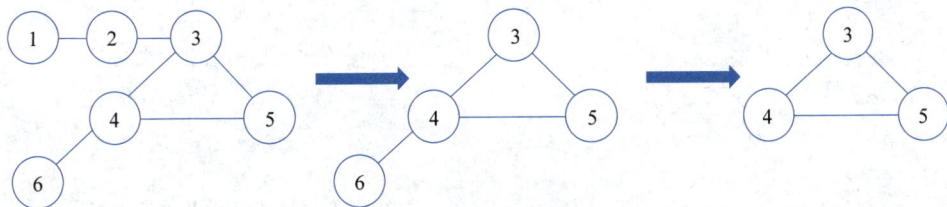

图 9-10　例 9-6 图例说明

初始时如图 9-10 左图,度为 1 的节点是 1、6。当遍历到节点 1 时,删除该节点及边,同时节点 2 的度由 2 变为 1。由于节点 2 的度为 1,则删除节点 2 及边,同时修改节点 3 的度由 3 变为 2。由于节点 3 度值不为 1,则类似上述级联删除停止,更新后如图 9-10 中图所示;当遍历到节点 6 时,删除该节点及边,同时节点 4 的度由 3 变为 1。由于节点 4 的度为 2,则类似上述级联删除停止,更新后如图 9-10 右图所示。

综上,本示例关键代码如下所示。

```cpp
#include<cstdio>
#include<vector>
using namespace std;
vector<int> ve[100005];              //保存图的边的集合
int u[100005] = {0};                 //保存各节点度值
int mark[100005] = {0};              //标识各节点删除否。0:未删除;1:删除
int main(){
    int n;
```

```
    scanf("%d", &n);
    int p,q;
    for(int i=0; i<n; i++){                  //形成边向量集合
        scanf("%d%d", &p, &q);
        ve[p].push_back(q);
        ve[q].push_back(p);
        u[p] ++;                             //统计各节点的度值
        u[q] ++;                             //统计各节点的度值
    }
    int v;
    for(int i=1; i<=n; i++){
        if(mark[i]==1) continue;             //i 节点已删除
        if(u[i]>1) continue;                 //度值非 1 节点，则继续
        v = i;                               //初次删除的节点 v
        while(true){                         //级联删除度值为 1 的节点过程
            mark[v] = 1;
            for(int j=0; j<ve[v].size(); j++){
                v = ve[v][j];
                if(mark[v]==1) continue;
                u[v] --;                     //级联删除设置
                break;
            }
            if(u[v]>1)                       //若当前节点度值大于 1,则停止级联删除
                break;
        }
    }

    int i;
    for(i=1; i<=n; i++){                     //输出环中最小的节点编号
        if(mark[i]==0){
            printf("%d", i); break;
        }
    }
    for(int j=i+1; j<=n; j++){               //按升序输出环中其他节点编号
        if(mark[j]==0){
            printf(" %d", j);
        }
    }
    return 0;
}
```

◆ 9.3 宽度优先搜索

宽度优先搜索算法(bread first search，BFS)(也称为层次优先搜索)主要运用于树、图和矩阵(这三种可以都归类在图中)，用于在图中从起始顶点开始逐层地向外探索，直到找到目标顶点为止。利用 STL queue 队列是实现宽度优先搜索的重要方法。下面通过实例加以说明。

【e9-2】 已知一个树有 n 个节点，编号为 1~n(n<100000)，然后输入 n−1 条边信息，再输入某一节点编号 m，显示它的一个层次搜索序列。

[样例输入](见图 9-11)

```
6
1 2
1 3
2 4
2 5
3 6
1
```

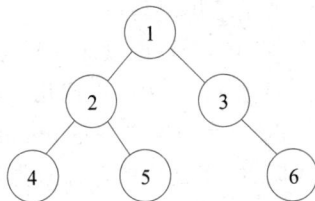

图 9-11　e9-2 样例示意图

[样例输出]

```
1 2 3 4 5 6
```

分析：其关键代码及详细注释如下所示。

```cpp
#include<cstdio>
#include<vector>
#include<queue>
using namespace std;
int n;                              //n 个节点
int m;                              //m 点为根节点的层次遍历
vector<int> ve[100005];             //利用 vector 产生 100005 个动态数组,ve[0]~
                                    //ve[100004],初始元素个数均为 0
int mark[100005]={0};               //宽度遍历节点用过标识
int main(){
    scanf("%d", &n);
    int a,b;
    for(int i=0; i<n-1; i++){
        scanf("%d%d", &a, &b);
        ve[a].push_back(b);         //此下两行关键,利用 STL vector 动态产生稀疏矩阵
        ve[b].push_back(a);         //a 与 b 节点相连,同时 b 与 a 相连,ve[a]包含与 a 相连节点
    }                               //ve[b]包含与 b 相连节点
    scanf("%d", &m);
    queue<int> qu;                  //利用队列实现层次遍历
    qu.push(m);                     //保证队列初始至少有一个元素
    mark[m] = 1;                    //m 节点已用
    while(!qu.empty()){             //队列非空
        int u = qu.front();         //获取队头元素
        printf("%d ", u);           //输出
        qu.pop();                   //从队列删除
        for(int i=0; i<ve[u].size(); i++){  //将 u 满足条件的各子节点送入队列
            int v = ve[u][i];
            if(mark[v]==1) continue;
            mark[v] = 1;
            qu.push(v);
        }
    }
    return 0;
}
```

由于应用了 STL queue 类,简洁了程序代码,只要把何时入队、何时出队想清楚就可以了。我们也可以继续深入思考以下问题。

问题 1:利用层次遍历,如何显示节点编号及深度值呢?假设根节点深度为 1。

例 e9-2 中定义的是 queue<int>整型元素队列,仅包含了节点编号,如果把其改成结构体队列,用结构体保存节点编号及深度值,不就可以了吗?其关键代码如下所示。

```cpp
#include<cstdio>
#include<vector>
#include<queue>
using namespace std;
int n;                                      //n 个节点
int m;                                      //m 点为根节点的层次遍历
struct UNIT{                                //队列用到的结构体数据
    int no;                                 //编号
    int depth;                              //深度
};
vector<int> ve[100005];
int mark[100005]={0};
int main(){
    scanf("%d", &n);
    int a,b;
    for(int i=0; i<n-1; i++){
        scanf("%d%d", &a, &b);
        ve[a].push_back(b);
        ve[b].push_back(a);
    }
    scanf("%d", &m);
    UNIT u;
    u.no = m; u.depth = 1;                  //根节点 m 深度为 1,入队列
    queue<UNIT> qu;
    qu.push(u);
    mark[m] = 1;
    while(!qu.empty()){
        u = qu.front();
        printf("%d %d\n", u.no,u.depth);    //输出编号和深度
        qu.pop();
        UNIT uu;
        for(int i=0; i<ve[u.no].size(); i++){   //设置未访问的子节点参数
            int v = ve[u.no][i];
            if(mark[v]==1) continue;
            mark[v] = 1;
            uu.no = v; uu.depth = u.depth+1;    //子节点深度=父节点深度+1
            qu.push(uu);                        //进入队列
        }
    }
    return 0;
}
```

9.4 真题分析

【例 9-7】（第 6 届 BFS）**穿越雷区**。（Dotcpp 编程（C 语言网）：1825）

X 星的坦克战车很奇怪，它必须交替地穿越正能量辐射区和负能量辐射区才能保持正常运转，否则将报废。某坦克需要从 A 区到 B 区去（A、B 区本身是安全区，没有正能量或负能量特征），怎样走才能路径最短？

已知的地图是一个方阵，上面用字母标出了 A、B 区，其他区都标了正号或负号分别表示正负能量辐射区。

例如：

```
A + - + -
- + - - +
- + + + -
+ - + - +
B + - + -
```

坦克车只能沿水平或垂直方向移动到相邻的区。

［输入格式］

输入第一行是一个整数 n，表示方阵的大小，4≤n＜100。

接下来是 n 行，每行有 n 个数据，可能是 A、B、＋、－中的某一个，中间用空格分开。A、B 都只出现一次。

［输出格式］

要求输出一个整数，表示坦克从 A 区到 B 区的最少移动步数。

如果没有方案，则输出−1。

［样例输入］

```
5
A + - + -
- + - - +
- + + + -
+ - + - +
B + - + -
```

［样例输出］

```
10
```

分析：本题是典型的 BFS 题目。求图中的某些"最值"问题，而非具体路径，BFS 要比 DFS 快。其关键代码如下所示。

```
#include<cstdio>
#include<queue>
using namespace std;
struct UNIT{                           //队列元素结构体
```

```
        int x;
        int y;
        char ch;
        int step;                           //走到当前点的步数
    };
    int mark[105][105];                     //原始二维字符数组标识,mark:0,未走;1:已走
    int d[][2]={{1,0},{-1,0},{0,1},{0,-1}};
    int main(){
        char s[6];
        int n;
        int sx,sy,ex,ey;
        scanf("%d", &n);
        char t[n][n];
        for(int i=0; i<n; i++){
            for(int j=0; j<n; j++){
                scanf("%s", s);
                t[i][j] = s[0];
                if(s[0]=='A'){
                    sx = i; sy = j;         //A点坐标
                }
                if(s[0]=='B'){
                    ex = i; ey = j;         //B点坐标
                }
            }                               //for
        }
        //BFS初始化
        UNIT u, v;
        queue<UNIT> qu;                     //定义队列
        u.x = sx; u.y = sy;                 //将A点信息入队
        u.ch = '-';
        u.step = 0;
        qu.push(u);
        char ch;
        while(!qu.empty()){
            u = qu.front();
            qu.pop();
            mark[u.x][u.y]=1;
            if(u.ch=='-') ch = '+';
            else ch = '-';
            for(int i=0; i<4; i++){
                v.x = u.x+d[i][0];
                v.y = u.y+d[i][1];
                if(v.x>=0 && v.x<n && v.y>=0 && v.y<n){
                    if(v.x==ex && v.y==ey){
                        printf("%d\n", u.step+1);
                        return 0;
                    }
                    if(mark[v.x][v.y]==1) continue;
                    if(t[v.x][v.y] != ch) continue;
                    v.ch = ch;
                    v.step = u.step+1;
                    qu.push(v);
                }
```

```
    }                                     //for(int i=-1;i<=1; i+=2)
  }
  printf("-1\n");
  return 0;
}
```

【例 9-8】（第 9 届）**全球变暖**。(Dotcpp 编程（C 语言网）：2276)

你有一张某海域 N×N 像素的照片，"."表示海洋、"♯"表示陆地，如下所示：

```
.......
.##....
.##....
....##.
..####.
...###.
.......
```

其中"上下左右"四个方向上连在一起的一片陆地组成一座岛屿。例如上图就有 2 座岛屿。由于全球变暖导致了海面上升，科学家预测未来几十年，岛屿边缘一个像素的范围会被海水淹没。具体来说，如果一块陆地像素与海洋相邻（上下左右四个相邻像素中有海洋），它就会被淹没。例如上图中的海域未来会变成如下样子。

```
.......
.......
.......
.......
....#..
.......
.......
```

请你计算：依照科学家的预测，照片中有多少岛屿会被完全淹没。

[输入格式]

第一行包含一个整数 N(1≤N≤1000)。以下 N 行 N 列代表一张海域照片。照片保证第 1 行、第 1 列、第 N 行、第 N 列的像素都是海洋。

[输出格式]

一个整数表示答案。

[样例输入]

```
7
.......
.##....
.##....
....##.
..####.
...###.
.......
```

[样例输出]

1

分析：有的读者认为首先计算出海面上升前有的连通区域个数 a，再计算海面上升后的连通区域个数 b，a−b 即是完全消失的岛屿个数。这是不正确的。对于图 9-12 的岛屿，海面上升前连通区域 a=1，海面上升后连通区域 b=2，不降反升，a−b 为 −1，很明显是错误的。

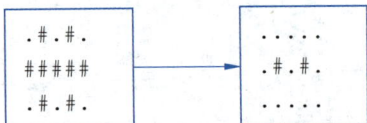

图 9-12   海水上涨前后对比图

题中有一个关键的说法："依照科学家的预测，照片中有多少岛屿会被完全淹没。"完全沉没一定是一个完整的连通区域，在连通区域中至少有一个'#'，其上下左右没有'.'。据此本示例关键算法是：利用 BFS（当然 DFS 也是可以的）得到一个个岛屿连通区域，若在连通区域中有'#'，其上下左右没有'.'，则该岛屿一定不会完全消失。关键代码如下所示。

```cpp
#include<cstdio>
#include<queue>
using namespace std;
int n;
char s[1005][1005] = {0};                        //岛屿方阵
int mark[1005][1005]={0};                         //BFS用到的标识数组
int count = 0;                                     //完全消失岛屿计数
struct UNIT{                                       //岛屿点坐标结构体
    int x;
    int y;
};
void bfs(int r,int c){                             //从一个'#'遍历得到相应的连通区域
    bool bexist = false;                           //'#'四周有无'.'标识，默认无
    mark[r][c]=1;                                  //(r,c点在当前连通区域内)
    UNIT u = {r,c};
    UNIT v,v2;
    queue<UNIT> qu;
    qu.push(u);
    while(!qu.empty()){
        v = qu.front();
        qu.pop();
        if(bexist==false){
            if(s[v.x+1][v.y]=='#' && s[v.x-1][v.y]=='#'&&
                s[v.x][v.y+1]=='#' && s[v.x][v.y-1]=='#'){   //至少剩一个'#'
                    bexist = true;   //若某个'#'四周无'.'，全是'#'，则置位bexist标识
                }
        }
        if(s[v.x+1][v.y]=='#' && mark[v.x+1][v.y]==0){
                                                   //满足条件的"下"子元素入队
            v2.x = v.x+1; v2.y=v.y; mark[v.x+1][v.y]=1;
            qu.push(v2);
        }
        if(s[v.x-1][v.y]=='#' && mark[v.x-1][v.y]==0){
                                                   //满足条件的"上"子元素入队
            v2.x = v.x-1; v2.y=v.y; mark[v.x-1][v.y]=1;
            qu.push(v2);
```

```
        }
        if(s[v.x][v.y+1]=='#' && mark[v.x][v.y+1]==0){
                                        //满足条件的"右"子元素入队
            v2.x = v.x;1; v2.y=v.y+1; mark[v.x][v.y+1]=1;
            qu.push(v2);
        }
        if(s[v.x][v.y-1]=='#' && mark[v.x][v.y-1]==0){
                                        //满足条件的"左"子元素入队
            v2.x = v.x; v2.y=v.y-1; mark[v.x][v.y-1]=1;
            qu.push(v2);
        }
    }                                   //while(!qu.empty())
    if(bexist==false)
            //该标识为 false,表明没有一个'#'上下左右四周是'#',至少有一个'.'
        count ++;                       //全部消失的岛屿数累加
}
int main(){
    scanf("%d", &n);
    for(int i=1; i<=n; i++){
        scanf("%s",s[i]+1);
    }
    for(int i=1; i<=n; i++){
        for(int j=1; j<=n; j++){
            if(s[i][j]=='#' && mark[i][j]==0)   //遍历一个个连通区域
                bfs(i,j);
        }
    }
    printf("%d\n",count);
    return 0;
}
```

【例 9-9】(第 10 届)大胖子走迷宫。(Dotcpp 编程(C 语言网):2557)

小明是个大胖子,或者说是个大大胖子,如果说正常人占用 1×1 的面积,小明要占用 5×5 的面积。由于小明太胖了,所以他行动起来很不方便。当玩一些游戏时,小明相比小伙伴就吃亏很多。小明的朋友们制订了一个计划,帮助小明减肥。计划的主要内容是带小明玩一些游戏,让小明在游戏中运动消耗脂肪。走迷宫是计划中的重要环节。朋友们设计了一个迷宫,迷宫可以看成是一个由 n×n 个方阵组成的方阵,正常人每次占用方阵中 1×1 的区域,而小明要占用 5×5 的区域。小明的位置定义为小明最正中的一个方格。迷宫四周都有障碍物。为了方便小明,朋友们把迷宫的起点设置在了第 3 行第 3 列,终点设置在了第 n−2 行第 n−2 列。小明在时刻 0 出发,每单位时间可以向当前位置的上、下、左、右移动单位 1 的距离,也可以停留在原地不动。小明走迷宫走得很辛苦,如果他在迷宫里面待的时间很长,则由于消耗了很多脂肪,他会在时刻 k 变成一个胖子,只占用 3×3 的区域。如果待的时间更长,他会在时刻 2k 变成一个正常人,只占用 1×1 的区域。注意,当小明变瘦时,迷宫的起点和终点不变。

请问,小明最少多长时间能走到迷宫的终点。注意,小明走到终点时,可能变瘦了,也可能没有变瘦。

[输入格式]

输入的第一行包含两个整数 n、k。接下来 n 行，每行一个由 n 个字符组成的字符串，字符＋表示空地，字符 * 表示阻碍物。

［输出格式］

输出一个整数，表示答案。

［样例输入］

```
9 5
+++++++++
+++++++++
+++++++++
+++++++++
+++++++++
***+*****
+++++++++
+++++++++
+++++++++
```

［样例输出］

```
16
```

分析：迷宫的时间值问题，典型的 BFS 算法，注意以下几点。

（1）从 t 到 t＋1 时刻，小明可以走上下左右方向和原位不动，也就是可以有 5 种选择。这 5 种选择都可以加入到 BFS 算法所需的队列中。

（2）按题意，小明所占的空间可能是 5×5、3×3、1×1 的方格。因此小明移到下一空间时，一定要检查它所占的空间是否有障碍物。

（3）BFS 算法涉及位置的相应入队情况，特别对于原位不动的入队情况要深刻分析。若在原位置时，小明所占的空间是 5×5、3×3，则一定要入队（入队的目的是在某个时刻小明占用空间减少，直至最小，这样原先不能到达的地方才能够到达），若小明所占的空间是 1×1，由于他已经到达占据最小空间状态，则无须入队。

综上，本示例关键代码及注释如下所示。

```cpp
#include<cstdio>
#include<iostream>
#include<queue>
using namespace std;
int n,k;
char s[305][305];                    //迷宫方阵
int mark[305][305]={0};              //BFS遍历标识数组
struct UNIT{                         //走步位置结构体
    int r;                           //行号
    int c;                           //列号
    int size;                        //大小,size=2:5×5;size=1:3×3;size=0:1×1;
    int steps;                       //走了几步
};
bool isOK(const UNIT& u){            //检查小明走的区域中是否有障碍物
    for(int i=u.r-u.size; i<=u.r+u.size; i++){
```

```
        for(int j=u.c-u.size; j<=u.c+u.size; j++){
            if(s[i][j]=='*')
                return false;            //有障碍物
        }
    }
    return true;                         //无障碍物
}
int main(){
    scanf("%d%d", &n, &k);
    for(int i=1; i<=n; i++){
        scanf("%s", s[i]+1);             //输入方阵
    }
    queue<UNIT> qu;
    UNIT u = {3,3,2,0};                  //小明从(3,3)出发,大小5*5,步数为0开始走迷宫
    mark[3][3] = 1;
    UNIT v, v2;
    qu.push(u);
    while(!qu.empty()){
        v = qu.front();
        qu.pop();
        if(v.r==n-2 && v.c==n-2){  //找到最小步数了
            printf("%d\n", v.steps);
            return 0;
        }
        if(v.steps==k)                   //计算小明占用空间
            v.size = 1;                  //与3*3对应
        else if(v.steps==2*k)
            v.size = 0;                  //与1*1对应
        UNIT uu[5]={{v.r-1,v.c,v.size,v.steps+1},{v.r+1,v.c,v.size,v.steps+1},
                    {v.r,v.c-1,v.size,v.steps+1},{v.r,v.c+1,v.size,v.steps+1},
                    {v.r,v.c,v.size,v.steps+1}};   //5个方位:上下左右+原位
        if(uu[4].size!=0)                //原位时大小非1*1,则一定要入队
            qu.push(uu[4]);
        if(uu[0].r>=1+uu[0].size && mark[uu[0].r][uu[0].c]==0){  //上
            if(isOK(uu[0])){
                qu.push(uu[0]); mark[uu[0].r][uu[0].c] = 1;
            }
        }
        if(uu[1].r<=n-uu[1].size && mark[uu[1].r][uu[1].c]==0){  //下
            if(isOK(uu[1])){
                qu.push(uu[1]); mark[uu[1].r][uu[1].c] = 1;
            }
        }
        if(uu[2].c>=1+uu[2].size && mark[uu[2].r][uu[2].c]==0){  //左
            if(isOK(uu[2])){
                qu.push(uu[2]); mark[uu[2].r][uu[2].c] = 1;
            }
        }
        if(uu[3].c<=n-uu[3].size && mark[uu[3].r][uu[3].c]==0){  //右
            if(isOK(uu[3])){
                qu.push(uu[3]); mark[uu[3].r][uu[3].c] = 1;
            }
        }
```

```
    }                                              //while(!qu.empty())
    return 0;
}
```

◇ 9.5 并　查　集

　　并查集是一种树型的数据结构,用于处理一些不相交集合的合并及查询问题。常常在使用中以森林来表示。在一些应用问题中,需要将 n 个不同的元素划分成一些不相交的集合。开始时,每个元素自成一个单元素集合,然后按一定的规律将归于同一组元素的集合合并。在此过程中要反复用到查询某一个元素归属于哪个集合的运算。适合于描述这类问题的抽象数据结构称为并查集。

　　换一种说法:并不是建立原始树或原始图,而是转换为建立深度尽量小的树,在树中获取节点之间的某些关系,如图 9-13 所示。很明显并查集能简化树图的结构,对获取一些相对信息一定是有益的,代码可能更简洁。

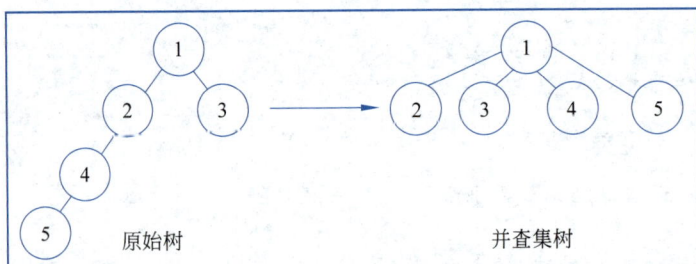

图 9-13　并查集示意图

【e9-3】　现在有一个并查集,你需要完成合并和查询操作。(洛谷网站:P3367)

[输入格式]

　　第一行包含两个整数 N、M,表示共有 N 个元素和 M 个操作。接下来 M 行,每行包含三个整数 Z、X、Y。当 Z=1 时,将 X 与 Y 所在的集合合并;当 Z=2 时,输出 X 与 Y 是否在同一集合内,是的输出 Y,否则输出 N。

[输出格式]

　　对于每一个 Z=2 的操作,都有一行输出,每行包含一个大写字母,为 Y 或者 N。

[输入样例]

```
4 7
2 1 2
1 1 2
2 1 2
1 3 4
2 1 4
1 2 3
2 1 4
```

[输出样例]

```
N
Y
N
Y
```

[说明]

对于 30% 的数据，$N \leqslant 10, M \leqslant 20$。对于 70% 的数据，$N \leqslant 100, M \leqslant 10^3$。对于 100% 的数据，$1 \leqslant N \leqslant 10^4, 1 \leqslant M \leqslant 2 \times 10^5, 1 \leqslant X_i, Y_i \leqslant N, Z_i \in \{1, 2\}$。

```cpp
#include<cstdio>
#define MAX_N 10005
int f[MAX_N];                   //父节点数组
void init(){                    //设置父节点
    for(int i=1; i<=MAX_N; i++){
        f[i] = i;               //i号节点的父节点是i
    }
}
int find(int x){                //查找x根节点
    int r=x;
    while (f[r] != r)           //返回根节点r
        r=f[r];                 //找到根节点r
    int i=x, j;
    while(i != r)               //路径压缩,将x到根节点r路径之间所有节点父节点都置成r
    {
        j = f[i];               //在改变上级之前用临时变量j记录下它的值
        f[i]= r;                //把上级改为根节点
        i=j;
    }
    return r;
}
void join(int x,int y)          //合并两个节点
                                //判断x y是否连通,
                                //如果已经连通,就不用管了
                                //如果不连通,就把它们所在的连通分支合并起来
{
    int fx=find(x),fy=find(y);
    if(fx!=fy)
        f[fx]=fy;
}
int N,M;
int Z,X,Y;
int main(){
    init();
    scanf("%d%d", &N, &M);
    for(int i=1; i<=M; i++){
        scanf("%d%d%d", &Z, &X, &Y);
        if(Z==1)
            join(X,Y);
        if(Z==2){
            if(find(X)==find(Y))
                printf("Y\n");
            else
```

```
                printf("N\n");
            }
        }
    return 0;
}
```

从本示例中,读者要着重理解以下几点。

(1) 三个重要的函数 init()、find()、join()函数,可以作为并查集的模板函数。init()负责初始化各节点的父节点,编号为 i 的节点其父节点设置为 i。join()是两节点合并函数,其中调用 find() 查询函数,获取 x,y 编号节点的根节点。若 x,y 编号节点的根节点相同,表明它们已在同一个树中;若 x,y 编号节点的根节点不相同,表明节点 x,y 在不同的树中,将节点 x 的根节点设置为节点 y 根节点的父节点即可(或将节点 y 的根节点设置为节点 x 根节点的父节点)。

(2) 读者要着重理解 find(int x)获取节点 x 根节点编号函数。因为在该函数内部实现了路径压缩功能,即将节点 x 到根节点路径上的所有节点父节点均设置为根节点。利用图 9-14 加以说明。

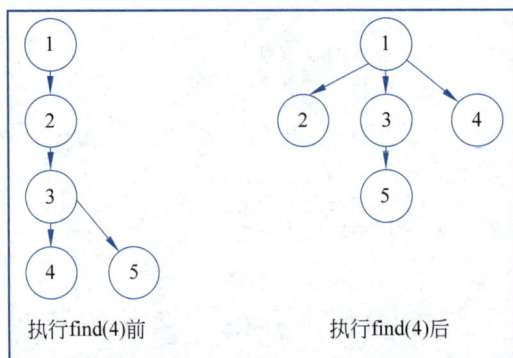

图 9-14　find()路径压缩功能图

find(4)后,由于 4~1 路径上的节点是(4,3,2),因此将该三点的父节点均设置为节点 1,5 与节点 4 没有关系,它的父节点仍是 3。但是若在此基础上继续查询 find(5),也会将节点 5 的父节点设置为 1。

其实,深度优先遍历和广度优先遍历的许多题目都可用并查集来实现。

问题 1:已知 n 个节点(编号 1~n),k 条边,求有几个连通图?

[样例输入](见图 9-15)

```
9 9                                    //9个节点,9条边
1 2                                    //节点 1 与节点 2 相连
1 3
2 4
2 5
3 6
4 5
7 8                                    //节点 7 与节点 8 相连
7 9
8 9
```

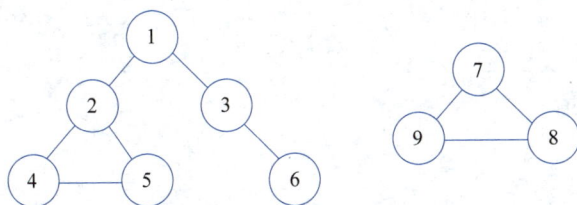

图 9-15　e9-3 问题 1 样例图示意

[样例输出]

```
2
```

该示例在深度优先搜索问题 4 中讨论过。用并查集实现的思路是：将每条边的两个节点加入到并查集中，最后遍历并查集父节点标识数组，累加父节点编号与节点编号相同的节点个数，即为答案。其关键代码与注释如下所示。

```cpp
#include<cstdio>
#define MAX_N 100005
int f[MAX_N];                  //父节点数组
void init(){                   //设置父节点
    for(int i=1; i<=MAX_N; i++){
        f[i] = i;              //i 号节点的父节点是 i
    }
}
int find(int x){               //查找 x 根节点
    int r=x;
    while (f[r] != r)          //返回根节点 r
        r=f[r];               //找到根节点 r
    int i=x, j;
    while(i != r)             //路径压缩,将 x 到根节点 r 路径之间所有节点父节点都置成 r
    {
        j = f[i];             //在改变上级之前用临时变量 j 记录下它的值
        f[i] = r;             //把上级改为根节点
        i=j;
    }
    return r;
}
void join(int x,int y)        //合并两个节点
                              //判断 x y 是否连通,
                              //如果已经连通,就不用管了
                              //如果不连通,就把它们所在的连通分支合并起来
{
    int fx=find(x),fy=find(y);
    if(fx!=fy)
        f[fx]=fy;
}
int main(){
    init();
    int n,k;
    scanf("%d%d", &n, &k);
```

```
int a,b;
for(int i=1; i<=k; i++){
    scanf("%d%d", &a, &b);
    join(a,b);
}
int count = 0;
for(int i=1; i<=n; i++){
    if(f[i]==i)              //若节点编号等于父节点编号,表明有以 i 为根节点的树
        count++;            //不同树累加
}
printf("%d\n", count);
return 0;
}
```

◆ 9.6 真题分析

【例 9-10】(第 8 届)合根植物。(Dotcpp 编程(C 语言网):1873)

w 星球的一个种植园,被分成 m * n 个小格子(东西方向 m 行,南北方向 n 列)。每个格子里种了一株合根植物。这种植物有个特点,它的根可能会沿着南北或东西方向伸展,从而与另一个格子的植物合成为一体。如果我们告诉你哪些小格子间出现了连根现象,你能说出这个园中一共有多少株合根植物吗(如图 9-16)?

[输入]

第一行,两个整数 m、n,用空格分开,表示格子的行数、列数(1<m,n<1000)。接下来一行,一个整数 k,表示下面还有 k 行数据(0<k<100000)。接下来 k 行,每行两个整数 a、b,表示编号为 a 的小格子和编号为 b 的小格子合根了。

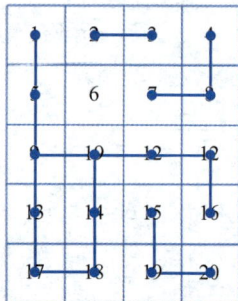

图 9-16 种植园实例图

格子的编号一行一行,从上到下,从左到右编号。

比如:5 * 4 的小格子,编号如下:

```
1 2 3 4
5 6 7 8
9 10 11 12
13 14 15 16
17 18 19 20
```

[输出]

多少株合根植物

[样例输入]

```
5 4
16
2 3
1 5
5 9
```

```
4 8
7 8
9 10
10 11
11 12
10 14
12 16
14 18
17 18
15 19
19 20
9 13
13 17
```

［样例输出］

```
5
```

分析：要理解好本题的含义，花园中种的都是合根植物，都有东西、南北扩展特性，一段时间后，相邻方格间的合根植物可能连在一起，也可能没有连在一起，问某一时刻有多少组合根植物？其实也就是求方形区域内有多少个联通区域。上文示例图中有 5 个连通区域，包括 4 个扩展的连通区域(1 5 9 10 11 12 13 14 16 17 18)、(2 3)、(4 7 8)、(15 19 20)及一个未扩展的连通区域(6)，所以答案是 5。

很明显利用并查集可实现本题功能，先将边节点信息加入并查集，最后统计并查集中有多少个不同的根节点数目即可。其关键代码如下所示。

```
#include<cstdio>
#include<set>
using namespace std;
int m,n;
int parent[1000005];
void init(){                              //并查集初始化函数
    for(int i=1; i<=m*n; i++){
        parent[i] = i;
    }
}
int find(int x){                          //并查集查找函数
    if(x!=parent[x])
        parent[x] = find(parent[x]);
    return parent[x];
}
void merge(int x, int y){                 //并查集合并函数
    int px = find(x);
    int py = find(y);
    if(px != py){
        parent[px] = py;
    }
}
int main(){
    scanf("%d%d", &m, &n);
```

```
    init();
    int k;
    scanf("%d", &k);
    int a,b;
    for(int i=0; i<k; i++){
        scanf("%d%d", &a, &b);
        merge(a,b);                      //并查集合并节点操作
    }
    set<int> se;                         //利用set储存各连通区域根节点
    for(int i=1; i<=m*n; i++){
        se.insert(find(i));
    }
    printf("%d\n", se.size());           //输出根节点数目大小
    return 0;
}
```

【例 9-11】(第 10 届)修改数组。(Dotcpp 编程(C 语言网):2301)

给定一个长度为 N 的数组 A=[A_1,A_2,$\cdots$,A_N],数组中有可能有重复出现的整数。现在小明要按以下方法将其修改为没有重复整数的数组。小明会依次修改 A_2,A_3,$\cdots$,A_N。当修改 A_i 时,小明会检查 A_i 是否在 A_1~A_{i-1} 中出现过。如果出现过,则小明会给 A_i 加上 1;如果新的 A_i 仍在之前出现过,小明会持续给 A_i 加 1,直到 A_i 没有在 A_1~A_{i-1} 中出现过。

当 A_N 也经过上述修改之后,显然 A 数组中就没有重复的整数了。现在给定初始的 A 数组,请你计算出最终的 A 数组。

[输入格式]

第一行包含一个整数 N。第二行包含 N 个整数 A_1,A_2,$\cdots$,A_N。

对于 80% 的评测用例,1≤N≤10000。

对于所有评测用例,1≤N≤100000,1≤A_i≤1000000。

[输出格式]

输出 N 个整数,依次是最终的 A_1,A_2,$\cdots$,A_N。

[样例输入]

```
5
2 1 1 3 4
```

[样例输出]

```
2 1 3 4 5
```

方法 1 分析:利用暴力法实现的代码如下所示(比较容易理解)。

```
#include<cstdio>
int mark[1000005] = {0};
int main(){
    int n;
    scanf("%d", &n);
    int d;
    scanf("%d", &d);
    printf("%d", d);
```

```
        mark[d] = 1;
        for(int i=0; i<n-1; i++){
            scanf("%d", &d);
            while(mark[d]==1){                    //判断 d 是否用过
                d++;                              //若用过,则 d++,直到 d 没有用过为止
            }
            printf(" %d", d);
            mark[d] = 1;
        }
        return 0;
    }
```

但是,上述代码对某些数据一定是超时的,例如输入 100000 个 1,第 1 个 1 比较 1 次,第 2 个 1 比较 2 次,……,第 100000 个 1 比较 100000 次。我们需要尽快确定当前输入值所对应的输出值。并查集是一个好的思路。

方法 2 分析:利用并查集实现本示例的关键代码及注释如下所示。

```
#include<cstdio>
#define MAX_N 1000005
int f[MAX_N]={0};
void init(){                      //设置父节点
    for(int i=1; i<=MAX_N; i++){
        f[i] = i;                 //i 号节点的父节点是 i
    }
}
int find(int x){                  //查找 x 根节点
    int r=x;
    while (f[r] != r)             //返回根节点 r
        r=f[r];                   //找到根节点 r
    int i=x, j;
    while(i != r){                //路径压缩,将 x 到根节点 r 路径之间所有节点父节点都置成 r
        j = f[i];                 //在改变上级之前用临时变量 j 记录下它的值
        f[i]= r;                  //把上级改为根节点
        i=j;
    }
    return r;
}
int main(){
    init();
    int n;
    scanf("%d", &n);
    int d;
    scanf("%d", &d);              //输入第 1 个数
    printf("%d", d);
    f[d] = d+1;                   //设置 d 的父节点值
    int fa;                       //父节点变量
    for(int i=1; i<n; i++){
        scanf("%d", &d);
        fa = find(d);            //查询 d 的父节点
        printf(" %d", fa);
        f[fa] = fa+1;            //fa 值已经用过,fa 的父节点是 fa+1
```

```
        }
        return 0;
    }
```

为了加强理解，以示例数据为例，其并查集对应的树变化如表 9-2 所示。

表 9-2　示例数据并查集树变化表

输　　入	并　查　集　图	输出及说明
初始		父节点值与子节点值相同
输入 2		输出 2,2 的父节点值是 3
输入 1		输出 1,1 的父节点值是 2
输入 1		输出 3,(1,2)的父节点是 3,3 的父节点是 4
输入 3		输出 4,(1,2)的父节点是 3,(3,4)的父节点是 5
输入 4		输出 5,(1,2)的父节点是 3,3 的父节点是 5,(4,5)的父节点是 6

【例 9-12】(第 13 届)推导部分和。(Dotcpp 编程(C 语言网)：2671)

对于一个长度为 N 的整数数列 $A_1, A_2, \cdots, A_N$，小蓝想知道下标 l 到 r 的部分和 $\sum_{i=1}^{r} = A_l + A_{l+1} + \cdots + A_r$ 是多少？

然而，小蓝并不知道数列中每个数的值是多少，他只知道它的 M 个部分和的值。其中第 i 个部分和是下标 l_i 到 r_i 的部分和 $\sum_{j=l_i}^{r_i} = A_{l_i} + A_{l_i+1} + \cdots + A_{r_i}$，值是 S_i。

[输入格式]

第一行包含 3 个整数 N、M 和 Q。分别代表数组长度、已知的部分和数量和询问的部分和数量。

接下来 M 行,每行包含 3 个整数 l_i,r_i,S_i。

接下来 Q 行,每行包含 2 个整数 l 和 r,代表一个小蓝想知道的部分和。

[输出格式]

对于每个询问,输出一行包含一个整数表示答案。如果答案无法确定,输出 UNKNOWN。

[样例输入]

```
5 3 3
1 5 15
4 5 9
2 3 5
1 5
1 3
1 2
```

[样例输出]

```
15
6
UNKNOWN
```

[提示]

对于 10% 的评测用例,$1 \leqslant N,M,Q \leqslant 10$,$-100 \leqslant S_i \leqslant 100$。

对于 20% 的评测用例,$1 \leqslant N,M,Q \leqslant 20$,$-1000 \leqslant S_i \leqslant 1000$。

对于 30% 的评测用例,$1 \leqslant N,M,Q \leqslant 50$,$-10000 \leqslant S_i \leqslant 10000$。

对于 40% 的评测用例,$1 \leqslant N,M,Q \leqslant 1000$,$-10^6 \leqslant S_i \leqslant 10^6$。

对于 60% 的评测用例,$1 \leqslant N,M,Q \leqslant 10000$,$-10^9 \leqslant S_i \leqslant 10^9$。

对于所有评测用例,$1 \leqslant N,M,Q \leqslant 10^5$,$-10^{12} \leqslant S_i \leqslant 10^{12}$,$1 \leqslant l_i \leqslant r_i \leqslant N$,$1 \leqslant l \leqslant r \leqslant N$。数据保证没有矛盾。

分析:本题的思路是利用图论,关键步骤如下所示。

构建有含义的图。令 sum[i] 表示原数组前 i 项之和,根据题意三元组 l_i、r_i、s_i 而言,$s_i = $ sum[r_i]$-$sum[l_{i-1}],可以假想 l_{i-1}、r_i 是图中节点编号,s_i 是 l_{i-1} 节点到 r_i 节点边的权值。形成的一定是有向图,若 s($l_{i-1}->r_i$)$=$value,则 s($r_i->l_{i-1}$)$=-$value。以示例数据为例,形成的有向图如图 9-17 所示。

根据图 9-17:若计算原数据[1,3]间的数据和,则相当于节点 0 到节点 3 间的距离为 6(15$-$9$=$6);若计算原数据[2,5]间的数据和,则相当于节点 1 到节点 5 间的距离为 14(5$+$9$=$14)。若计算原数据[2,4]间的数据和,则相当于节点 1 到节点 4 间的距离,由于节点 1 在图中,节点 4 不在图中,所以距离是 UNKNOWN。

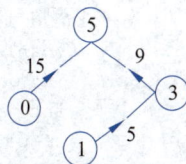

图 9-17 【例 9-12】示例有向图

根据以上分析,可得可通过 DFS 或 BFS 求两节点间的距离,此种方法可由读者自行完成。一种更高效的解题思路是带权并查集,其实本质上与图 9-17 的思想是一致的,只不过将其变换成更易操作的动态树罢了(通过动态减少树的高度,动态改变节点与父节点的权值实现)。若求$[l_i, r_i]$区间和,只需判定 l_{i-1}、r_i 节点在并查集树中是否有相同的父节点。若没有,输出 UNKNOWN;若有,求 l_{i-1}、r_i 节点到根节点的距离 d1、d2,则 d1-d2 即为所求。其关键代码如下所示。

```cpp
#include<cstdio>
#include<cmath>
using namespace std;
int parent[100005];                          //父节点值
long long d[100005];                         //到父节点的距离
void init(int n){                            //并查集初始化
    for(int i=0; i<=n; i++){
        parent[i] = i;
        d[i] = 0;                            //距离为 0
    }
}

int find(int x){                             //并查集查询,动态变换树及边权值
    if (x != parent[x]){
        int t = parent[x];
        parent[x] = find(parent[x]);         //路径压缩
        d[x] += d[t];                        //动态修改到父节点权值
    }
    return parent[x];
}
//合并 x,y 节点,其权值 w
void myunion(int x,int y, long long w){
    int px = find(x);
    int py = find(y);
    if (px != py){
        parent[px] = py;
        d[px] = -d[x] + d[y] + w;
    }
}
int main(){
    int n,m,q;
    scanf("%d%d%d", &n, &m, &q);
    init(n);
    int l,r;
    long long s;
    for(int i=0; i<m; i++){                   //形成并查集
        scanf("%d%d%lld", &l, &r, &s);        //左面子节点,右面父节点
        myunion(l-1,r,s);
    }
    for(int i=0; i<q; i++){
        scanf("%d%d", &l, &r);
        int pa1 = find(l-1);
        int pa2 = find(r);
        if(pa1 != pa2)
            printf("UNKNOWN\n");
        else{
            long long mid;
```

```
            mid = d[l-1]-d[r];
            printf("%lld\n", mid);
        }
    }
    return 0;
}
```

【例 9-13】(第 11 届)**网络分析**。(Dotcpp 编程(C 语言网)：2579)

小明正在做一个网络实验。他设置了 n 台计算机,称为节点,用于收发和存储数据。初始时,所有节点都是独立的,不存在任何连接。小明可以通过网线将两个节点连接起来,连接后两个节点就可以互相通信了。两个节点如果存在网线连接,称为相邻。小明有时会测试当时的网络,他会在某个节点发送一条信息,信息会发送到每个相邻的节点,之后这些节点又会转发到自己相邻的节点,直到所有直接或间接相邻的节点都收到了信息。所有发送和接收的节点都会将信息存储下来。一条信息只存储一次。给出小明连接和测试的过程,请计算出每个节点存储信息的大小。

[输入格式]

输入的第一行包含两个整数 n、m,分别表示节点数量和操作数量。节点从 1 至 n 编号。接下来 m 行,每行三个整数,表示一个操作。

如果操作为 1 a b,表示将节点 a 和节点 b 通过网线连接起来。当 a＝b 时,表示连接了一个自环,对网络没有实质影响。

如果操作为 2 p t,表示在节点 p 上发送一条大小为 t 的信息。

[输出格式]

输出一行,包含 n 个整数,相邻整数之间用一个空格分隔,依次表示进行完上述操作后节点 1 至节点 n 上存储信息的大小。

[样例输入]

```
4 8
1 1 2
2 1 10
2 3 5
1 4 1
2 2 2
1 1 2
1 2 4
2 2 1
```

[样例输出]

```
13 13 5 3
```

[提示]

对于 30％的评测用例,1≤n≤20,1≤m≤100。

对于 50％的评测用例,1≤n≤100,1≤m≤1000。

对于 70％的评测用例,1≤n≤1000,1≤m≤10000。

对于所有评测用例，$1 \leqslant n \leqslant 10000$，$1 \leqslant m \leqslant 100000$，$1 \leqslant t \leqslant 100$。

分析：本示例包含大量的动态建图及查询操作，利用并查集实现是很好的思路。有以下三点需读者深入理解。

① 假设没有路径压缩生成的并查集树如图 9-18 所示。$1 \sim 4$ 节点包含的信息大小是 $d[1 \sim 4]$。若从某节点发送大小为 n 的信息，只需更新根节点信息即可：$d[1] += n$。因此最终每个节点的信息大小为：节点 $1 = d[1]$；节点 $2 = d[1] + d[2]$；节点 $3 = d[1] + d[2] + d[3]$；节点 $4 = d[1] + d[4]$。

② 但是，并查集查询时，一定有路径压缩，仍以图 9-18 所示节点为例。假设树上此时 $1 \sim 4$ 的节点信息为 10、20、30、40，根据①所述，$1 \sim 4$ 节点保存的真实信息为 10、30、60、50。则当对节点 3 进行查询时，其并查集树如图 9-19 所示。

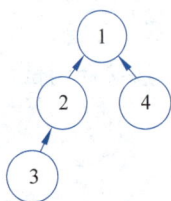

图 9-18　无路径压缩
并查集树

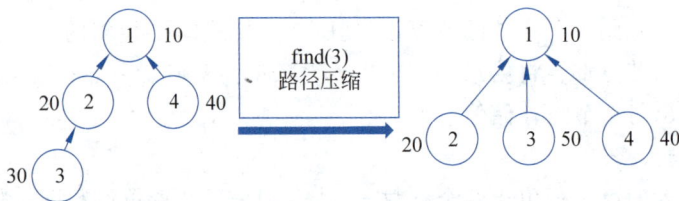

图 9-19　路径压缩并查集树

可知：路径压缩后，某些节点的存储值发生了变化。由于图 9-19 所示数据比较少，因此仅节点 3 的存储值发生了变化。根据图 9-19 右图，得出最终的真实节点信息仍是 10、30、60、50。

我们据此得出一般的结论：若路径压缩前某节点 x 到根节点树上信息大小累计和为 sum，则该节点经路径压缩后 $d[x] = sum - d[$根节点$]$。

③ 当进行节点连接时，若节点 a 的根节点为 fa，其存储的信息为 $d[fa]$；节点 b 的根节点为 fb，其存储的信息为 $d[fb]$。若 fa 不等于 fb，则需把它们并在一棵树上。有了①、②的论述，可得：若将 a 设为 b 的父节点，则 $d[fa]$ 不变，$d[fb] = d[fb] - d[fa]$；若将 b 设为 a 的父节点，则 $d[fb]$ 不变，$d[fa] = d[fa] - d[fb]$。

综上，本示例的关键代码及注释如下所示。

```cpp
#include<cstdio>
using namespace std;
int parent[100005];                //父节点值
long long d[100005];               //当前节点的信息值数组
void init(int n){                  //并查集初始化
    for(int i=0; i<=n; i++){
        parent[i] = i;
        d[i] = 0;                  //距离为 0
    }
}
int sum;
int find(int x){                   //并查集查询
    if (x != parent[x]){
        int t = parent[x];
```

```
        parent[x] = find(parent[x]);          //路径压缩
        sum += d[x];
        d[x] = sum-d[parent[x]];              //随着父节点的改变,节点信息值也会变化
    }
    else{
        sum = d[x];
    }
    return parent[x];
}
//合并 x,y 节点
void myunion(int x,int y){
    int px = find(x);
    int py = find(y);
    if (px != py){
        parent[px] = py;
        d[px] = d[px]-d[py];
    }
}
//向节点 a 发送信息 b
void mysend(int a, int b){
    int par = find(a);
    d[par] += b;
}
//获得某节点信息
int getmsg(int x){
    find(x);                                  //进行路径压缩
    int sum = 0;
    while(x != parent[x]){                    //节点到根节点信息值累加是最后
        sum += d[x];                          //真实的信息值
        x = parent[x];
    }
    sum += d[x];
    return sum;
}
int main(){
    int n,m;
    scanf("%d%d", &n, &m);
    init(n);
    int z,a,b;
    for(int i=0; i<m; i++){
        scanf("%d%d%d", &z, &a, &b);
        if(z==1){                             //并查集关联
            myunion(a,b);
        }
        else{                                 //发信息
            mysend(a, b);
        }
    }
    int value = getmsg(1);                    //获得节点 1 信息大小
    printf("%d", value);
    for(int i=2; i<=n; i++){                  //获得其他节点信息大小
        value = getmsg(i);
        printf(" %d", value);
```

```
    }
    return 0;
}
```

◆ 9.7　单源最短路径

经典的单源最短路径算法有 Dijkstra 算法、SPFA 算法。前者教材中一般都有详细讲解，本书不再过多描述，主要结合 STL 标准模板库讲解它们的实现方法。

9.7.1　Dijkstra 算法

其算法流程如下（求 start 节点到其他节点的最短距离）：

① 初始化 dist[start]=0，其余节点的 dist 值为无穷大。

② 找一个 dist 值最小的蓝点 x，对节点 x 设置标识位 mark[x]=1。

③ 遍历 x 的所有出边(x,y,z)，若 dis[y]>dis[x]+z，则令 dis[y]=dis[x]+z。

④ 重复②、③两步，直到所有点都设置了标识。

【e9-4】　给出一个有向图，请输出从某一点出发到所有点的最短路径长度。（洛谷网站：P3371）

[输入格式]

第一行包含三个整数 n、m、s，分别表示点的个数、有向边的个数、出发点的编号。接下来 m 行每行包含三个整数 u、v、w，表示一条 u→v 的，长度为 w 的边。

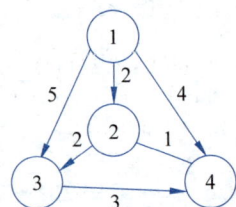

图 9-20　e9-4 样例数据图

[输出格式]

输出一行 n 个整数，第 i 个表示 s 到第 i 个点的最短路径，若不能到达则输出 $2^{31}-1$。

[输入样例]

```
4 6 1
1 2 2
2 3 2
2 4 1
1 3 5
3 4 3
1 4 4
```

[输出样例]

```
0 2 4 3
```

[数据范围]

对于 20% 的数据：1≤n≤5，1≤m≤15；

对于 40% 的数据：1≤n≤100，1≤m≤10^4；

对于 70% 的数据：1≤n≤1000，1≤m≤10^5；

对于 100% 的数据：1≤n≤10^4，1≤m≤5×10^5，1≤u，v≤n，w≥0，∑w<2^{31}，保证数据

随机。

本示例代码如下所示。

```cpp
#include<cstdio>
#include<cmath>
#include<queue>
using namespace std;
#define INF pow(2,31)-1
struct EDGE{
    int no;                          //指向节点的编号
    int l;                           //边长
    bool operator>(const EDGE& eg)const{ //优先队列重载函数
        if(no!=eg.no)
            return no>eg.no;         //先输出小节点边
        return l>eg.l;               //若节点编号相同,输出短的边
    }
};
int mark[10005]={0};                 //确定最短距离节点标识
unsigned int dist[10005]={0};        //最短距离数组
priority_queue<EDGE, vector<EDGE>, greater<EDGE> > pr[10005];
                                     //利用优先队列保存有向图

int main(){
    int n,m,s;
    scanf("%d%d%d", &n, &m, &s);
    for(int i=1; i<=n; i++){
        i==s?dist[i] = 0:dist[i] = INF;
    }
    EDGE eg;
    int a,b,l;
    for(int i=0; i<m; i++){
        scanf("%d%d%d", &a, &b, &l);
        if(a==b)                     //自身节点不起作用
            continue;
        eg = {b,l};
        pr[a].push(eg);              //保存 a 节点的有向边
    }
    mark[s] = 1;
    int pos = s;
    for(int i=0; i<n-1; i++){
        unsigned int min = INF;
        int old = -1;
        while(!pr[pos].empty()){         //遍历确定的 pos 节点出发的各子节点
            eg = pr[pos].top();
            pr[pos].pop();
            if(mark[eg.no]==1) continue; //若到该子节点最短距离已确定,则重新循环
            if(eg.no != old){            //否则,满足该条件,一定是未确定的目的点,
                old = eg.no;             //且一定是到目的点最短的边
                if(dist[eg.no]>dist[pos]+eg.l) //更新目标点距离
                    dist[eg.no] = dist[pos] + eg.l;
            }//if(eg.no)
        }//while()
        //确定下一个走的目标点
        for(int j=1; j<=n; j++){
```

```
            if(j==pos || mark[j]==1) continue;
            if(min>dist[j]){
                min = dist[j];
                pos=j;
            }
        }
        mark[pos] = 1;
    }//for(int i=0)
    printf("%u", dist[1]);
    for(int i=2; i<=n; i++){
        printf(" %u", dist[i]);
    }
    return 0;
}
```

关于本示例,有以下三点需要读者深刻理解。

① Dijkstra 算法不但适用于无向图,也适用于有向图。一般来说,仅需要边权值非负即可。

② 本示例数据中节点之间仅一条边直接相连,但实际情况可能更复杂。如自身节点成环,两节点之间可有多条边直接相连(如图 9-21 所示),本代码仍然适用。

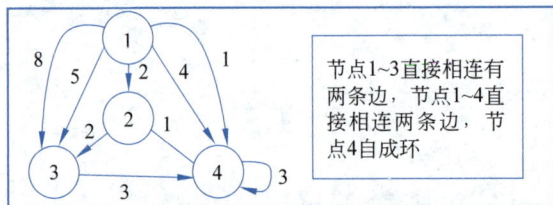

图 9-21　一般复杂图

③ 对于图 9-21 来说,自成环权值(如节点 4)对求点间最短路径无效,因此无需将自成环的边加入到程序中。对于两点之间有多条直接相连的边又如何处理呢?我们发现仅有最小权值的边对计算最短路径有效,但是数据往往是随机的,必须将这些边都加入到内存中。那么,如何将出发点到目的点的直连边高效取出呢?优先队列是一个比较好的选择。优先条件是先按节点编号升序输出,再按边长由小到大输出。因此在 EDGE 结构体中重写了 operator>()函数,其中定义了优先输出条件。

9.7.2　SPFA 算法

SPFA 算法,全称为 Shortest Path Faster Algorithm,是 Bellman-Ford 算法的队列优化版本,主要用于求解含负权边的单源最短路径问题。

其算法流程如下所示。

① 建立一个队列,初始时队列里只有起始点。

② 建立一个数组记录起始点到所有点的最短路径(该表格的初始值要赋为极大值,该点到他本身的路径赋为 0)。

③ 建立一个数组,标记点是否在队列中。

④ 队头不断出队,计算起始点经过队头到其他点的距离是否变短,如果变短且点不在

队列中,则把该点加入到队尾。

⑤ 当队列为空时,最短路径记录数组即为所求。

下面利用图例演示求节点 A 到图 9-22 各顶点的最短路径。

根据图 9-22,A 到各点的最短路径为:[A－A:0],[A－B:11],[A－C:1(ABDC)],[A－D:2(ABD)],[A－E:9(ABDE)]。

令初始距离数组(表意形式)dist[A]=0,其余均为无穷大,队列为 qu。

步骤 1:节点 A 首先入队,然后节点 A 出队,计算出到节点 B、C、D 的距离会变短,更新距离数组。节点 B、C、D 未曾入过队,节点 B、C、D 入队。此时,最短距离数组及队列内容如图 9-23 所示。

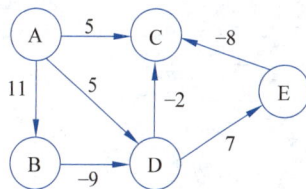

图 9-22 SPFA 演示源图

dist						队列			
A	B	C	D	E		B	C	D	
0	11	5	5	INF					

图 9-23 A 出队动作图

步骤 2:节点 B 出队,计算出到节点 D 的距离会变短,更新距离数组,D 已在队列中,勿需入队。此时,最短距离数组及队列内容如图 9-24 所示。

dist						队列			
A	B	C	D	E			C	D	
0	11	5	2	INF					

图 9-24 B 出队动作图

步骤 3:节点 C 出队,没有影响距离的节点。节点 D 出队,计算出到节点 C、E 的距离会变短,更新距离数组。C 已入过队,无须入队。E 未入过队,进行入队。此时,最短距离数组及队列内容如图 9-25 所示。

dist						队列			
A	B	C	D	E				E	
0	11	0	2	9					

图 9-25 D 出队动作图

步骤 4:节点 E 出队,没有影响距离的节点,不必更新距离数组。此时,队列为空。最短距离数组(即为答案)及队列内容如图 9-26 所示。

dist						队列			
A	B	C	D	E					
0	11	0	2	9					

图 9-26 E 出队动作图

【e9-5】 利用 SPFA 算法重做例 e9-4。

SPFA 算法适合计算边权为正、负情况下的单源最短路径,当然可实现 e9-4 的功能,为了验证适合负权重的最短路径,我们可以给出图 9-22 的样例数据加以验证。

[输入数据]

```
5 7 1
1 2 11
1 3 5
1 4 5
2 4 - 9
4 3 - 2
4 5 7
5 3 - 8
```

[输出数据]

```
0 11 0 29
```

本示例的关键代码及注释如下所示。

```c
#include<stdio.h>
#include<vector>
#include<queue>
using namespace std;
#define MAX_N 10005
int MAX_VALUE = 2147483647;
struct EDGE{
    int no;
    int l;
};
int n,m,s;
int a,b,l;
int mark[MAX_N] = {0};
int dist[MAX_N];
vector<EDGE> ve[MAX_N];
int main(){
    scanf("%d%d%d", &n, &m, &s);
    EDGE ed;
    for(int i=0; i<m; i++){
        scanf("%d%d%d",&a, &b, &l);
        if(a == b)                          //自身成环不考虑
            continue;
        ed.no = b; ed.l = l;
        ve[a].push_back(ed);
    }
    //初始化距离
    for(int i=1; i<=n; i++){
        dist[i] = MAX_VALUE;
    }
    dist[s] = 0;
    //s 入队
    int u, no;
    int v1,v2;
    queue<int> qu;
    qu.push(s);
    mark[s] = 1;
    while(!qu.empty()){
```

```
        u = qu.front();
        qu.pop();
        v1 = dist[u];
        mark[u] = 0;
        for(int i=0; i<ve[u].size(); i++){
            no = ve[u][i].no;
            v2 = ve[u][i].l;
            if(dist[no]>v1+v2){
                dist[no] = v1+v2;
                if(mark[no]==0){
                    qu.push(no);
                    mark[no] = 1;
                }
            }
        }
    }
    printf("%d", dist[1]);
    for(int i=2; i<=n; i++){
        printf(" %d", dist[i]);
    }
    return 0;
}
```

◇ 9.8　真题分析

【例 9-14】(第 13 届)出差。(Dotcpp 编程(C 语言网)：2695)

A 国有 N 个城市,编号为 1,2,…,N。小明是编号为 1 的城市中一家公司的员工,今天突然接到了上级通知需要去编号为 N 的城市出差。由于疫情原因,很多直达的交通方式暂时关闭,小明无法乘坐飞机直接从城市 1 到达城市 N,需要通过其他城市进行陆路交通中转。小明通过交通信息网,查询到了 M 条城市之间仍然还开通的路线信息以及每一条路线需要花费的时间。

同样由于疫情原因,小明到达一个城市后需要隔离观察一段时间才能离开该城市前往其他城市。通过网络,小明也查询到了各个城市的隔离信息。(由于小明之前在城市 1,因此可以直接离开城市 1,不需要隔离)。

由于上级要求,小明希望能够尽快赶到城市 N,因此他求助于你,希望你能帮他规划一条路线,能够在最短时间内到达城市 N。

[输入格式]

第 1 行：两个正整数 N、M,N 表示 A 国的城市数量,M 表示未关闭的路线数量。第 2 行：N 个正整数,第 i 个整数 C_i 表示到达编号为 i 的城市后需要隔离的时间。第 3…M+2 行：每行 3 个正整数,u、v、c,表示有一条城市 u 到城市 v 的双向路线仍然开通着,通过该路线的时间为 c。

[输出格式]

第 1 行：1 个正整数,表示小明从城市 1 出发到达城市 N 的最短时间(到达城市 N,不需要计算城市 N 的隔离时间)。

[样例输入](见图 9-27)

```
4 4
5 7 3 4
1 2 4
1 3 5
2 4 3
3 4 5
```

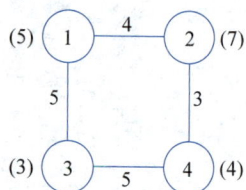

图 9-27 例 9-14 样例
数据图

[样例输出]

```
13
```

[提示]

路线 1：1->2->4，时间为 4+7(隔离)+3=14

路线 2：1->3->4，时间为 5+3(隔离)+5=13

对于 100% 的数据，$1 \leqslant N \leqslant 1000$，$1 \leqslant M \leqslant 10000$，$1 \leqslant C_i \leqslant 200$，$1 \leqslant u,v \leqslant N$，$1 \leqslant c \leqslant 1000$。

分析：本题最短路径边权值由"两城市间路线时间+所到地隔离时间组成"，套用 e9-4 的 Dijkstra 算法或 e9-5 的 SPFA 算法即可，本题是采用 SPFA 算法实现的。由于求到达编号为 n 城市的时间，因此最终获得的最短时间要减去隔离时间。其关键代码如下所示。

```c
#include<stdio.h>
#include<vector>
#include<queue>
using namespace std;
#define MAX_N 1005
#define INF 1e8
int n,m;
int mark[MAX_N] = {0};
int ci[MAX_N]={0};                      //隔离时间数组
struct EDGE{
    int v;                              //到达城市编号
    int c;                              //路线时间
};
int cost[MAX_N];                        //最短时间花费数组
vector<EDGE> ve[MAX_N];
int main(){
    int u,v,c;
    scanf("%d%d", &n, &m);
    EDGE ed;
    for(int i=1; i<=n; i++){
        scanf("%d", &ci[i]);
    }
    for(int i=0; i<m; i++){
        scanf("%d%d%d", &u,&v,&c);
        ed.v = v; ed.c = c;
        ve[u].push_back(ed);
        ed.v = u; ed.c = c;
```

```
        ve[v].push_back(ed);
    }
    //初始化距离
    int s = 1;
    for(int i=1; i<=n; i++){
        cost[i] = INF;
    }
    cost[s] = 0;
    //S 入队
    int c1,c2;
    queue<int> qu;
    qu.push(s);
    mark[s] = 1;
    while(!qu.empty()){
        u = qu.front();
        qu.pop();
        c1 = cost[u];
        mark[u] = 0;
        for(int i=0; i<ve[u].size(); i++){
            v = ve[u][i].v;
            c2 = ve[u][i].c;
            if(cost[v]>c1+c2+ci[v]){
                cost[v] = c1+c2+ci[v];
                if(mark[v]==0){
                    qu.push(v);
                    mark[v] = 1;
                }
            }
        }
    }
    if(n!=1)                              //若最终目的地非初始地
        printf("%d", cost[n]-ci[n]);

    else                                  //若初始地是目的地,输出 0 即可
        printf("0\n");
    return 0;
}
```

【例 9-15】(第 11 届)限高杆。(洛谷网站：P8724)

某市有 n 个路口,有 m 段道路连接这些路口,组成了该市的公路系统。其中一段道路两端一定连接两个不同的路口。道路中间不会穿过路口。由于各种原因,在一部分道路的中间设置了一些限高杆,有限高杆的路段货车无法通过。在该市有两个重要的市场 A 和 B,分别在路口 1 和 n 附近,货车从市场 A 出发,首先走到路口 1,然后经过公路系统走到路口 n,才能到达市场 B。两个市场非常繁华,每天有很多货车往返于两个市场之间。

市长发现,由于限高杆很多,导致货车可能需要绕行才能往返于市场之间,这使得货车在公路系统中的行驶路程变长,增加了对公路系统的损耗,增加了能源的消耗,同时还增加了环境污染。市长决定要将两段道路中的限高杆拆除,使得市场 A 和市场 B 之间的路程变短。请问最多能减少多长的距离?

[输入格式]

输入的第一行包含两个整数 n、m，分别表示路口的数量和道路的段数。

接下来 m 行，每行四个整数 a、b、c、d，表示路口 a 和路口 b 之间有一段长度为 c 的道路。如果 d 为 0，表示这段道路上没有限高杆；如果 d 为 1，表示这段道路上有限高杆。两个路口之间可能有多段道路。输入数据保证在不拆除限高杆的情况下，货车能通过公路系统从路口 1 正常行驶到路口 n。

[输出格式]

输出一行，包含一个整数，表示拆除两段道路的限高杆后，市场 A 和市场 B 之间的路程最大减少多长距离。

[输入样例]（见图 9-28）

```
5 7
1 2 1 0
2 3 2 1
1 3 9 0
5 3 8 0
4 3 5 1
4 3 9 0
4 5 4 0
```

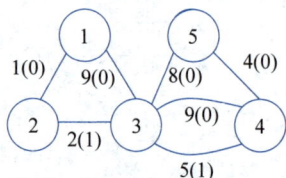

图 9-28   例 9-15 样例数据图

[输出样例]

```
6
```

[样例说明]

只有两段道路有限高杆，全部拆除后，1 到 n 的路程由原来的 17 变为了 11，减少了 6。

对于 30% 的评测样例，$2 \leqslant n \leqslant 10$，$1 \leqslant m \leqslant 20$，$1 \leqslant c \leqslant 100$。

对于 50% 的评测样例，$2 \leqslant n \leqslant 100$，$1 \leqslant m \leqslant 1000$，$1 \leqslant c \leqslant 1000$。

对于 70% 的评测样例，$2 \leqslant n \leqslant 1000$，$1 \leqslant m \leqslant 10000$，$1 \leqslant c \leqslant 10000$。

对于所有评测样例，$2 \leqslant n \leqslant 10000$，$2 \leqslant m \leqslant 10^5$，$1 \leqslant c \leqslant 10000$，至少有两段道路有限高杆。

分析：读者容易错的是，在原图上跑一遍最短路径算法，获取了 1→n 的最短路径 value1；再将所有限高杆都去掉的图上再跑一遍最短路径算法，获取了 1→n 的最短路径 value2，则 value1-value2 即为所求。错误的原因是，将所有的限高杆都去掉了，而题中要求最多去掉两根限高杆。因此，要转换思路，那就是分层图思想。

分层图，顾名思义就是分很多层的图。直观上是将一个图复制多份形成多个层，每层之间通过特定的边连接。

对于本题而言，就是将原图（不含所有限高杆）复制三份，每份之间连通所有限高杆对应的路径。这样在分层图中即包含了原图，又将限高杆对应的边转化为真实的图路径。因此只需对分层图跑一遍最短路径算法，再进行相应的计算即可。

为了更好说明分层图，以表 9-3 所示数据加以说明。

表 9-3　分层图示例说明

内　　容	图	说　　明
原图		n＝4 节点 2～3 有限高杆 3～4 有限高杆
将 2～3 限高杆添加到分层图		2～3 连通两种情况：由 2～3，相当于 2～7 相连；由 3～2，相当于 3～6 相连。同理添加第 2 层图～第 3 层图的连接
将 3～4 限高杆添加到分层图		注意：分层图之间添加的边是通过限高杆添加的，一定是有向的，由前层节点指向后层节点。也就是说走到后层图后，不可能再走回前图
总结	通过分层图后，将限高杆转换成了分层图的一部分。当经过一个限高杆后，一定是走到了第 2 层图；当经过两个限高杆后，一定是走到了第 3 层图。因此将分层图看作一个整体，从节点 1 开始进行单源最短路径算法，可得出 1～[2,12]节点的最短距离。若原题中求 1～4 的最短距离，相当于求 1～4、1～8、1～12 节点的最短距离	

懂得了表 9-3 的内容后，对本题 n 个节点而言，建立三层分层图后，有 3n 个节点，起始节点为 1，利用 spfa 算法，求 1～[1,3n]个节点的最短距离。若为 dist[1～3n]，则 dist[n]在第 1 层图上，代表没有经过限高杆 1～n 节点的最短距离；dist[2n]在第 2 层图上，代表相当于经过 1 个限高杆 1～n 节点的最短距离；dist[3n]在第 2 层图上，代表相当于经过 2 个限高杆 1～n 节点的最短距离。因此 dist[n]-min(dist[2n], dist[3n])为题中所求。

综上，本示例关键代码及注释如下所示。

```c
#include<stdio.h>
#include<vector>
#include<queue>
using namespace std;
#define MAX_N 100005 * 3
#define INF 10000 * 10000+5
struct EDGE{
    int no;                              //目的节点编号
    int l;                               //边长
    int sign;                            //1:有;0:无, 有无限高杆
};
int n,m;
int a,b,c,d;
int mark[MAX_N] = {0};
int dist[MAX_N];                         //节点 1 到其他节点最短距离数组
vector<EDGE> ve[MAX_N];                  //图的邻接表表示
void addEdge(int from, int to, int l){
    EDGE ed;
    ed.no = to; ed.l = l;
```

```
            ve[from].push_back(ed);                          //用邻接表表示图
}
void spfa(int range){
    //初始化距离
    for(int i=1; i<=range; i++){
        dist[i] = INF;
        mark[i] = 0;
    }
    int s = 1;                                               //出发点
    dist[s] = 0;
    //S 入队
    int u, no;
    int v1,v2;
    queue<int> qu;
    qu.push(s);
    mark[s] = 1;
    while(!qu.empty()){
        u = qu.front();
        qu.pop();
        v1 = dist[u];
        mark[u] = 0;
        for(int i=0; i<ve[u].size(); i++){
            no = ve[u][i].no;
            v2 = ve[u][i].l;
            if(dist[no]>v1+v2){
                dist[no] = v1+v2;
                if(mark[no]==0){
                    qu.push(no);
                    mark[no] = 1;
                }
            }
        }
    }
}
int main(){
    scanf("%d%d", &n, &m);
    EDGE ed;
    for(int i=0; i<m; i++){
        scanf("%d%d%d%d",&a, &b, &c, &d);
        if(a == b)                                           //自身成环不考虑
            continue;
        if(d==0){                                            //无限高杆
            addEdge(a,b,c); addEdge(b,a,c);                  //加第 1 层图
            addEdge(a+n,b+n,c); addEdge(b+n,a+n,c);          //加第 2 层图
            addEdge(a+n+n,b+n+n,c); addEdge(b+n+n,a+n+n,c);  //加第 3 层图
        }
        else{                                                //有限高杆
            addEdge(a,b+n,c); addEdge(b,a+n,c);              //第 1 层图连第 2 层图
            addEdge(a+n,b+n+n,c); addEdge(b+n,a+n+n,c);      //第 2 层图连第 3 层图
        }
    }
    spfa(n * 3);                                             //3n 个节点进行 spfa 算法
    int value1 = dist[n];                                    //没有经过限高杆 1~n 节点最短距离
```

```
    int value2 = dist[n * 2];          //以下求经过 1 个、2 个限高杆 1~n 的最短距离
    if(value2>dist[3 * n])
        value2 = dist[3 * n];
    printf("%d\n", value1-value2);     //打印结果
    return 0;
}
```

◈ 9.9 最小生成树与最近公共祖先

无向图中,一个连通图的最小连通子图称作该图的生成树(不能带环,保持连通,但边要尽可能的少)。有 n 个顶点的连通图的生成树有 n 个顶点和 n−1 条边。边的权值之和最小的生成树就是该连通图的最小生成树,当然最小生成树也可以有多个,因为边的权值是可以相等的。

经典的最小生成树算法包括 Kruskal 算法和 Prim 算法。

Kruskal 求最小生成树算法主要流程如下所示。

① 该算法将图中的边按照权值从小到大进行排序。

② 依次选取权值最小的边,如果这条边连接的两个顶点不在同一个连通分量中,就将这条边加入最小生成树中,直到生成树中包含了所有的顶点或者达到一定的条件为止。

那么,如何判定某条边两个顶点是否在同一个连通分量中呢?方法多多,一个简单的方法是用并查集来实现。

Prim 求最小生成树算法主要流程如下所示。

① 从图中的任意一个顶点开始,将这个顶点加入到最小生成树中。

② 然后从与最小生成树中的顶点相邻的边中,选取权值最小的边,并将这条边连接的顶点加入到最小生成树中。重复这个过程,直到所有的顶点都被加入到最小生成树中。

最近公共祖先:在有根树中,两个节点 u 和 v 的公共祖先中最近的那个被称为最近公共祖先(Lowest Common Ancestor,LCA)。用于高效计算 LCA 的算法有很多种,本节讲解了基于 RMQ(Range Minimum Query,区间最小值)的 LCA 算法。

【e9-6】 利用 Kruskal 算法求最小生成树。(洛谷网站:P3366)

给出一个无向图,求出最小生成树,如果该图不连通,则输出 orz。

[输入格式]

第一行包含两个整数 N、M,表示该图共有 N 个节点和 M 条无向边。接下来 M 行每行包含三个整数 X_i、Y_i、Z_i,表示有一条长度为 Z_i 的无向边连接节点 X_i、Y_i。

[输出格式]

如果该图连通,则输出一个整数表示最小生成树的各边的长度之和。如果该图不连通,则输出 orz。

[输入样例]

```
4 5
1 2 2
1 3 2
```

```
1 4 3
2 3 4
3 4 3
```

[输出样例]

```
7
```

[数据规模]

对于 20% 的数据，$N \leqslant 5, M \leqslant 20$。

对于 40% 的数据，$N \leqslant 50, M \leqslant 2500$。

对于 70% 的数据，$N \leqslant 500, M \leqslant 10^4$。

对于 100% 的数据，$1 \leqslant N \leqslant 5000, 1 \leqslant M \leqslant 2 \times 10^5, 1 \leqslant Z_i \leqslant 10^4$。

[样例解释]（见图 9-29）

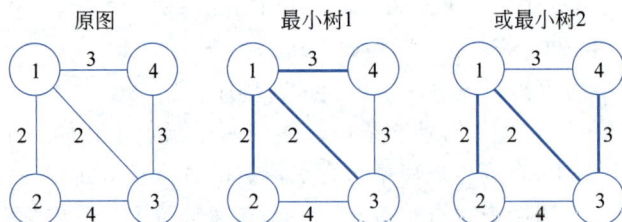

图 9-29 【e9-6】样例解释图

分析：本示例代码如下所示，关键说明在注释中。

```cpp
#include<cstdio>
#include<queue>
#include<algorithm>
#define MAX_N 5005
using namespace std;
int N,M;
struct EDGE{
    int from;                       //始边
    int to;                         //终边
    int value;                      //权值
};
vector<EDGE> ve;
int f[MAX_N];                       //并查集数组
void init(){                        //设置父节点
    for(int i=1; i<=MAX_N; i++){
        f[i] = i;                   //i号节点的父节点是i
    }
}
int find(int x){                    //查找 x 根节点
    int r=x;
    while (f[r] != r)               //返回根节点 r
        r=f[r];                     //找到根节点 r
    int i=x, j;
    while(i != r)                   //路径压缩,将 x 到根节点 r 路径之间所有节点父节点都置成 r
```

```
        {
            j=f[i];                        //在改变上级之前用临时变量 j 记录下它的值
            f[i]=r;                        //把上级改为根节点
            i=j;
        }
        return r;
}
void join(int x,int y)                     //合并两个节点
                                           //判断 x、y 是否连通,
                                           //如果已经连通,就不用管了
                                           //如果不连通,就把它们所在的连通分支合并起来
{
    int fx=find(x),fy=find(y);
    if(fx!=fy)
        f[fx]=fy;
}
bool cmp(const EDGE& one, const EDGE& two){   //sort()排序用到的比较函数
    return one.value < two.value;
}
int main(){
    scanf("%d%d", &N, &M);
    EDGE ed;
    for(int i=0; i<M; i++){
        scanf("%d%d%d",&ed.from,&ed.to,&ed.value);
        ve.push_back(ed);                  //形成边向量集合
    }
    sort(ve.begin(), ve.end(), cmp);       //按边长升序排列
    init();                                //初始化并查集
    int fa1, fa2;
    long long sum = 0;
    int count = 0;
    for(int i=0; i<ve.size(); i++){
        fa1 = find(ve[i].from);
        fa2 = find(ve[i].to);
        if(fa1 != fa2){                    //若 fa1、fa2 不在同一连通分量中
            count ++;
            sum += ve[i].value;            //最小生成树边权值累加
            join(fa1,fa2);
        }
    }
    if(count == N-1)                       //n 个点、N-1 条边,则有最小生成树
        printf("%lld\n", sum);
    else                                   //没有最小生成树
        printf("orz\n");
    return 0;
}
```

【e9-7】 利用 Prim 算法重做 e9-6。

```
#include<cstdio>
#include<queue>
#include<algorithm>
```

```cpp
#define MAX_N 5005
using namespace std;
int N,M;
struct EDGE{
    int to;
    int value;
    bool operator>(const EDGE& ed)const{
        return value>ed.value;
    }
};
vector<EDGE> ve[MAX_N];
int mark[MAX_N] = {0};
int main(){
    scanf("%d%d", &N, &M);
    EDGE ed;
    int from,to,value;
    for(int i=0; i<M; i++){
        scanf("%d%d%d",&from,&to,&value);
        if(from==to) continue;
        ed.to = to; ed.value = value;
        ve[from].push_back(ed);
        ed.to = from; ed.value = value;
        ve[to].push_back(ed);
    }
    int s = 1;
    mark[s] = 1;
    priority_queue<EDGE, vector<EDGE>, greater<EDGE> > pr;
    for(int i=0; i<ve[s].size(); i++){
        pr.push(ve[s][i]);
    }
    int sel;
    long long sum = 0;
    EDGE ed2;
    int count = 0;
    while(!pr.empty()){
        ed = pr.top();
        pr.pop();
        if(mark[ed.to]==1) continue;
        mark[ed.to] = 1;
        sum += ed.value;
        count ++;
        for(int i=0; i<ve[ed.to].size(); i++){
            ed2 = ve[ed.to][i];
            if(mark[ed2.to]==1) continue;
            pr.push(ed2);
        }
    }
    if(count == N-1)
        printf("%lld\n", sum);
    else
        printf("org\n");
    return 0;
}
```

【e9-8】 基于 RMQ(Range minimum query)最近公共祖先算法。(洛谷网站:P3379)

如题,给定一棵有根多叉树,请求出指定两个点直接最近的公共祖先。

[输入格式]

第一行包含三个正整数 N、M、S,分别表示树的节点个数、询问的个数和树根节点的序号。接下来 N−1 行每行包含两个正整数 x、y,表示 x 节点和 y 节点之间有一条直接连接的边(数据保证可以构成树)。

接下来 M 行每行包含两个正整数 a、b,表示询问 a 节点和 b 节点的最近公共祖先。

[输出格式]

输出包含 M 行,每行包含一个正整数,依次为每一个询问的结果。

[输入样例]

```
5 5 4
3 1
2 4
5 1
1 4
2 4
3 2
3 5
1 2
4 5
```

[输出样例]

```
4
4
1
4
4
```

[说明]

对于 30% 的数据,N≤10,M≤10。

对于 70% 的数据,N≤10000,M≤10000。

对于 100% 的数据,1≤N,M≤500000,1≤x,y,a,b≤N,不保证 a≠b。

分析:基于 RMQ 的最近公共祖先算法主要是基于 DFS 的,从根节点开始进行 DFS 深度搜索,获取以下三种信息:深度搜索经过的所有节点路径数组 path[](包括回溯遇到的父节点),每个节点深度值数组 depth[],每个节点第 1 次在深搜时遇到的位置数组 first[]。以示例图 9-30 数据为例,得到的上述三种数组元素值如图 9-31 所示。

path[]及 depth[]均好理解,着重理解 first[]。例如 first[1]=2 表示节点 1 在 path[]中首次出现的位置是 2;first[2]=8 表示节点 2 在 path[]中首次出现的位置是 8。

例如:我们求节点(2,5)的最近公共祖先,关键步骤如下所示。

① 由于 first[2]=8,first[5]=5,那么(2,5)的最近公共祖先一定是 path[]路径中[5,

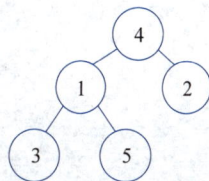

图 9-30 e9-8 样例图

数组下标	1	2	3	4	5	6	7	8	9
深搜路径path[ ]	4	1	3	1	5	1	4	2	4

节点编号	1	2	3	4	5
深度值depth[ ]	2	2	3	1	5
节点在path[ ]中首次出现位置数组first[ ]	2	8	3	1	5

图 9-31　样例数据深搜获得信息图

8]位置中的某个节点。

② 遍历 path[]中[5,8]位置中经过的节点(5,1,4,2),可知节点 1 对应的深度值 depth[1]最小。因此 1 是(2,5)节点的最近公共祖先。

根据上述思想,本示例关键代码及注释如下所示。

```c
#include<stdio.h>
#include<vector>
#define MAX_N 500005
using namespace std;
int n,m,s;
vector<int> ve[MAX_N];
int mark[MAX_N] = {0};
int depth[MAX_N ]={0};               //节点深度值数组
int path[MAX_N * 2] = {0};           //深搜节点路径数组(包括回溯的父节点)
int first[MAX_N] = {0};              //first[i]表示节点 i 在 path 中首次出现的位置
int pos = 1;
void dfs(int u,int dep){
    first[u] = pos;                  //填充节点 u 首次在 path[]中出现的位置 first[u]
    path[pos]=u; pos++;              //填充深搜经过路径
    depth[u] = dep;                  //填充节点 u 深度值
    mark[u] = 1;
    for(int i=0; i<ve[u].size(); i++){
        if(mark[ve[u][i]]==1) continue;
        dfs(ve[u][i], dep+1);
        path[pos] = u;
        pos++;                       //填充回溯后的父节点,此处非常关键!
    }
}
int lca(int a, int b){               //求节点 a、b 最近公共祖先
    int mid;
    int l = first[a];                //求 a 节点在 path[]中首次出现位置
    int r = first[b];                //求 b 节点在 path[]中首次出现位置
    if(l>r){
        mid = l; l=r; r = mid;
    }
    int ans = path[l];
    int dep = depth[ans];
    for(int i=l; i<=r; i++){  //求 path[]中[l,r]位置经过节点深度的最小值及节点编号
        if(dep>depth[path[i]]){
            ans = path[i];
            dep = depth[ans];
```

```
        }
    }
    return ans;                    //返回最近祖先编号
}
int main(){
    scanf("%d%d%d", &n, &m, &s);
    int a,b;
    for(int i=0; i<n-1; i++){
        scanf("%d%d", &a, &b);
        ve[a].push_back(b);
        ve[b].push_back(a);
    }
    dfs(s,1);                      //填充 depth、first、path 数组
    int ans;
    for(int i=0; i<m; i++){
        scanf("%d%d", &a, &b);
        ans = lca(a,b);            //求 a、b 的最近公共祖先
        printf("%d\n", ans);
    }
    return 0;
}
```

很明显,可以改进 lca() 函数,归根结底是能快速求出 path[] 数组中数组下标[r,l]位置间所对应节点的节点编号及深度最小值,可以利用第 11 章区间运算算法中的线段树或 ST 表技术实现,读者们可尝试完成。

◆ 9.10 真题分析

【例 9-16】(第 14 届)网络稳定性。(Dotcpp 编程(C 语言网):3146)

有一个局域网,由 n 个设备和 m 条物理连接组成,第 i 条连接的稳定性为 w_i。对于从设备 A 到设备 B 的一条经过了若干个物理连接的路径,我们记这条路径的稳定性为其经过所有连接中稳定性最低的那个。我们记设备 A 到设备 B 之间通信的稳定性为 A 至 B 的所有可行路径的稳定性中最高的那一条。

给定局域网中的设备的物理连接情况,求出若干组设备 x_i 和 y_i 之间的通信稳定性。如果两台设备之间不存在任何路径,请输出 −1。

[输入格式]

输入的第一行包含三个整数 n、m、q,分别表示设备数、物理连接数和询问数。接下来 m 行,每行包含三个整数 u_i、v_i、w_i,分别表示 u_i 和 v_i 之间有一条稳定性为 w_i 的物理连接。

接下来 q 行,每行包含两个整数 x_i,y_i,表示查询 x_i 和 y_i 之间的通信稳定性。

[输出格式]

输出 q 行,每行包含一个整数依次表示每个询问的答案。

[样例输入]

```
5 4 3
1 2 5
```

```
2 3 6
3 4 1
1 4 3
1 5
2 4
1 3
```

[样例输出]

```
-1
3
5
```

[说明/提示]

对于 30％的评测用例，n，q≤500，m≤1000；

对于 60％的评测用例，n，q≤5000，m≤10000；

对于所有评测用例，$2 \leqslant n, q \leqslant 10^5, 1 \leqslant m \leqslant 3 \times 10^5, 1 \leqslant u_i, v_i, x_i, y_i \leqslant n, 1 \leqslant w_i \leqslant 10^6, u_i \neq v_i, x_i \neq y_i$。

分析：很明显，本示例可由多个连通区域组成。若两个节点在不同连通区域，则通信稳定性为 -1；若在同一连通区域内，两个节点之间可有多条路径到达，每条路径中经过的边权值最小为 w_i，求这些若干的 w_i 的最大值即为题中所求。例如图 9-32 样例数据图中，2→4 节点的路径有两条：(2,3,4)，其经过的最小权值为 1；(2,1,4)，其经过的最小权值为 3。因此 2→4 节点的稳定性为 max(1,3)＝3。我们可以简化上述运算，即保证每个连通区域是最大生成树，这样两个节点之间的路径是唯一的，求该路径上边权值的最小值即可。由此得出以下关键思路。

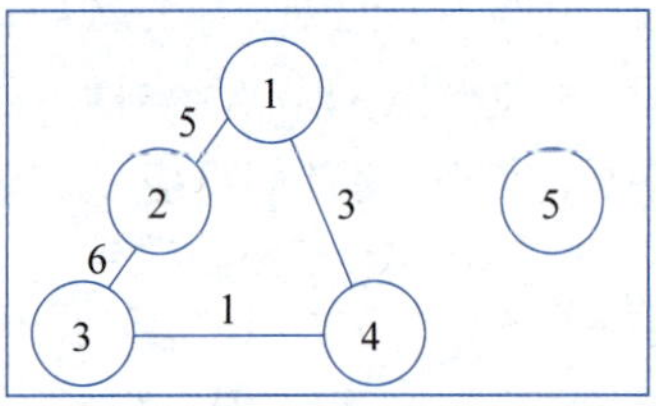

图 9-32　例 9-16 样例图

① 将原始所有边按权值由大到小降序排列。遍历每条边，若端点信息是 a、b 节点，利用并查集判定 a、b 节点是否在同一连通区域内。若不在同一连通区域，则将该边（包含端点信息及权重）加入 vector 向量中，并利用并查集合并 a、b 端点所在的连通区域；若已在同一连通区域，则继续进行下一条边的遍历。总之，该步骤是从原始所有边中进行选边的过程，保证了每个连通域都是最大生成树。

② DFS 深度遍历每个连通区域，填充节点信息。对一棵树而言，每个子节点都只有一个父节点，且只有一条边，因此深度遍历后，可完成节点下述信息的填充：节点深度值 depth，父节点编号 fa，父节点到该节点的边权重 len。

③ 计算任意两个节点(a,b)的稳定性，令它们的最近公共祖先是 f，a→f 所经过边的权重最小值是 w1，b→f 所经过边的权重最小值是 w2，则 max(w1,w2)就是(a,b)两个节点的稳定性。

另外，由于本题涉及多个连通区域，很多变量都要整体考虑。例如最大生成树选边过程保存在一个 vector 向量中，不要一个连通区域对应一个 vector；再如 DFS 深度遍历每个连通区域时，节点保存在统一的结构体数组 NODE[N]中，不要一个连通区域对应一个 NODE 结构体。之所以可以统一考虑变量，是因为节点编号是唯一的关键字，若定义多个不确定个数的变量,反而画蛇添足,增加了编程难度。

综上,本示例关键代码及注释如下所示。

```c
#include<stdio.h>
#include<vector>
#include<algorithm>
#include<map>
#define MAX_N 100005
#define INF 1e9;
using namespace std;
struct EDGE{                               //原始边信息保存结构体数组
    int u;                                 //始节点编号
    int v;                                 //尾节点编号
    int w;                                 //权重
}eg[3*MAX_N];
struct NODE{                               //DFS深度遍历节点信息填充结构体数组
    int depth;                             //深度
    int fa;                                //父节点
    int len;                               //权重
}nd[MAX_N];
int n,m,q;
vector<EDGE> ve[MAX_N];                     //最大生成树选边保存向量
int fa[MAX_N] = {0};                       //并查集用到的数组
int mark[MAX_N] = {0};                     //DFS用到的标识数组
int root = 1;                              //DFS深搜时根节点深度
bool cmp(const EDGE& one, const EDGE& two){ //边按权值降序排列所需比较函数
    return one.w > two.w;
}
int find(int x){                           //并查集查找函数
    if(fa[x]!=x){
        return fa[x]=find(fa[x]);
    }
    return x;
}
void addEdge(const int &u,const int& v,const int& w){
    EDGE ed = {u,v,w};
    ve[ed.u].push_back(ed);
}
void maketree(const EDGE& eg){             //最大生成树选边函数
    int x,y;
    x=find(eg.u);
    y=find(eg.v);
    if(x!=y){
        addEdge(eg.u,eg.v,eg.w);
        addEdge(eg.v,eg.u,eg.w);
        fa[y]=x;
    }
}
void dfs(int u,int dep){
    fa[u] = root;
    nd[u].depth = dep;                     //填充节点深度
```

```
        mark[u] = 1;
        for(int i=0; i<ve[u].size(); i++){
            if(mark[ve[u][i].v]==1) continue;
            nd[ve[u][i].v].len = ve[u][i].w;        //填充权重
            nd[ve[u][i].v].fa = u;                  //填充父节点
            dfs(ve[u][i].v, dep+1);
        }
    }
    int lca(int& a, int& b){
        int x = fa[a];
        int y = fa[b];
        if(x != y)                                  //x,y不在同一连通区域
            return -1;
        int u = a, v = b;
        if(nd[a].depth<nd[b].depth){                //保证u节点深度大于v节点深度
            u = b; v = a;
        }
        int len = INF;
        int range = nd[u].depth-nd[v].depth;
        for(int i=0; i<range; i++){                 //调整u节点,保证u、v同深度
            if(len>nd[u].len)                       //同时获得该路径最小值
                len = nd[u].len;
            u = nd[u].fa;
        }
        while(u != v){                              //u,v同时调整,直到找到相同的父节点
            if(len>nd[u].len)
                len = nd[u].len;                    //继续获得该路径最小值
            if(len>nd[v].len)
                len = nd[v].len;
            u = nd[u].fa; v= nd[v].fa;
        }
        return len;
    }
    int main(){
        scanf("%d%d%d", &n, &m, &q);
        int u,v,w;
        for(int i=1; i<=n; i++)
            fa[i] = i;                              //i的父节点是i
        for(int i=0; i<m; i++)
            scanf("%d%d%d", &eg[i], &eg[i].v, &eg[i].w);    //原始边信息输入
        sort(eg, eg+m, cmp);                        //边按权值降序排列
        for(int i=0; i<m; i++){
            maketree(eg[i]);                        //选边过程,保证是最大生成树
        }
        for(int i=1; i<=n; i++){                    //对每个连通区域进行 DFS
            if(mark[i]==0){
                root = i;
                dfs(i,1);                           //填充节点深度、父节点、边权重信息
            }
        }
        for(int i=0; i<q; i++){                     //q 个问题
            scanf("%d%d", &u, &v);
```

```
        int len = lca(u,v);
        printf("%d\n", len);
    }
    return 0;
}
```

动 态 规 划

动态规划是一种用于解决优化问题的算法策略。它的核心思想是将一个复杂的问题分解为一系列相互关联的子问题,通过解决子问题来构建原问题的解。并且会记录子问题的解,避免重复计算,以此提高效率。常用动态规划算法包括线性动态规划、区间动态规划、树形动态规划、数位动态规划等。下面一一介绍。

◇ 10.1 线性动态规划

其特点是:问题具有线性的阶段划分,通常是在一个一维(或二维、三维)的序列上进行状态转移。状态之间的转移关系相对简单直接,通常只依赖于前面的若干状态。

◇ 10.2 真 题 分 析

【例 10-1】(第 7 届)密码脱落。(Dotcpp 编程(C 语言网):2268)

X 星球的考古学家发现了一批古代留下来的密码。这些密码是由 A、B、C、D 四种植物的种子串成的序列。仔细分析发现,这些密码串当初应该是前后对称的(也就是我们说的镜像串)。由于年代久远,其中许多种子脱落了,因而可能会失去镜像的特征。

你的任务是:给定一个现在看到的密码串,计算一下从当初的状态,它要至少脱落多少个种子,才可能会变成现在的样子。

[输入格式]
输入一行,表示现在看到的密码串(长度不大于 1000)。

[输出格式]
要求输出一个正整数,表示至少脱落了多少个种子。

[样例输入 1]

ABCBA

[样例输出 1]

0

［样例输入 2］

ABDCDCBABC

［样例输出 2］

3

分析：设源串为 s，其长度为 len，其倒序字符串为 t。本题归结为求 s、t 两字符串最长公共子串长度，用 len 减去该长度即为所求。而求最长公共子串长度是典型的区间 DP（Dynamic Programming），设 $d[i][j]$ 为 s 串元素长度为 i，t 串元素长度为 j 时的最长公共子串，易得如下递推公式。

$$\begin{cases} s[i]=t[j] \to d[i][j]=d[i-1][j-1]+1 \\ s[i]\neq t[j] \to d[i][j]=\max(d[i-1][j],d[i][j-1]) \end{cases}$$

约束条件：$i,j \geqslant 1$，对二维数组 d[] 而言，第 0 行所有元素为 0：$d[0][y]=0$。$y \in [0, s$ 字符串长度]。

本示例关键代码如下所示。

```cpp
#include<cstdio>
#include<cstring>
using namespace std;
char s[1006]={0};
char t[1006]={0};
int main(){
    scanf("%s", s+1);                      //源串 s
    int len = strlen(s+1);
    for(int i=1; i<=len; i++){
        t[i] = s[len-(i-1)];               //倒序串 t
    }
    int d[len+1][len+1];
    for(int i=0; i<=len; i++){
        for(int j=0; j<=len; j++){
            d[i][j] = 0;
        }
    }
    for(int j=1; j<=len; j++){             //求串 s,t 最长公共子串长度
        for(int i=1; i<=len; i++){
            if(s[i]==t[j]){
                d[i][j] = d[i-1][j-1]+1;
            }
            else{
                d[i][j] = d[i-1][j];
                if(d[i][j]<d[i][j-1])
                    d[i][j] = d[i][j-1];
            }
        }
    }
    printf("%d\n", len - d[len][len]);
    return 0;
}
```

【例 10-2】(第 12 届)砝码称重。(Dotcpp 编程(C 语言网):2604)

你有一架天平和 N 个砝码,这 N 个砝码质量依次是 $W_1, W_2, \cdots, W_N$。请你计算一共可以称出多少种不同的重量?注意砝码可以放在天平两边。

[输入格式]

输入的第一行包含一个整数 N。

第二行包含 N 个整数:$W_1, W_2, W_3, \cdots, W_N$。

[输出格式]

输出一个整数代表答案。

[样例输入]

```
3
1 4 6
```

[样例输出]

```
10
```

[评测用例规模与约定]

对于 50%的评测用例,1≤N≤15。

对于所有评测用例,1≤N≤100,N 个砝码总重不超过 100000。

分析:假设有 1g、2g、5g 三个砝码,因此能测的最大质量是 8g。则其状态转移具体过程如图 10-1 所示。

	0g	1g	2g	3g	4g	5g	6g	7g	8g
初始	0								
加入1g	0	1							
加入2g	0	1	2	3					
加入5g	0	1	2	3	4	5	6	7	8

图 10-1 砝码称重具体数据图例

初始时,天平没有砝码,所以仅能测 0g 质量的砝码;当加入 1g 砝码后,可测的质量是同侧 1g(0+1),异侧 1g(|0−1|),因此可测的砝码质量是 0g、1g;当加入 2g 砝码后,可测的质量是同侧 2g(0+1)、3g(1+2),异侧 2g(|0−2|)、1g(|1−2|),因此可测的砝码质量是 0g、1g、2g、3g;当加入 5g 砝码后,可测的质量是同侧 5g(0+5)、6g(1+5)、7g(2+5)、8g(3+5),异侧 5g(|0−5|)、4g(|1−5|),3g(|2−5)、2g(|3−5|),因此可测的砝码质量是 0g、1g、2g、3g、4g、5g、6g、7g、8g。

根据上述分析,若砝码共 n 个,其总质量为 total,每个砝码质量为数组 a[i],i∈[1,n],令加入第 i 个砝码的状态为二维数组 dp[i][v],v∈[0,total]。若 dp[i][v]为 true,表明当加入第 i 个砝码后,质量 v 是可测的。可知当加入第 i+1 个砝码后,其一般状态转移方程如下所示。

```
dp[i+1][v]+a[i+1] = true; |dp[i+1][v]-a[i+1]|=true;
```

因此,相关代码如下所示。

```c
#include<stdio.h>
#include<cmath>
#include<memory.h>
using namespace std;
int dp[101][100005];
int main()
{
    int n;
    int value;
    scanf("%d", &n);
    memset(dp[0],0,100005);
    dp[0][0] = 1;
    for(int i=1; i<=n; i++){
        memset(dp[i],0,100005);
        scanf("%d", &value);
        for(int j=0; j<=100000; j++){
            if(dp[i-1][j] == 1){
                dp[i][j] = 1;
                dp[i][j+value] = 1;
                dp[i][abs(j-value)] = 1;
            }
        }
    }
    int sum = 0;
    for(int i=1; i<=100000; i++){
        if(dp[n][i]==1)
            sum ++;
    }
    printf("%d\n", sum);
    return 0;
}
```

【例 10-3】(第 8 届)包子凑数。(Dotcpp 编程(C 语言网):1886)

小明几乎每天早晨都会在一家包子铺吃早餐。他发现这家包子铺有 N 种蒸笼,其中第 i 种蒸笼恰好能放 A_i 个包子。每种蒸笼都有非常多笼,可以认为是无限笼。

每当有顾客想买 X 个包子,卖包子的大叔就会迅速选出若干笼包子来,使得这若干笼中恰好一共有 X 个包子。比如一共有 3 种蒸笼,分别能放 3、4 和 5 个包子。当顾客想买 11 个包子时,大叔就会选 2 笼 3 个的再加 1 笼 5 个的(也可能选出 1 笼 3 个的再加 2 笼 4 个的)。

当然有时包子大叔无论如何也凑不出顾客想买的数量。比如一共有 3 种蒸笼,分别能放 4、5 和 6 个包子。而顾客想买 7 个包子时,大叔就凑不出来了。

小明想知道一共有多少种数目是包子大叔凑不出来的。

[输入格式]

第一行包含一个整数 N(1≤N≤100)。

以下 N 行每行包含一个整数 A_i(1≤A_i≤100)。

[输出格式]

一个整数代表答案。如果凑不出的数目有无限多个,输出 INF。

[样例输入]

```
2
4
5
```

[样例输出]

```
6
```

[提示]

示例数据不能凑出的有:1、2、3、6、7、11,共 6 个。

第 1 个问题:相当于给定 N 个整数 a_i,$i \in [1, n]$,$y = \sum_{i=1}^{n} a_i x_i$,何时不能凑出的数目(对 y 值来说)有无限多个?

很明显,若 $\{a_1, a_2, \cdots, a_n\}$ 的最大公约数为 1,则一定可以取到 $y = \sum_{i=1}^{n} a_i x_i = 1$。若 $\{a_1, a_2, \cdots, a_n\}$ 的最小公倍数为 u,大于 u 的数 v 一定可以表示成 $v = u + (v - u) \sum_{i=1}^{n} a_i x_i$。因此若不能凑出的数目无限多个,条件一定是 $\{a_1, a_2, \cdots, a_n\}$ 的最大公约数一定不为 1。

第 2 个问题:如何计算凑不出的数目有哪些呢?

我们可以进一步分析,若 $\{a_1, a_2, \cdots, a_n\}$ 的最大公约数为 1,则在这 N 个数中至少有两个具体的数 $\{a_k, a_l\}$ 的最大公约数是 1。根据已知:a_k,a_l 均小于或等于 100,它们的最小公倍数不会超过 10000,因此题目转化为:给定 N 个整数 a_i,每个数个数不限,$y = \sum_{i=1}^{n} a_i x_i$,且 y 不超过 10000,能有多少个 y 呢?

一个基本的思路是用动态规划实现,定义数组 d[],若 d[i]=1,表明 i 可以通过数组 a[] 元素的组合实现。其递推关系如下所示。

$$\begin{cases} d[i]=1 \rightarrow d[i+a[j]]=1, & j \in [1, n] \\ d[i]=0 \rightarrow i=i+1, & \text{继续判断} \\ \text{初始条件:} d[0]=1 \end{cases}$$

以示例数据 n=2,a={4,5} 为例,填充 d[] 数组过程(仅填充了部分)如图 10-2 所示。

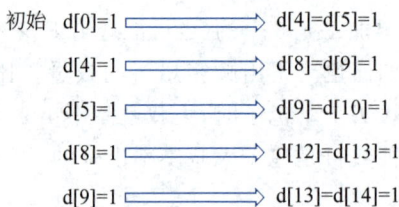

```
初始  d[0]=1  ⟹  d[4]=d[5]=1
      d[4]=1  ⟹  d[8]=d[9]=1
      d[5]=1  ⟹  d[9]=d[10]=1
      d[8]=1  ⟹  d[12]=d[13]=1
      d[9]=1  ⟹  d[13]=d[14]=1
```

图 10-2 例 10-3 样例数据部分填充图

填充完 d[] 数组后,从数组下标 1 遍历 d[] 元素,对 0 元素的个数累加和即为不能凑成的数的个数。

综上,本示例关键代码及注释如下所示。

```cpp
#include<cstdio>
int gcd(int a, int b){
    int mid;
    while(a%b!=0){
        mid = a;
        a = b;
        b = mid%b;
    }
    return b;
}
int main(){
    int n;
    scanf("%d", &n);
    int a[n];
    for(int i=0; i<n; i++)
        scanf("%d", &a[i]);
    int u = a[0];
    for(int i=1; i<n; i++){           //求 n 个数最大公约数
        u = gcd(u,a[i]);
    }
    if(u != 1){                       //非 1,则不能凑成数的个数为无限个
        printf("INF\n");
        return 0;
    }
    int d[10000] = {0};
    d[0] = 1;                         //动态规划初始值设置
    for(int i=0; i<10000; i++){       //两个两位整型数最小公倍数上限 10000
        if(d[i]!=0){                  //表明 i 可由 a[]元素凑成
            for(int j=0; j<n; j++){
                if(i+a[j]>10000) continue;
                d[i+a[j]] = 1;        //同样 i+a[j]也一定能凑成
            }
        }
    }
    int sum = 0;
    for(int i=1; i<=10000; i++){
        if(d[i]==0) sum++;            //累积元素 0 个数
    }
    printf("%d\n", sum);             //即为不能凑成数的个数
    return 0;
}
```

【例 10-4】(第 13 届)李白打酒加强版。(Dotcpp 编程(C 语言网):2662)

话说大诗人李白,一生好饮。幸好他从不开车。一天,他提着酒壶,从家里出来,酒中有酒 2 斗。他边走边唱:"无事街上走,提壶去打酒。逢店加一倍,遇花喝一斗。"

这一路上,他一共遇到店 N 次,遇到花 M 次。已知最后一次遇到的是花,他正好把酒喝光了。

请你计算李白这一路遇到店和花的顺序,有多少种不同的可能?

注意：壶里没酒(0 斗)时遇店是合法的,加倍后还是没酒;但是没酒时遇花是不合法的。

[输入格式]

第一行包含两个整数 N 和 M。

[输出格式]

输出一个整数表示答案。由于答案可能很大,输出模 1000000007 的结果。

[样例输入]

```
5 10
```

[样例输出]

```
14
```

[提示]

如果我们用 0 代表遇到花,1 代表遇到店,14 种顺序如下:

```
010101101000000
010110010010000
011000110010000
100010110010000
011001000110000
100011000110000
100100010110000
010110100000100
011001001000100
100011001000100
100100011000100
011010000010100
100100100010100
101000001010100
```

对于 40% 的评测用例: $1 \leq N, M \leq 10$。

对于 100% 的评测用例: $1 \leq N, M \leq 100$。

分析：设 f[i][j][k] 表示李白经过 i 个店,j 个花后还剩 k 升酒的总方案数。f[i][j][k] 满足"逢店加一倍,遇花喝一斗"规则,分为两种情况,如下所示。

① 当 k 是奇数时,其前一状态如何呢? 由于"逢店加一倍"规则,因此遇店后酒的数量一定是偶数。而 k 是奇数,因此对当前状态 f[i][j][k] 而言,其前一状态一定是遇到花,是 f[i][j-1][k+1],从数量上来说 f[i][j][k]=f[i][j-1][k+1]。

② 当 k 是偶数时,对当前状态 f[i][j][k] 而言。其前一状态可能是遇到花,对应值 f[i][j-1][k+1];也可能是遇到店,对应值 f[i-1][j][k/2]。从数量上来说 f[i][j][k]= f[i][j-1][k+1]+f[i-1][j][k/2]。

③ 对 f[i][j][k] 而言,i 代表遇到店,范围是[1,N],j 代表遇到的花,范围是[1,M],那么 k 的范围是多少呢? 很明显是与遇到花的数目 j 相关的,是[1,j]。

④ 那么,动态规划初始值如何确定呢? 同时也为了更好理解动态规划最优解过程,以

图 10-3 加以说明。

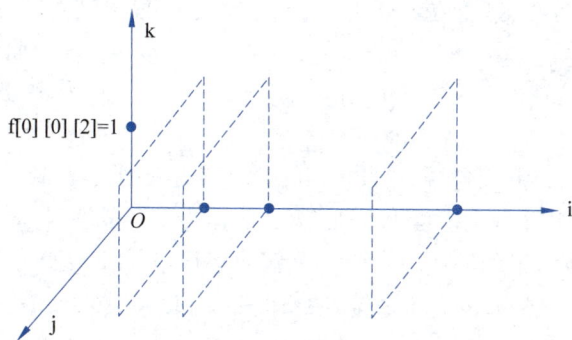

图 10-3　动态规划三维图例

　　初始时 f[0][0][2]=1 含义是没有经过店、花剩余酒量 2 升的方案数是 1。当仅经过 i 轴时，经过 1 个店后酒量变为 4 升，则 f[1][0][4]=1；经过 2 个店后酒量变为 8 升，则 f[2][0][8]=1，什么时候结束呢？当对第 i 个店而言，2^i＞M 时截止。当仅经过 j 轴时，经过 1 个花后酒量变为 1 升，则 f[0][1][1]=1；不能继续沿 j 轴初始化了，则到此为止。

　　综上所述，该题目关键代码如下所示。

```cpp
#include<cstdio>
#include<cmath>
#define N 1000000007
long long f[105][105][105];
using namespace std;
int main(){
    int n,m;
    scanf("%d%d", &n, &m);
    int value = 2;
    for(int i=0; ; i++){                     //初始化图 10-3 中 i 轴
        f[i][0][value] = 1;
        value *= 2;
        if(value>m) break;
    }
    f[0][1][1] = 1;                          //初始化图 10-3 中 j 轴
    for(int i=1; i<=n; i++){
        for(int j=1; j<=m; j++){
            for(int k=1; k<=m-j; k++){
                if(k%2==1){                  //奇数
                    f[i][j][k] = f[i][j-1][k+1];
                }
                else{                        //偶数
                    f[i][j][k] = (f[i][j-1][k+1] + f[i-1][j][k/2])%N;
                }
            }
        }
    }
    printf("%lld\n", f[n][m-1][1]);
    return 0;
}
```

可以发现,最终结果是 f[n][m−1][1],不是 f[n][m][0]。为什么呢? 这是因为本例算法三重循环中循环变量 i、j、k 是从 1 开始的,也就是说根本没有填充 f[i][j][0];按上文动态规划可得:f[n][m][0]=f[n][m−1][1]+f[n−1][m][0/2],而 f[n−1][m][0/2]=f[n−1][m][0]=0,从理论上来说 f[n][m][0]=f[n][m−1][1],因此直接输出 f[n][m−1][1]即可。

【例 10-5】(第 10 届)最优包含。(Dotcpp 编程(C 语言网):2562)

我们称一个字符串 S 包含字符串 T 是指 T 是 S 的一个子序列,即可以从字符串 S 中抽出若干个字符,它们按原来的顺序组成一个新的字符串与 T 完全一样。给定两个字符串 S 和 T,请问最少修改 S 中的多少个字符,能使 S 包含 T?

[输入格式]

输入两行,每行一个字符串。第一行的字符串为 S,第二行的字符串为 T。两个字符串均非空而且只包含大写英文字母。

[输出格式]

输出一个整数,表示答案。

[样例输入]

```
ABCDEABCD
XAABZ
```

[样例输出]

```
3
```

[评测用例规模与约定]

对于 20% 的评测用例,$1 \leqslant |T| \leqslant |S| \leqslant 20$。

对于 40% 的评测用例,$1 \leqslant |T| \leqslant |S| \leqslant 100$。

对于所有评测用例,$1 \leqslant |T| \leqslant |S| \leqslant 1000$。

分析:令 d[i][j]表示 S 串中前 i 个字符转变为 T 串中前 j 个字符需要修改的最少字符数目,因此求出 d[i][j]的动态转移方程是关键,如图 10-4 所示。

	S[1]	S[2]	S[3]		S[i−1]	S[i]
T[1]	d[1][1]	d[2][1]	d[3][1]	……	d[i−1][1]	d[i][1]
T[2]		d[2][2]	d[3][2]	……	d[i−1][2]	d[i][2]
……		……	……	……	……	……
T[j−1]					d[i−1][j−1]	d[i][j−1]
T[j]					d[i−1][j]	?

图 10-4　d[i][j]填充示意图

① 图 10-4 中 d[i][j]若有效,则 i 必须大于或等于 j(否则串 S 无法经过修改变为串 T)。因此当 T 串中取 1 个字符 T[1]时,有效填充是 d[1][1],d[2][1],…;当此 T 串中取 2 个字符 T[1]、T[2]时,有效填充是 d[2][2],d[3][2],以此类推。

② 当求 d[i][j]，即图 10-4 中的"?"时，图 10-4 中的其他 d[i][j] 都已经计算完毕。当 s[i]＝d[j]时很明显 d[i][j] ＝ d[i－1][j－1]；当 s[i] 不等于 d[j]时，有两种情况：其一是将 s[i]修改为 t[j]，此时修改的总次数为 value1＝d[i－1][j－1]＋1；其二是与 s[i]无关，通过图 10-4，可看出 value2＝d[i－1][j] 含义是 s 中前[i－1]个字符转换为 t[j]的修改次数。因此 d[i][j]＝min(d[i－1][j－1]＋1，d[i－1][j])即可。

③ 以题中所给测试数据为例，其数据填充过程如表 10-1 所示。为了统一数据处理，将 d 二维数组第一行全设置为 0。

表 10-1　测试数据填充表

T＼d ＼S		A	B	C	D	E	A	B	C	D
	0	0	0	0	0	0	0	0	0	0
X		1	1	1	1	1	1	1	1	1
A			2	2	2	2	1	1	1	1
A				3	3	3	2	2	2	2
B					4	4	4	2	2	2
Z						5	5	3	3	3

本示例关键代码如下所示。

```
#include<cstdio>
#include<cstring>
int d[1005][1005];
int main(){
    char s[1005];
    char t[1005];
    scanf("%s", s);
    scanf("%s", t);
    int ls = strlen(s);
    int lt = strlen(t);
    for(int i=0; i<1005; i++){          //置二维数组 d 元素初值均为 0
        for(int j=0; j<1005; j++){
            d[i][j] = 0;
        }
    }
    for(int i=0; i<lt; i++){
        for(int j=i; j<ls; j++){
            if(j==i){
                if(s[j]==t[i])
                    d[i+1][i+1] = d[i][i];
                else
                    d[i+1][i+1] = d[i][i]+1;
            }
            else{
                if(s[j]==t[i])
                    d[i+1][j+1] = d[i][j];
                else{
```

```
                d[i+1][j+1] = d[i+1][j];
                if(d[i+1][j]>d[i][j]+1)
                    d[i+1][j+1] = d[i][j]+1;
            }
        }
    }//for
}//for
printf("%d\n", d[lt][ls]);
return 0;
}
```

【例 10-6】（第 14 届）接龙数列。（Dotcpp 编程（C 语言网）：3152）

对于一个长度为 K 的整数数列：$A_1, A_2, \cdots, A_K$，我们称之为接龙数列当且仅当 A_i 的首位数字恰好等于 A_{i-1} 的末位数字（$2 \leqslant i \leqslant K$）。

例如，12,23,35,56,61,11 是接龙数列；12,23,34,56 不是接龙数列，因为 56 的首位数字不等于 34 的末位数字。所有长度为 1 的整数数列都是接龙数列。

现在给定一个长度为 N 的数列 $A_1, A_2, \cdots, A_N$，请你计算最少从中删除多少个数，可以使剩下的序列是接龙序列？

[输入格式]

第一行包含一个整数 N。

第二行包含 N 个整数 $A_1, A_2, \cdots, A_N$。

[输出格式]

一个整数代表答案。

[样例输入]

```
5
11 121 22 12 2023
```

[样例输出]

```
1
```

[提示]

删除 22，剩余 11,121,12,2023 是接龙数列。

对于 20% 的数据，$1 \leqslant N \leqslant 20$。

对于 50% 的数据，$1 \leqslant N \leqslant 10000$。

对于 100% 的数据，$1 \leqslant N \leqslant 10^5, 1 \leqslant A_i \leqslant 10^9$。所有 A_i 保证不包含前导 0。

分析：设 dp[i] 表示数字中个位以 i 为结尾的最长接龙序列长度，$i \in [0,9]$。例如：若数据集为[12,23,2,2]，则以 2 为结尾的最长接龙序列长度为 dp[2]=3，数据为[12,2,2]；以 3 为结尾的最长接龙序列长度为 dp[3]=3，数据为[12,23]。因此若求出了 dp[0]～dp[9]，求出 dp[0]～dp[9] 的最大值，用数据总数 N 减去该最大值即为所求。

当读取数据序列中某数据 a 时，可获取 a 的首位数字 h 及个位数字 t，dp[t] 有两个分支：一个是不包含 a 数据的 dp[t]，一个是包含 a 数据的 dp[h]+1。因此得出状态转移方程如下所示。

$$dp[t] = \max(dp[h] + 1, dp[t])$$

综上,本示例代码及注释如下所示。

```
#include<cstdio>
#include<cstring>
#include<algorithm>
int dp[10] = {0};
char s[20];
int value;
using namespace std;
int main(){
    int n, value;
    int h, t;
    scanf("%d", &n);
    for(int i=1; i<=n; i++){
        scanf("%s", s);
        h = s[0] - '0';                    //求数字首位数字
        t = s[strlen(s)-1] - '0';          //求尾部数字
        dp[t] = max(dp[h]+1, dp[t]);       //状态转移方程
    }//for(int i=1; i<=n; i++)
    int u = dp[0];
    for(int i=0; i<10; i++){               //获取 dp[0]~dp[9]的最大接龙序列长度
        if(u<dp[i])
            u =dp[i];
    }
    printf("%d\n", n-u);                   //原数据个数 n 减去最长接龙序列长度即为所求
    return 0;
}
```

◆ 10.3 区间动态规划

其特点是:把问题划分成若干区间,通过合并小区间的解来得到大区间的解。状态通常是区间的两个端点,表示区间上的某种最优值。

根据小区间向大区间转移情况的不同,常见的区间 DP 问题可以分为两种:

① 单个区间从中间向两侧更大区间转移的区间 DP 问题。比如从区间[i+1,j−1]转移到更大区间[i,j]。

② 多个(大于或等于 2 个)小区间转移到大区间的区间 DP 问题。比如从区间[i,k]和区间[k,j]转移到区间[i,j]。

下面通过例题讲解一下这两种区间 DP 问题的基本解题思路。

【e10-1】 合并石子。(Dotcpp 编程(C 语言网):3060)

在一个操场上一排地摆放着 N 堆石子。现要将石子有次序地合并成一堆。规定每次只能选相邻的 2 堆石子合并成新的一堆,并将新的一堆石子数记为该次合并的得分。计算出将 N 堆石子合并成一堆的最小得分。

[输入格式]

第一行为一个正整数 N(2≤N≤100);以下 N 行,每行一个正整数,小于 10000,分别表示第 i 堆石子的个数(1≤i≤N)。

[输出格式]

一个正整数,即最小得分。

[样例输入]

```
7
13
7
8
16
21
4
18
```

[样例输出]

```
239
```

分析:设石堆编号为 1～n,令 dp[i][j]表示合并编号为 i 到 j 石堆的最小得分,因此 dp[1][n]即是所求。很明显,我们不能直接获得 dp[1][n]。但是能够方便得出 dp[1][2]、dp[2][3]、dp[3][4]、……、dp[n−1][n];进而得出 dp[1][3]、dp[2][4]、dp[3][5]、……、dp[n−2][n];进而得出 dp[1][4]、dp[2][5]、dp[3][6]、……、dp[n−3][n];以此类推,直到获得 dp[1][n]。

对 dp[i][j]而言,可以推出一般的状态转移方程,如下所示。

$$dp[i][j] = \min(dp[i][k] + dp[k+1][j] + sum(i,j))$$

k 是枚举变量,k∈[i,j],sum(i,j)表示第 i 堆石子到第 j 堆石子的总数量,该公式含义是:[i,j]堆石子合并,最终都要转化为剩下的两堆石子(等价于 dp[i][k]及 dp[k+1][j])的得分和及最后一次的合并 sum(i,j)得分之和。由于 k 是动态变化的,因此获取最小的 dp[i][j]即可。

为了更好说明问题,以 n=4,石子数量为 1、3、2、6 为例,说明 dp[] 数组变化情况,如表 10-2 所示。

表 10-2　dp[]数组变化情况表

描述	状态	说明
初始	dp[1][1]=dp[2][2]=dp[3][3]=dp[4][4]=0	本身合并得分为 0
步长为 1	dp[1][2]=dp[1][1]+dp[2][2]+(1+3)=4 同理 dp[2][3]=5,dp[3][4]=8	
步长为 2	dp[1][3]有两种情况 　-dp[1][1]+dp[2][3]+(1+3+2)=0+5+6=11 　-dp[1][2]+dp[3][3]+(1+3+2)=4+6=10 所以 dp[1][3]最小值为 dp[1][3]=10 同理得 dp[2][4] = 16	

续表

描述	状　态	说　明
步长为 3	dp[1][4]有三种情况 -dp[1][1]+dp[2][4]+(1+3+2+6)=0+16+12=28 -dp[1][2]+dp[3][4]+(1+3+2+6)=4+8+12=24 -dp[1][3]+dp[4][4]+(1+3+2+6)=10+0+12=22	dp[1][4] 最小值为 22，即为答案

综上，本示例代码及注释如下所示。

```
#include<cstdio>
#define INF 1e9
int dp[105][105], sum[105];
void calc(int i, int j){                //计算 dp[i][j]最小值
    int min = INF;
    int value;
    for(int k=i; k<j;k++){               //枚举[I,j]之间 k,获得不同的值
        value = dp[i][k]+dp[k+1][j]+sum[j]-sum[i-1];
        if(min>value)                   //获取枚举后的最小值
            min = value;
    }
    dp[i][j] = min;
}
int main(){
    int n;
    scanf("%d", &n);
    int a[n+1];
    sum[0] = 0;
    for(int i=1; i<=n; i++){
        scanf("%d", &a[i]);
        sum[i] += sum[i-1]+a[i];        //获得[1,i]编号石堆石子总数
        dp[i][i] = 0;                   //动态规划数据初始化
    }
    for(int step=1; step<n; step++){    //按不同步长计算 dp[i,j]
        for(int i=1; i+step<=n; i++){
            calc(i,i+step);
        }
    }
    printf("%d\n", dp[1][n]);           //打印结果
    return 0;
}
```

【e10-2】　戳气球。（力扣网站：312）

有 n 个气球，编号为 0～n−1，每个气球上都标有一个数字，这些数字存在数组 nums 中。现在要求你戳破所有的气球。戳破第 i 个气球，你可以获得 nums[i−1] * nums[i] * nums[i+1]枚硬币。这里的 i−1 和 i+1 代表和 i 相邻的两个气球的序号。如果 i−1 或 i+1 超出了数组的边界，那么就当它是一个数字为 1 的气球。求所能获得硬币的最大数量。

[输入样例 1]

3 1 5 8

[输出样例1]

> 167

[解释]

nums＝[3,1,5,8]→[3,5,8]→[3,8]→[8]→[]

coins＝3＊1＊5＋3＊5＊8＋1＊3＊8＋1＊8＊1＝167

[输入样例2]

> 1 5

[输出样例2]

> 10

[提示]

$1 \leqslant n \leqslant 300, 0 \leqslant nums[i] \leqslant 100$

分析：根据题意，相当于在原有 n 个气球的基础上左右增加了数字为 1 的各一个气球，求 n＋2 个气球戳气球游戏所获硬币的最大数量。设气球编号为 0～n－1(n＝n＋2)，则 dp[0][n－1]即为所求。很明显，我们不能直接获得 dp[0][n－1]。由于该游戏至少涉及三个气球，因此可方便得出 dp[0][2]、dp[1][3]、dp[2][4]、……、dp[n－3][n－1]；进而得出 dp[0][3]、dp[1][4]、dp[2][5]、……、dp[n－4][n－1]；进而得出 dp[0][4]、dp[1][5]、dp[2][6]、……、dp[n－5][n－1]；以此类推，直到获得 dp[0][n－1]。

对 dp[i][j]而言，可以推出一般的状态转移方程，如下所示。

$$dp[i][j] = \max(dp[i][k] + dp[k][j] + a[i] * a[k] * a[j])$$

k 是枚举变量，k∈(i,j)，a[i]、a[k]、a[j]是气球对应的相应数字，该公式含义是：[i,j]间编号气球进行游戏，最终都要转化为两部分气球(等价于 dp[i][k]及 dp[k][j])的得分和及最后一次 i、k、j 编号气球的游戏之和。由于 k 是动态变化的，因此获取最大的 dp[i][j]即可。

注意 dp[i,k]到最后剩下的是 i、k 编号的气球，dp[k][j]到最后剩下的是 k、j 编号气球，所以 dp[i][k]＋dp[k,j]的最后一次游戏一定是对(i,k,j)编号中的 j 编号气球进行操作，最后剩下的是(i,j)编号的气球。因此动态规划公式包含 dp[i][k]＋dp[k][j]，而不是 dp[i][k]＋dp[k＋1][j]。

为了更好说明问题，以初始 n＝3，气球数字为 3、1、5 为例，说明 dp[]数组变化情况，如表 10-3 所示(左右各增加一个气球后，数据为[1,3,1,5,1])。

表 10-3　dp[]数组变化情况表

描述	状态	说明
初始	dp[0][1]＝dp[1][2]＝dp[2][3]＝dp[3][4]＝0	两气球不能游戏，0
步长为2	dp[0][2]＝dp[0][1]＋dp[1][2]＋1＊3＊1＝4 同理 dp[1][3]＝15, dp[2][4]＝5	

续表

描　述	状　　　态	说　　明
步长为 3	dp[0][3]有两种情况 ① dp[0][1]+dp[1][3]+1*3*5＝0+15+15＝30 ② dp[0][2]+dp[2][3]+1*1*5＝4+0+5＝9 所以 dp[0][3]最大值为 dp[0][3]＝30 同理得 dp[1][4] ＝ 30	
步长为 3	dp[0][4]有三种情况 ① dp[0][1]+dp[1][4]+1*3*1＝0+30+3＝33 ② dp[0][2]+dp[2][4]+1*1*1＝4+5+1＝10 ③ dp[0][3]+dp[3][4]+1*5*1＝30+0+5＝35	dp[0][4]最大值为 35，即为答案

综上，本示例代码及注释如下所示。

```
#include<cstdio>
int n;
int a[305];
int dp[305][305];
void calc(int i, int j){              //计算 dp[i][j]，取最大值
    int max = 0;
    int value;
    for(int k=i+1; k<j;k++){
        value = dp[i][k] + dp[k][j] + a[i] * a[k] * a[j];
        if(max<value)
            max = value;
    }
    dp[i][j] = max;
}
int main(){
    int n= 1;
    while(scanf("%d", &a[n])==1){
        n ++;
    }
    a[0] = a[n] = 1;                  //补充左右两侧数字为 1 的气球
    for(int i=0; i<=n;i++){           //DP 初始化
        dp[i][i+1] = 0;               //dp[0][1]=dp[1][2]=…=dp[n-1][n]=0
    }
    n = n+1;
    for(int step=1;step<n;step++){
        for(int i=0; i+step<n; i++){
            calc(i, i+step);          //计算不同步长的 dp 数组
        }
    }
    printf("%d\n", dp[0][n-1]);
    return 0;
}
```

◈ 10.4 真题分析

【例 10-7】（第 9 届）**搭积木**。（Dotcpp 编程（C 语言网）：2292）

小明对搭积木非常感兴趣。他的积木都是同样大小的正立方体。在搭积木时，小明选取 m 块积木作为地基，将他们在桌子上一字排开，中间不留空隙，并称其为第 0 层。随后，小明可以在上面摆放第 1 层，第 2 层，……，最多摆放至第 n 层。摆放积木必须遵循三条规则。

规则 1：每块积木必须紧挨着放置在某一块积木的正上方，与其下一层的积木对齐；

规则 2：同一层中的积木必须连续摆放，中间不能留有空隙；

规则 3：小明不喜欢的位置不能放置积木。

其中，小明不喜欢的位置都被标在了图纸上。图纸共有 n 行，从下至上的每一行分别对应积木的第 1 层至第 n 层。每一行都有 m 个字符，字符可能是'.'或'X'，其中'X'表示这个位置是小明不喜欢的。

现在，小明想要知道，共有多少种放置积木的方案。他找到了参加蓝桥杯的你来帮他计算这个答案。

由于这个答案可能很大，你只需要回答这个答案对 1000000007（十亿零七）取模后的结果。

注意：地基上什么都不放，也算作是方案之一种。

[输入格式]

输入数据的第一行有两个正整数 n 和 m，表示图纸的大小。

随后 n 行，每行有 m 个字符，用来描述图纸。每个字符只可能是'.'或'X'。

对于 10％的数据，n＝1，m≤30；

对于 40％的数据，n≤10，m≤30；

对于 100％的数据，n≤100，m≤100。

[输出格式]

输出一个整数，表示答案对 1000000007 取模后的结果。

[样例输入]

```
2 3
..X
.X.
```

[样例输出]

```
4
```

分析：特别要理解好"规则 2：同一层中的积木必须连续摆放，中间不能留有空隙。"示例数据正确摆放及错误摆放如表 10-4 所示。

表 10-4 示例数据

类型	图 示	说 明
正确摆放		共 4 种正确情况
错误摆放		违背规则 2,同一层中积木必须连续,不能跨段摆放

可得:除地基全部摆放外,其他层都可能是由多个连续的段组成的,段间由'X'分隔,段内可摆放积木,但不能有两个段同时摆放积木。

为了更好说明算法,以具体数据加以说明,如表 10-5 所示。

表 10-5 算法说明表

描述	图 示	说 明
第 k 层某段可摆 4 个积木		积木位置为 1~4,令 d[k][l][r] 表示第 k 层[l,r]间均摆积木的摆放数量。假设步长为 0 时,d[k][1][1]、d[k][2][2]、d[k][3][3],d[k][4][4] 已算出;步长为 1 时,d[k][1][2]、d[k][2][3]、d[k][3][4] 已算出;步长为 2 时,d[k][1][3]、d[k][2][4] 已算出;步长为 3 时,d[k][1][4] 已算出
	如何根据 k 层的已知量计算出 k+1 层的所需 d[k+1][l][r] 呢?	
第 k+1 层可摆两个积木		仅摆放位置 2 积木时: $d[k+1][2][2]=d[k][1][2]+d[k][1][3]+d[k][1][4]+$ $\qquad d[k][2][2]+d[k][2][3]+d[k][2][4]$ 仅摆放位置 3 积木时: $d[k+1][3][3]=d[k][1][3]+d[k][1][4]+$ $\qquad d[k][2][3]+d[k][2][4]+$ $\qquad d[k][3][3]+d[k][3][4]$ 摆放位置 2、3 积木时: $d[k+1][2][3]=d[k][1][3]+d[k][1][4]+$ $\qquad d[k][2][3]+d[k][2][4]$

根据表 10-5,我们可推出更一般的情况,假设第 k 层有效的 d 数组均已计算完毕,现在来计算第 k+1 层有效的某段 d[k+1][l][r] 摆放积木数量。首先应根据第 k+1 层的 l、r 值,推出第 k 层的左右有效边界 start、end。根据第 k 层输入的字符串标志,由 l 位置向左侧遍历,遇到'X'停止,即可确定 start;由 r 位置向左侧遍历,遇到'X'停止,即可确定 end。这样,按照表 10-5 所示,就能计算出 d[k+1][l][r] 的值了。

综上,本示例关键代码及注释如下所示。

```cpp
#include<cstdio>
int d[2][105][105];
char s[105][105];
char t[2][105];
int n,m;
//d[0][l][r]:上一层数据
//t[0]:上一层的标识二维数组
```

```
long long calc(int l,int r){
    int start = l;
    int end = r;
    while(start>=0 && t[0][start]==1) start --;    //计算上一层的左边界
    while(end<m && t[0][end]==1) end ++;           //计算上一层的右边界
    start++; end --;
    int sum = 0;
    for(int u=start; u<=l; u++){                    //按表10-5计算摆放结果
        for(int v=r; v<=end; v++){
            sum += d[0][u][v];
            sum %= 1000000007;
        }
    }
    return sum%1000000007;
}
int main(){
    long long sum = 0;
    scanf("%d%d", &n,&m);
    for(int i=0; i<m; i++)
        t[0][i] = 1;
    for(int i=0; i<m; i++){                         //最底层全是1,且相连
        for(int j=i; j<m; j++){
            d[0][i][j] = 1;                         //动态规划初值设定
        }
    }
    for(int i=0; i<n; i++){
        scanf("%s", s[i]);                          //每层积木摆放状态
    }
    for(int i=n-1; i>=0; i--){
        for(int j=0; j<m; j++){
            if(s[i][j]=='.')
                t[1][j] = 1&t[0][j];                //t[1][j]=1, j 位置可放积木
            else
                t[1][j] = 0;                        //j 位置不能放积木
        }
        //计算层数
        int l = 0, r = 0;
        for(int u=0; u<m; u++){
            if(t[1][u]==0) continue;
            l = u;                                   //待计算下一层某段可放积木初值 l
            for(int v=u; v<m; v++){
                if(t[1][v]==0) break;
                r = v;                               //待计算下一层某段可放积木右边界 r
                //计算 d[1][l][r]是全 1 的情况
                if(i==n-1) d[1][l][r] = 1;           //紧挨地基层单独处理
                else
                    d[1][l][r] = calc(l,r);          //待计算下一层[l,r]位置都放积木时数量
                sum += d[1][l][r];                   //结果累加
                sum %= 1000000007;
            }//for(int v=u; v<m; v++)
        }//for(int u=0; u<m; u++)
        //进行数据交换
        for(int u=0; u<m; u++){
```

```
            t[0][u] = t[1][u];
        }
        for(int u=0; u<m; u++){              //利用滚动数组,保存动态规划初值
            for(int v=0; v<m; v++){
                d[0][u][v] = d[1][u][v];
            }
        }
    }//for(int i=0; i<n; i++)
    printf("%lld\n", (sum+1)%1000000007);    //加上单独的地基层后取余
    return 0;
}
```

【例 10-8】（第 14 届）**更小的数**。（Dotcpp 编程（C 语言网）：3143）

小蓝有一个长度均为 n 且仅由数字字符 0~9 组成的字符串,下标从 0 到 n−1,你可以将其视作是一个具有 n 位的十进制数字 num,小蓝可以从 num 中选出一段连续的子串并将子串进行反转,最多反转一次。小蓝想要将选出的子串进行反转后再放入原位置处得到的新的数字 num_{new} 满足条件 num_{new}＜num,请你帮他计算下一共有多少种不同的子串选择方案,只要两个子串在 num 中的位置不完全相同我们就视作是不同的方案。

注意,我们允许前导零的存在,即数字的最高位可以是 0,这是合法的。

[输入格式]

输入一行包含一个长度为 n 的字符串表示 num(仅包含数字字符 0~9),从左至右下标依次为 0~n−1。

[输出格式]

输出一行包含一个整数表示答案。

[样例输入]

```
210102
```

[样例输出]

```
8
```

[提示]

一共有 8 种不同的方案:

(1) 所选择的子串下标为 0~1,反转后的 numnew=120102＜210102;

(2) 所选择的子串下标为 0~2,反转后的 numnew=012102＜210102;

(3) 所选择的子串下标为 0~3,反转后的 numnew=101202＜210102;

(4) 所选择的子串下标为 0~4,反转后的 numnew=010122＜210102;

(5) 所选择的子串下标为 0~5,反转后的 numnew=201012＜210102;

(6) 所选择的子串下标为 1~2,反转后的 numnew=201102＜210102;

(7) 所选择的子串下标为 1~4,反转后的 numnew=201012＜210102;

(8) 所选择的子串下标为 3~4,反转后的 numnew=210012＜210102。

对于 20% 的评测用例,1≤n≤100;

对于 40％的评测用例,1≤n≤1000;

对于所有评测用例,1≤n≤5000。

分析:令子串为数组 s,累积变量为 sum,dp[i][j]代表[i,j]区间的子串翻转后的状态。dp[i][j]＝1 表明子串在原串相应位置处反转后新数小于原数;dp[i][j]＝0 表明子串在原串相应位置处反转后新数大于或等于原数。有如下判断。

当 s[i]＞s[j] ⟹ dp[i][j]＝1,sum＋＋

当 s[i]＜s[j] ⟹ dp[i][j]＝0,sum 维持原数

当 s[i]＝s[j] ⟹ dp[i][j]＝dp[i+1][j−1] ⟹ dp[i][j]＝1,sum＋＋

⟹ dp[i][j]＝0, sum 不变

很明显,首先令 dp[i][i]为 0,然后计算 dp[0][1]、dp[1][2]、……、dp[n−2][n−1],再计算 dp[0][2]、dp[1][3]、……、dp[n−3][n−1],再计算 dp[0][3]、dp[1][4]、……、dp[n−4][n−1],直至 dp[0][n−1]为止。

综上,本示例关键代码及注释如下所示。

```cpp
#include<cstdio>
#include<cstring>
using namespace std;
int dp[5000][5000];
int main(){
    int sum = 0;
    char s[5005];
    scanf("%s", s);
    int l,r;
    int len = strlen(s);
    for(int i=0; i<len; i++){
        dp[i][i] = 0;
    }
    for(int step=1;step<len;step++){      //步长为1,2,…,len-1
        for(int i=0; i+step<len; i++){
            l=i; r=i+step;                 //计算 dp[l][r]
            if(s[l]>s[r]){                 //新数<原数
                dp[l][r]=1; sum ++;        //设置状态,并累加结果值
            }
            else if(s[l]<s[r]){            //新数>原数,不进行任何操作
            }
            else{                          //最左、最右数据相等
                if(l+1>r-1) continue;
                dp[l][r] = dp[l+1][r-1];   //则用 dp[l+1][r-1]更新 dp[l][r]状态
                if(dp[l][r]==1)            //若满足新数<原数条件
                    sum ++ ;               //结果值累加
            }
        }
    }
    printf("%d\n", sum);
    return 0;
}
```

【例 10-9】（第 14 届）合并石子。（Dotcpp 编程（C 语言网）：3176）

在桌面从左至右横向摆放着 N 堆石子。每一堆石子都有着相同的颜色,颜色可能是颜色 0,颜色 1 或者颜色 2 中的其中一种。现在要对石子进行合并,规定每次只能选择位置相邻并且颜色相同的两堆石子进行合并。合并后新堆的相对位置保持不变,新堆的石子数目为所选择的两堆石子数目之和,并且新堆石子的颜色也会发生循环式的变化。具体来说:两堆颜色 0 的石子合并后的石子堆为颜色 1,两堆颜色 1 的石子合并后的石子堆为颜色 2,两堆颜色 2 的石子合并后的石子堆为颜色 0。本次合并的花费为所选择的两堆石子的数目之和。

给出 N 堆石子以及他们的初始颜色,请问最少可以将它们合并为多少堆石子? 如果有多种答案,选择其中合并总花费最小的一种,合并总花费指的是在所有的合并操作中产生的合并花费的总和。

[输入格式]

第一行一个正整数 N 表示石子堆数。

第二行包含 N 个用空格分隔的正整数,表示从左至右每一堆石子的数目。

第三行包含 N 个值为 0 或 1 或 2 的整数表示每堆石头的颜色。

[输出格式]

一行包含两个整数,用空格分隔。其中第一个整数表示合并后数目最少的石头堆数,第二个整数表示对应的最小花费。

[样例输入]

```
5
5 10 1 8 6
1 1 0 2 2
```

[样例输出]

```
2 44
```

[提示]

图 10-5 显示了两种不同的合并方式。其中,节点中标明了每一堆的石子数目,在方括号中标注了当前堆石子的颜色属性。左图的这种合并方式最终剩下了两堆石子,所产生的合并总花费为 15+14+15=44;右图的这种合并方式最终也剩下了两堆石子,但产生的合并总花费为 14+15+25=54。综上所述,我们选择合并花费为 44 的这种方式作为答案。

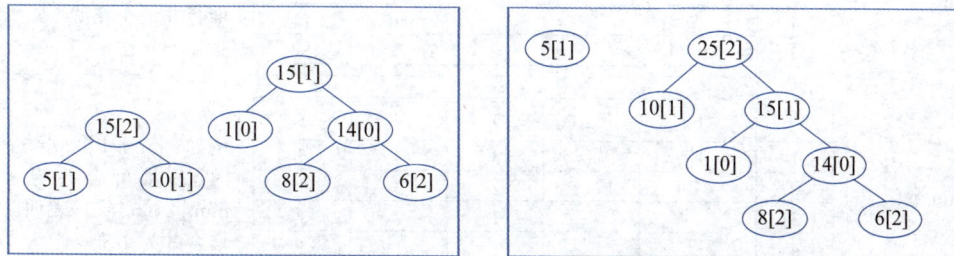

图 10-5 例 10-9 样例数据说明图

对于 30％的评测用例,1≤N≤10。

对于 50％的评测用例,1≤N≤50。

对于 100％的评测用例,1≤N≤300,1≤每堆石子的数目≤1000。

分析:令 a[]数组代表初始每堆石子个数,c[]数组代表初始每堆石子颜色数。三个重要的动态规划数组:d[i][j][c],三维数组,含义是[i,j]堆石子合并后颜色为 c 的总花费;cost[i][j],二维数组,含义是[i,j]堆石子合并后的最小花费;num[i][j],二维数组,含义是[i,j]堆石子合并后的堆数。

动态规划初值设定:由于求合并不同颜色石子的最小消费,cost 二维数组各元素均设为 INF(一个很大值);num[i][j]＝j－i+1,相当于未合并前 i,j 堆石子包括边界的间隔数;d 颜色合并三维数组,将 d[i][i][c[i]]设置为 0,其余所有元素均设置成 INF。

本示例涉及两次动态规划过程。如下所示。

① 动态填充 d 数组,同时完成 cost、num 的初步计算。

对 d 颜色合并三维数组而言,可以推出一般的状态转移方程,如下所示。

$$d[i][j][1] = \min(d[i][k][0] + d[k+1][j][0] + sum(i,j))$$
$$d[i][j][2] = \min(d[i][k][1] + d[k+1][j][1] + sum(i,j))$$
$$d[i][j][0] = \min(d[i][k][2] + d[k+1][j][2] + sum(i,j))$$
$$cost[i][j] = \min(dp[i][j][1], dp[i][j][2], dp[i][j][0]);$$
$$若 cost[i][j] < INF,表明 i \sim j 堆可合并,num[i][j] = 1$$

k 是枚举变量,k∈[i,j],sum(i,j)表示第 i 堆石子到第 j 堆石子的总数量,该公式含义是:[i,j]堆石子合并,等价于两堆石子(等价于 d[i][k]及 d[k+1][j])的花费和及最后一次的合并 sum(i,j)得分之和。由于 k 是动态变化的,颜色有三种,因此可获取最小的 d[i][j][0~2],据此,可计算出最小的 cost[i][j]及对应的 num[i][j]。

以样例数据为例,经过该次动态规划计算后,获得的 cost、num 数组元素值如表 10-6 所示。

表 10-6 样例数据第 1 次动态规划信息

| 样例数据 | 5
5 10 1 8 6
1 1 0 2 2 | | | | | |

cost 数组

i \ j	1	2	3	4	5
1	INF	15	INF	INF	INF
2		INF	INF	INF	54
3			INF	INF	29
4				INF	14
5					INF

例如:cost[1][2]＝5,表明[1,2]堆合并最小花费 15;cost[2][5]＝54,表明[2,5]堆合并最小花费 54

num 数组

i \ j	1	2	3	4	5
1	1	1	3	4	5
2		1	2	3	1
3			1	2	1
4				1	1
5					1

例如:num[1][2]＝1,表明[1,2]堆可合并为 1 堆;num[2][5]＝1,表明[2,5]堆合并为 1 堆

② 继续完善 cost、num 数组。

从表 10-6 可看出：第 1 次动态规划，只是把不同区间能合并的标识了，与不能合并的元素的相关性没考虑。例如 cost[1][2]＝15，而 cost[1][3]＝INF，正常来说[1,3]堆合并是在[1,2]堆合并的基础上，因此花费值 15 至少是 cost[1][3]的一个选项。因此第 2 次动态规划就是增加合并相关性，完善 cost、num 数组的填充。也就是说 cost[i][j]一定是合并[i,j]堆花费的最小值，num[i][j]一定是合并[i,j]堆最后剩下的堆数。

利用 num[i][j]是计算 cost[i][j]的关键，利用伪码描述如表 10-7 所示。

表 10-7　计算 num[i][j]伪码算法

```
If cost[i][j]<INF
    说明 cost[i][j]已确定
else
    nums = num[i][k]+num[k+1][j]        //k 是枚举变量,获取[i,j]堆合并堆数
    if nums<=num[i][j]                  //若合并后堆数更小
        num[i][j] = nums;              //设置堆数值
        costs = cost[i][k]+cost[k+1][j] //计算合并花销
        if cost[i][j]>costs             //若存在更小的花费
            cost[i][j]=costs
```

综上，本示例关键代码及注释如下所示。

```cpp
#include<cstdio>
using namespace std;
int INF = 1e9;                          //定义大值作为求最小值的初值
int a[1005]={0};                        //石子数量
int c[1005]={0};                        //石子颜色
int sum[1005]={0};                      //石子数目累加值
int d[1005][1005][3]={0};               //i、j 区间三种颜色合并数组
int num[1005][1005]={0};                //i、j 区间合并后最小堆数数组
int cost[1005][1005]={0};               //i、j 区间合并最小花费数组
int n;
void calc2(int l, int r){               //第 2 动态规划,增加相关性
    if(cost[l][r]<INF) return;          //最小花费已确定
    int nums, costs;
    for(int i=l; i<r; i++){             //见上文表 10-7 描述
        nums = num[l][i]+num[i+1][r];
        costs = (cost[l][i]+cost[i+1][r])%INF;
        if(num[l][r]>nums){
            num[l][r]=nums;
            cost[l][r] = costs;
        }
        else if(num[l][r]==nums){
            if(cost[l][r]>costs)
                cost[l][r] = costs;
        }
    }
}
void calc(int l, int r){                //第 1 次动态规划,仅计算哪些区域可合并
    int unit = sum[r] - sum[l-1];
```

```
    int value,costs,nums;
    for(int i=l; i<r; i++){
        for(int j=0; j<3; j++){
            value=d[l][i][j]+d[i+1][r][j]+unit;
            if(value<INF){                      //可以合并
                if(cost[l][r]>value){
                    cost[l][r] = value;          //填充 cost[l][r]
                    d[l][r][(j+1)%3] = value;
                }
                num[l][r] = 1;                   //填充 num[l][r]
            }
        }//for(int j)
    }//for(int i)
}
int main(){
    scanf("%d", &n);
    for(int i=1; i<=n; i++){
        scanf("%d", &a[i]);
        sum[i] = sum[i-1]+a[i];                  //石子累加数组
    }
    for(int i=1; i<=n; i++)
        scanf("%d", &c[i]);                      //颜色数组
    for(int i=1; i<=n; i++){
        for(int j=i; j<=n; j++){                 //设置动态规划初值
            for(int k=0; k<3; k++){
                d[i][j][k] = INF;
            }
            cost[i][j] - INF;
            num[i][j] = j-i+1;
        }
    }
    for(int i=1; i<=n; i++){
        d[i][i][c[i]]=0;
    }//for()
    for(int step=1; step<n; step++){
        for(int i=1; i+step<=n; i++){
            calc(i,i+step);                      //第 1 次动态规划
        }
    }
    for(int step=1; step<n; step++){
        for(int i=1; i+step<=n; i++){
            calc2(i,i+step);                     //第 2 次动态规划
        }
    }
    printf("%d %d\n", num[1][n],cost[1][n]);
    return 0;
}
```

◆ 10.5　树形动态规划

树形动态规划是动态规划的一种特殊形式。它是基于树这种数据结构来进行问题求解。把树的每个节点看作一个子问题,节点的状态通常和它的子节点状态有关。

🔷 10.6　真 题 分 析

【例 10-10】（第 12 届）左孩子右兄弟。（Dotcpp 编程（C 语言网）：2606）

对于一棵多叉树,我们可以通过"左孩子右兄弟"表示法,将其转化成一棵二叉树。如果我们认为每个节点的子节点是无序的,那么得到的二叉树可能不唯一。换句话说,每个节点可以选任意子节点作为左孩子,并按任意顺序连接右兄弟。给定一棵包含 N 个节点的多叉树,节点从 1 至 N 编号,其中 1 号节点是根,每个节点的父节点的编号比自己的编号小。请你计算其通过"左孩子右兄弟"表示法转化成的二叉树,高度最高是多少。注：只有根节点这一个节点的树高度为 0。

例如图 10-6 所示的多叉树。

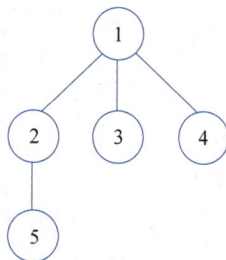

图 10-6　多叉树示例图

可能有以下 3 种（这里只列出 3 种,并不是全部）不同的"左孩子右兄弟"表示,如图 10-7 所示。

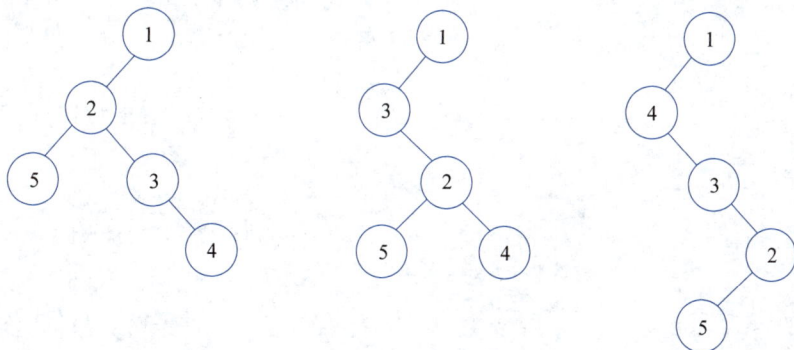

图 10-7　3 种可能的答案图

其中最后一种高度最高,为 4。

[输入格式]

输入的第一行包含一个整数 N。以下 N−1 行,每行包含一个整数,依次表示 2 至 N 号节点的父节点编号。

[输出格式]

输出一个整数表示答案。

[样例输入]

```
5
1
1
1
2
```

[样例输出]

```
4
```

[提示]

对于 30％的评测用例，$1 \leq N \leq 20$；

对于所有评测用例，$1 \leq N \leq 100000$。

分析：定义向量数组 vector ve[N＋1]，ve[i]保存了父节点 i 中子节点的具体编号。数组 f[i]表示经左孩子右兄弟变换后 i 为根节点的最大深度。则 f[1]即为所求。

对于 i 节点而言：其子节点个数为 ve[i].size()，由于规则是可以选任意子节点作为左孩子，并按任意顺序连接右兄弟，因此以 i 为根节点的树其深度至少是 ve[i].size()。再对 i 的各子节点进行 dfs 深度遍历，可获得不同的深度值，取其中最大的深搜值为 maxdepth，则 f[i]＝ve[i].size()＋maxdepth，即是以 i 为根节点的树的左孩子右兄弟操作后获得的树的深度的最大值。

综上，本示例关键代码及注释如下所示。

```cpp
#include<cstdio>
#include<vector>
using namespace std;
vector<int> ve[100005];          //ve[i]保存父节点 i 的子节点具体编号
int f[100005] = {0};             //f[i]表示以 i 为根节点的树的最大深度
int N;
void dfs(int node){
    f[node] = ve[node].size();   //node 节点深度至少等于其子节点个数
    int maxdepth = 0;
    for(int i=0; i<ve[node].size(); i++){
        dfs(ve[node][i]);            //深度搜索各子节点
        if(maxdepth <f[ve[node][i]])  //获得深搜深度的最大值
            maxdepth = f[ve[node][i]];
    }
    f[node] += maxdepth; //子节点个数+深搜深度最大值,是以 node 为根节点的深度最大值
}
int main(){
    int value;
    scanf("%d", &N);
    for(int i=2; i<=N; i++){
        scanf("%d", &value);
        ve[value].push_back(i);
    }
    dfs(1);
    printf("%d\n", f[1]);
    return 0;
}
```

【例 10-11】（第 6 届）**生命之树**。（Dotcpp 编程（C 语言网）：2264）

在 X 森林里，上帝创建了生命之树。他给每棵树的每个节点（叶子也称为一个节点）上，都标了一个整数，代表这个点的和谐值。上帝要在这棵树内选出一个非空节点集 S，使得对于 S 中的任意两个点 a、b，都存在一个点列{a,v1,v2,…,vk,b} 使得这个点列中的每个点都是 S 里面的元素，且序列中相邻两个点间有一条边相连。

在这个前提下，上帝要使得 S 中的点所对应的整数的和尽量大。这个最大的和就是上帝给生命之树的评分。

经过 atm 的努力,他已经知道了上帝给每棵树上每个节点上的整数。但是由于 atm 不擅长计算,他不知道怎样有效地求评分。他需要你为他写一个程序来计算一棵树的分数。

[输入格式]

第一行一个整数 n 表示这棵树有 n 个节点。

第二行 n 个整数,依次表示每个节点的评分。

接下来 n−1 行,每行 2 个整数 u、v,表示存在一条 u 到 v 的边。由于这是一棵树,所以是不存在环的。

对于 30％的数据,n≤10。

对于 100％的数据,0＜n≤10^5,每个节点的评分的绝对值不超过 10^6。

[输出格式]

输出一行一个数,表示上帝给这棵树的分数。

[样例输入]

```
5
1 -2 -3 4 5
4 2
3 1
1 2
2 5
```

[样例输出]

```
8
```

分析:本题旨在求在一棵树所有子树中,最大的评分和是多少。如图 10-8 示例数据图所示,节点[1、2、4、5]子树的评分和最大,为 1+(−2)+4+5=8。

我们先修改一下此题的内容:若根节点的和谐值等于其所有子树和谐值的和,若以 1 为根节点,求各节点的和谐值。很明显这是最基本的 dfs 深度搜索题目:先遍历各子树,再遍历根。设 dp[i]为各节点的和谐值,初始值题目已给。以示例为例,深搜过程值变化如表 10-8 所示。

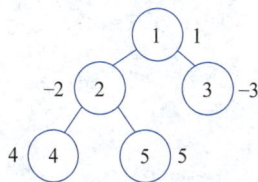

图 10-8　例 10-11 示例数据图

表 10-8　dp[i]深搜和谐值变化表(节点 1 为根)

序号	过　　程	说　　明
1	dp[4]=4, dp[5]=5	
2	dp[2]=dp[2]+dp[4]+dp[5]=−2+4+5=7	dp[2]由−2 变为 7
3	dp[3]=−3	
4	dp[1]=dp[1]+dp[2]+dp[3]=1+7+(−3)=5	dp[1]由 1 变为 5

再回归本题:思路和上述一致,对根节点来说,只加子树和谐值为正值的即可,则深搜过程值变化如表 10-9 所示。

表 10-9　dp[i]深搜和谐值变化表（节点 1 为根）

序号	过　　　程	说　　明
1	dp[4]＝4, dp[5]＝5	
2	dp[2]＝dp[2]＋dp[4]＋dp[5]＝－2＋4＋5＝7	dp[2]由－2 变为 7
3	dp[3]＝－3	
4	dp[1]＝dp[1]＋dp[2]＝1＋7＝8	dp[1]由 1 变为 8，因为 dp[3]＜0，不能加在 dp[1]上

从上表中，比较 dp[1]到 dp[5]，获得和谐值的最大值为 8。

综上，本示例关键代码及注释如下所示。

```cpp
#include<cstdio>
#include<vector>
using namespace std;
int n;
int a[100005];                          //初始节点和谐值数组
int mark[100005]={0};                   //深搜用到的节点标识数组
long long dp[100005] = {0};             //dp[i]表示以 i 为子树根节点的最大评分数组
vector<int> v[100005];                  //利用向量数组保存树结构
void dfs(int pos){
    dp[pos] = a[pos];                   //设置 pos 节点初始和谐值
    int u;
    for(int i=0; i<v[pos].size(); i++){ //深度搜索,遍历各子树
        u = v[pos][i];
        if(mark[u]==1) continue;
        mark[u] = 1;
        dfs(u);
        if(dp[u]>0)                     //若子树和谐值为正
            dp[pos] += dp[u];           //则累加父节点 pos 的和谐值
    }
}
int main() {
    scanf("%d", &n);
    for(int i=1; i<=n; i++)
        scanf("%d", &a[i]);
    int x, y;
    for(int i=1; i<n; i++){
        scanf("%d%d", &x, &y);
        v[x].push_back(y);
        v[y].push_back(x);
    }
    mark[1] = 1;
    dfs(1);                             //开始深度搜索
    long long max = 0;
    for(int i=1; i<=n; i++){            //求 dp[i]的最大值
        if(max<dp[i])
            max = dp[i];
    }
```

```
    printf("%lld\n", max);                    //输出结果
    return 0;
}
```

◇ 10.7 数位动态规划

数位动态规划是动态规划在数位相关问题上的应用。在这类问题中,一般是对数字的每一位进行分析。它常用来解决与数字范围有关的统计问题。

【e10-3】 Windy 数。(洛谷网站:P2657)

不含前导零且相邻两个数字之差至少为 2 的正整数被称为 windy 数。windy 想知道,在 a 和 b 之间,包括 a 和 b,总共有多少个 windy 数?

[输入格式]

输入只有一行两个整数,分别表示 a 和 b。

[输出格式]

输出一行一个整数表示答案。

[输入样例 1]

```
1 10
```

[输出样例 1]

```
9
```

[输入样例 2]

```
25 50
```

[输出样例 2]

```
20
```

[数据规模与约定]

对于全部的测试点,保证 $1 \leqslant a \leqslant b \leqslant 2 \times 10^9$。

分析:首先要理解 Windy 数指每个整数的相邻各个数位间数字只差至少是 2 的数。例如 136 是 Windy 数。因为 1、3 相差 2,3、6 相差 3。132 不是 Windy 数。因为虽然 1、3 相差 2,但 3、2 相差为 1。

设动态规划为二维数组 dp[i][j]。i 表示填到的整数位数,i≥1;j 表示填充的数字,0≤j≤9。dp[i][j] 含义是前向填充到整数第 i 位,首位数字是 j 的 Windy 数总数。很明显易得如下公式:

$$dp[i][j] = \sum_{i=2}^{12} \sum_{k=0}^{9} dp[i-1][k] \quad \text{满足条件:} |k-j| \geqslant 2。$$

初始状态值(1 位数据,首位 0~9)dp[1][0~9]=1。

例如填充 2 位数据,首位为 5 的 Windy 数总数(首位为 5,次位只能取 0、1、2、3、7、8、9) 为 dp[2][5]＝dp[1][0]＋dp[1][1]＋dp[1][2]＋dp[1][3]＋dp[1][7]＋dp[1][8]＋ dp[1][9]＝7。

因此,根据动态规划 dp[i][j]递推公式,可以方便求出二维数组 dp 各元素的具体值。对于本题而言,由于 $1 \leqslant a \leqslant b \leqslant 2 \times 10^9$,最多是 10 位数,算出二维数组 dp[11][10]各元素的具体值即可。这是完成本题功能的前提条件,之后再算出 a−1、b 中分别有多少个 Windy 数,两者相减即为答案。

所以,本题归结为:已知 dp[i][j]二维数组的具体值,如何求某整型数 value 内有多少 Windy 数呢? 以 value＝3687 为例加以说明,如下所示。

① 计算整位数的 Windy 数。value＝3689 是四位数,应包括 1 位～3 位所有整数的 Windy 数,也就是包括[1,9],[10,99],[100,999]间的 Windy 数,很明显计算公式为:

$$sum1 = \sum_{i=1}^{3} \sum_{k=0}^{9} dp[i][k]$$

由于计算个位数时,多加了数字 0,因此上式总数应为 sum1−1。

② 计算非整位数的 Windy 数,从最高位开始计算到最低位,这部分是最复杂的。

• 千位是 3,是四位数。应包含千位是 1、2 的所有 Windy 数。很明显计算公式为:
$$sum2＝dp[4][1]＋dp[4][2]$$
由于千位是 3,受百位数字影响,需看百位数据,才能算出有贡献的 Windy 数。

• 百位是 6,说明千位数是 3 时,百位数值可为 0～6,而仅有[30,31,35,36]可构成 Windy 数条件。所以应包含百位是 0、1、5 的所有 Windy 数。很明显计算公式为:
$$sum3＝dp[3][0]＋dp[3][1]＋dp[3][5]$$
由于百位是 6,受十位数字影响,需看十位数据,才能算出有贡献的 Windy 数。

• 十位是 8,说明百位数是 6 时,十位数值可为 0～8,而仅有[60,61,62,63,64,68]可构成 Windy 数条件。所以应包含十位是 0、1、2、3、4、8 的所有 Windy 数。很明显计算公式为:
$$sum4＝dp[2][0]＋dp[2][1]＋dp[2][2]＋dp[2][3]＋dp[2][4]＋dp[2][8]$$
由于十位是 8,受个位数字影响,需看个位数据,才能算出有贡献的 Windy 数。

• 个位是 7,说明十位数是 8 时,十位数值可为 0～7,而仅有[80,81,82,83,84,85,86]可构成 Windy 数条件。所以应包含十位是 0、1、2、3、4、5、6 的所有 Windy 数。很明显计算公式为:

$$sum5＝dp[1][0]＋dp[1][1]＋dp[1][2]＋dp[1][3]＋dp[1][4]＋dp[1][5]＋dp[1][6]$$

另外有一点需注意:若 value＝3479,计算到百位时,可构成的 Windy 数包括百位为 0、1、2 的情况。而百位是 4 时,与千位 3 构不成 Windy 数,无须继续计算即可。

综上,本示例的关键代码及注释如下所示。

```
#include<cstdio>
#include<cmath>
#include<vector>
using namespace std;
int a,b;                                    //两个整数
int dp[20][10];
```

```
vector<int> ve;                                     //保存整数的每个数位
void init(){
    for(int i=0; i<10; i++){                         //动态规划数组初始化
        dp[1][i] = 1;
    }
}
int calc(){
    bool mark = true;
    int total = 10;
    int size = ve.size();
    //累加整位数的 Windy 数
    for(int i=2; i<size; i++){
        for(int j=1; j<10; j++){
            total += dp[i][j];
        }
    }
    //累加最高位为 0~ve[size-1]的 Windy 数
    for(int i=1; i<ve[size-1]; i++){
        total += dp[size][i];
    }
    //累加次高位~个位的 Windy 数
    for(int i=size-2; i>=0; i--){
        int mid = ve[i];
        for(int j=0; j<mid; j++){
            if(abs(j-ve[i+1])>=2){
                total += dp[i+1][j];
            }
        }                                           //for(j)
        if(abs(mid-ve[i+1])<2){
            mark = false;break;
        }
    }                                               //for(i)
    if(mark == true)
        total += 1;
    return total;
}
int process(int value){
    if(value<10)
        return value+1;
    ve.clear();                                     //清空向量
    int mid = value;
    while(mid!=0){
        ve.push_back(mid%10);                       //保存数位值
        mid /= 10;
    }
    init();                                         //初始化 dp 数组
    int sum = 0;
    for(int i=2; i<=ve.size(); i++){                //计算 dp[i][j]的具体值
        for(int j=0; j<=9; j++){
            sum = 0;
            for(int k=0; k<=9; k++){
                if(abs(k-j)>=2){
                    sum += dp[i-1][k];
```

```
                }
              }
            dp[i][j] = sum;
        }//for(int j)
    }//for(int i)
    return calc();
}
int main(){
    scanf("%d%d", &a, &b);
    printf("%d\n",process(b) - process(a-1));
    return 0;
}
```

【e10-4】 数字计数。(洛谷网站：P2602)

给定两个正整数 a 和 b，求在[a,b]中的所有整数中，每个数码(digit)各出现了多少次。

[输入格式]

仅包含一行两个整数 a、b，含义如上所述。

[输出格式]

包含一行十个整数，分别表示 0~9 在[a,b]中出现了多少次。

[输入样例]

1 99

[输出样例]

9 20 20 20 20 20 20 20 20 20

数据规模与约定

对于 30% 的数据，保证 $a \leqslant b \leqslant 10^6$；

对于 100% 的数据，保证 $1 \leqslant a \leqslant b \leqslant 10^{12}$。

分析：本题看起来非常简单，利用常规方法代码也非常简短，如以下方法 1 示例代码所示。

```
#include<cstdio>
using namespace std;
int main(){
    int a,b,c;
    int f[20] = {0};
    scanf("%d%d", &a, &b);
    for(int i=a; i<=b; i++){
        int mid = i;
        while(mid!=0){                  //对每一个数而言
            f[mid%10]++;                 //累加相应的每一个数位
            mid /=10;
        }
    }
    for(int i=0; i<10; i++)
        printf("%d ", f[i]);            //打印每一个数位出现次数
    return 0;
}
```

但由于数据范围 $1 \leqslant a \leqslant b \leqslant 10^{12}$，很明显当数据大时一定超时。但可从此程序出发，看数位次数变化规律，如表 10-10 所示。

表 10-10　数位 0～9 出现次数变化表

输　　入	0	1	2	3	4	5	6	7	8	9
a=1 b=9	0	1	1	1	1	1	1	1	1	1
a=1 b=99	9	20	20	20	20	20	20	20	20	20
a=1 b=999	189	300	300	300	300	300	300	300	300	300
a=1 b=9999	2889	4000	4000	4000	4000	4000	4000	4000	4000	4000

可以看出：从 1～99…9 中，1～9 的出现次数是一致的，0 的出现次数是单独的。若令 $z[i]$、$f[i]$ 表示从 1 位到 i 位数据时，0 及 1～9 出现次数，可得如下递推公式：

$$\begin{cases} z[1]=0 \quad z[i]=z[i-1]*10+pow(10,i-1)-1 \\ f[1]=1 \quad f[i]=f[i-1]*10+pow(10,i-1) \end{cases}$$

对于本题而言，由于 $1 \leqslant a \leqslant b \leqslant 10^{12}$，最多是 13 位数，算出一维数组在 $z[14]$、$f[14]$ 各元素的具体值，这是完成本题功能的前提条件。之后再算出 $a-1$、b 中包含的 0～9 的各数位个数，两者相应数位值个数相减即为答案。

所以，本题归结为：已知 $z[]$、$f[]$ 一维数组的具体值，如何求某整型数 value 内每个整数各数位 0～9 的个数各是多少呢？用数组 $c[0]$～$c[9]$ 表示结果。以 value=3687 为例加以说明，如下所示。

① 计算整位数的数位 0～9 出现次数。value=3687 是四位数，应包括 1 位～3 位所有整数，也就是包括 [1,999] 间的所有整数数位 0～9 出现次数。很明显 0 出现次数为 $c[0]=z[3]=189$ 次，1～9 中每个数位的出现次数均是相同的为 $c[1\sim9]=f[3]=300$ 次。

② 计算非整位数的数位出现次数，从最高位开始计算到最低位，这部分是最复杂的。

- 千位是 3，是四位数。应包含千位是 1、2 的所有数。数字范围是 1000～1999 及 2000～2999，增加了 2 次 000～999，因此 $c[0]+=2*z[3]$，$c[1\sim9]+=2*f[3]$；千位 1,2 增加的数目各为 1000 个，因此 $c[1\sim2]+=1000$。

  千位是 3，数据范围是 3000～3687，千位为 3 的数字个数为 688（value%1000+1）个。所以 $c[3]+=688$。

- 百位是 6，是三位数。应包含百位是 0～5 的所有数。数字范围是 000～099，100～199，200～299，300～399，400～499，500～599。增加了 6 次 00～99，因此 $c[0]+=6*z[2]$，$c[1\sim9]+=6*f[2]$；千位 0～5 增加的数目各为 100 个，因此 $c[0\sim5]+=100$。

  百位是 6，数据范围是 600～687，百位为 6 的数字个数为 88（value%100+1）个。所以 $c[6]+=88$。

- 十位是 8，是两位数。应包含百位是 0～7 的所有数。数字范围是 00～09，10～19，20～29，30～39，40～49，50～59，60～69，70～79。增加了 8 次 0～9，因此 $c[0]+=8*z[1]$，$c[1\sim9]+=8*f[1]$；十位 0～7 增加的数目各为 10 个，因此 $c[0\sim7]+=10$。

十位是 8,数据范围是 80~87,十位为 8 的数字个数为 8(value%10+1)个。所以 $c[8]+=8$。

- 个位是 7,是一位数。数字范围为 0~7,则 $c[0~7]+=1$。

本例中计算非整位数的数位出现次数是通过递归实现的。有一点需注意,例如对 value=3687 而言,千位数字不能取 0,但在其他低位上可为 0,因此在递归计算时要区别对待。综上,方法 2 关键代码及注释如下所示。

```cpp
#include<cstdio>
#include<cmath>
#include<vector>
using namespace std;
long long f[20];
long long z[20];
vector<int> ve;
void init(){
    z[1] =0;
    f[1] =1;
    for(int i=2; i<16; i++){
        f[i] = f[i-1] * 10+pow(10,i-1);
        z[i] = z[i-1] * 10+pow(10,i-1)-1;
    }
}
void calc(long long value, int pos, long long * p){
    if(pos==0){
        for(int i=0; i<=vc[0]; i++)
            p[i]++;
        return;
    }
    if(ve[pos]>=1){
        if(pos==ve.size()-1){                     //计算最高位数字
            for(int i=0; i<10; i++)
                p[i] += f[pos] * (ve[pos]-1);
            long long inc = pow(10,pos);
            for(int i=1; i<ve[pos]; i++)          //最高位数字不能为 0
                p[i] += inc;
            p[ve[pos]] += (value%inc+1);
        }                                         //if(pos==)
        else{                                     //计算次高位~个位数字
            for(int i=0; i<10; i++)
                p[i] += f[pos] * (ve[pos]);
            long long inc = pow(10,pos);
            for(int i=0; i<ve[pos]; i++)
                p[i] += inc;
            p[ve[pos]] += (value%inc+1);

        }                                         //else
    }
    else{
        long long inc = pow(10,pos);
        p[0] += (value%inc+1);
    }
```

```
        calc(value, pos-1, p);
}
void process(long long value, long long * p){
        if(value<10){
            p[0] = 0;
            for(int i=1; i<=10; i++){
                i<=value? p[i]=1:p[i]=0;
            }
            return;
        }
        ve.clear();
        long long mid = value;
        while(mid!=0){
            ve.push_back(mid%10);
            mid /= 10;
        }
        int size = ve.size();
        //根据 size 初始化数据
        p[0] = z[size-1];                           //0 的个数
        for(int i=1; i<10; i++){
            p[i] = f[size-1];                       //其他个数初始化
        }
        calc(value, size-1, p);                     //处理最高位数据
}
int main(){
        init();
        long long a,b,c1[10],c2[10];
        scanf("%lld%lld", &a, &b);
        process(a-1, c1);
        process(b, c2);
        for(int i=0; i<10; i++){
            printf("%lld ", c2[i]-c1[i]);
        }
}
```

◆ 10.8 真 题 分 析

【例 10-12】(第 12 届)二进制问题。(Dotcpp 编程(C 语言网)：2619)

小蓝最近在学习二进制。他想知道 $1\sim N$ 中有多少个数满足其二进制表示中恰好有 K 个 1。你能帮助他吗？

[输入格式]

输入一行包含两个整数 N 和 K。

[输出格式]

输出一个整数表示答案。

[样例输入]

[样例输出]

```
3
```

[提 示]

对于 30％的评测用例，$1 \leqslant N \leqslant 10^6$，$1 \leqslant K \leqslant 10$。

对于 60％的评测用例，$1 \leqslant N \leqslant 2 \times 10^9$，$1 \leqslant K \leqslant 30$。

对于所有评测用例，$1 \leqslant N \leqslant 10^{18}$，$1 \leqslant K \leqslant 50$。

分析：假设 N＝18，K＝2，其二进制表示为｛1010｝。很明显数位为 1 的有两种情况：选择或不选择；数位为 0 的只能是选择，但对结果无贡献。

① 首位是 1，若选择的话，只需从后三位｛010｝中选择一个 1 即可；若不选择，则后三位均可为 1，也就是从 111 中选择 2 个 1 即可，后一种情况相当于二项式 C_3^2，因此满足条件的数目为：

$$\text{sum}＝\{010\}\text{中选择一个 1 的数目}＋C_3^2$$

② 对｛010｝来说，首位为 0，不影响计算结果，即

｛010｝中选择一个 1 的数目＝｛10｝中选择一个 1 的数目。

③ 对｛10｝来说，首位为 1，若选择的话，只需从后 1 位｛0｝中选择 0 个 1 即可；若不选择，则后一位均可为 1，也就是从｛1｝中选择一个 1 即可，后一种情况相当于二项式 C_1^1，因此满足条件的数目为：

$$\{10\}\text{中选择一个 1 的数目}＝\{0\}\text{中选择 0 个 1 数目}＋C_1^1$$

从上述分析，可得出更一般的结论，N 的二进制为｛$a_1 a_2 \cdots a_m$｝，由于高位 a_1 不为零，所以满足条件的答案是：

$$\text{ans}＝\{a_2 \cdots a_m\}\text{中选取 k}-1\text{个 1 的数目}＋C_{m-2+1}^k$$

再继续根据｛$a_2 \cdots a_m$｝中 a_2 是否为 1 继续进行化简，直至结束。

综上，本示例关键代码及注释如下所示。

```cpp
#include<cstdio>
#include<vector>
using namespace std;
long long n;
int k;
vector<int> ve;                    //保存整数每位数字的向量
unsigned  long long cnk(int n,int m){  //计算数学二项式 Cₙᵐ
    long long s = 1;
    int k = 1;
    if(m > n/2)
        m = n-m;
    for(int i=n-m+1;i<=n;i++){
        s *= (long long)i;
        while(k<=m && s%k == 0){
            s /= (long long)k;
            k++;
        }
    }
    return s;
```

```
}
long long calc(int pos, int k){
    if(pos+1<=k) return 0;                      //递归结束条件 1
    if(k==0) return 1;                          //递归结束条件 2
    if(ve[pos]==1)                              //若数位为 1
        return calc(pos-1, k-1) + cnk(pos,k);   //则结果为两部分之和
    return calc(pos-1,k);                       //若数位为 0,则从 pos-1 位数位选取 k 个 1
}
int main(){
    scanf("%lld%d", &n, &k);
    while(n!=0){
        ve.push_back(n%2);                      //保存每位数字的向量
        n /= 2;
    }
    if(k==1){
        printf("%d\n", ve.size());
        return 0;
    }
    long long ans = calc(ve.size()-1,k);
    printf("%lld\n", ans);
    return 0;
}
```

第11章

区间运算算法

区间运算算法一般包含大量的查询操作，常用的高效区间运算算法包括树状数组、线段树、ST(sparse table)表操作。

◆ 11.1 树 状 数 组

11.1.1 引入

例如，我们经常会遇到这样的问题：已知某数组 a[i]，有 n 个元素，有 m 个问题，每个问题包含数组起始位置 start，结束位置 end，求[start,end]之间的元素和。同学们立刻就能写出如下的代码。

```
for(int i=0; i<m; i++){                    //第 1 重循环
    scanf("%d%d", &start, &end);
    int sum = 0;
    for(int j=start; j<=end; j++){          //第 2 重循环
        sum += a[j];
    }
}
```

分析得出：当数组元素为 n，问题个数为 m，其时间消耗为 O(nm)。随着 m、n 的增大，其时间消耗增加得非常快。同时我们隐约地感觉到对于不同的 start、end 来说，有许多元素都是重复累加的，那么如何避免这些重复累加，降低时间消耗呢？树状数组即是一种较好的解决方案。

11.1.2 原理

树状数组是一个查询和修改复杂度都为 log(n) 的数据结构。主要用于查询任意两位之间的所有元素之和，但是每次只能修改一个元素的值；经过简单修改可以在 log(n) 的复杂度下进行范围修改。

11.1.2.1 树状数组构造原理

已知原数组 a[i]，如何构建树状数组 c[i] 呢？以数组大小 10 个元素为例，其示意图如图 11-1 所示。

由图 11-1 可得：

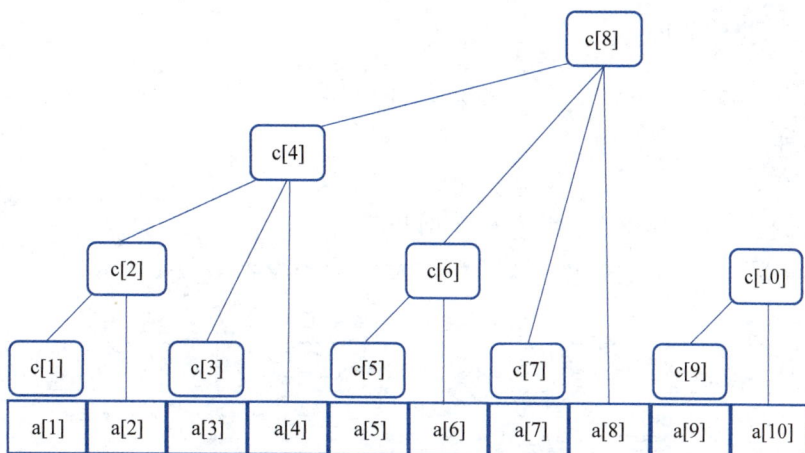

图 11-1　树状数组生成示意图

```
c[1] = a[1]
c[2] = c[1]+a[1]                        //a[1]+a[2]
c[3] = a[3]
c[4] = c[2]+c[3]+a[4]                   //前 4 项之和
c[5] = a[5]
c[6] = c[5]+a[6]                        //a[5]+a[6]
c[7] = a[7]
c[8] = c[4]+c[6]+c[7]+a[8]              //前 8 项之和
c[9] = a[9]
c[10]= c[9]+a[10]                       //a[9]+a[10]
```

可以看出，对 c[i] 来说，当 i 是奇数时，c[i]＝a[i]，c[i] 仅与一个 a[i] 关联；当 i 是偶数时，它与若干 a[i] 相连，看文中如下的转换表示。

$$c[2] = c[2^1] = c[1]+a[1]= \sum_{i=1}^{2}a[i] \qquad //与 2 个 a[i] 相连$$

$$c[4] = c[2^2] = c[2]+c[3]+a[4] == \sum_{i=1}^{4}a[i] \qquad //与 4 个 a[i] 相连$$

$$c[6] = c[2^2+2^1] = c[5]+a[6]= \sum_{i=5}^{6}a[i] \qquad //与 2 个 a[i] 相连$$

$$c[8] = c[2^3] = c[4]+c[6]+c[7]+a[8] = \sum_{i=1}^{8}a[i] \qquad //与 8 个 a[i] 相连$$

$$c[10] = c[2^3+2^1] = c[9]+a[10]= \sum_{i=9}^{10}a[i] \qquad //与 2 个 a[i] 相连$$

推而广之，对任意偶数 k 可表示为如下公式 1 形式：

$$k = 2^{m1} + 2^{m2} + \cdots + 2^{mn} \qquad (m1 > m2 > \cdots > mn，各个值均大于 0) \qquad （公式 1）$$

则 c[k] 本质上与最小的 2^{mn} 个 a[i] 相连。

对于 k 为奇数时，c[k] 仅与 a[k] 相关联，可以理解为 k 可以表示为公式 2 形式：

$$k = 2^{m1} + 2^{m2} + \cdots + 2^0 \qquad\qquad （公式 2）$$

由于最小的非 0 数是 2^0（即数字 1），因此，c[k] 仅与一个 a[k] 相关联。

综合公式 1、公式 2，任意项 k 都可以分解为二进制的多个非 0 多项式之和，c[k] 与最小的非 0 多项式相关。

11.1.2.2 操作原理

树状数组有两个主要操作：单点更新及区间求和。为了便于理解，先讲解区间求和，然后讲解单点更新。

1. 区间求和

即将求 $\sum a[i]$ 的和转化为求 $\sum c[i]$ 的和。

第一种情况：求前 n 项的和。以图 11-1 为例，求和表如表 11-1 所示。

表 11-1　树状数组求和示例表

序号	和	原　数　组	项数	树　状　数　组	项　数
1	sum(1)	a[1]	1	c[1]	1
2	sum(2)	a[1]+a[2]	2	c[2]	1
3	sum(3)	a[1]+…+a[3]	3	c[2]+c[3]	2
4	sum(4)	a[1]+…+a[4]	4	c[4]	1
5	sum(5)	a[1]+…+a[5]	5	c[4]+c[5]	1
6	sum(6)	a[1]+…+a[6]	6	c[4]+c[6]	2
7	sum(7)	a[1]+…+a[7]	7	c[4]+c[6]+c[7]	3
8	sum(8)	a[1]+…+a[8]	8	c[8]	1
9	sum(9)	a[1]+…+a[9]	9	c[8]+c[9]	2
10	sum(10)	a[1]+…+a[10]	10	c[8]+c[10]	1

很明显，利用树状数组求前 n 项和仅需要较少的几项就可以了，具体项数与 n 的二进制展开相关，有多少非 0 项，就有具体的几项之和。例如：

$$sum(10)=sum(8+2)=c[8]+c[10],$$
$$sum(100)=sum(64+32+4)=c[64]+c[96]+c[100],$$
$$sum(1000)=sum(512+256+128+64+32+8)=c[512]+c[768]+$$
$$c[896]+c[960]+c[992]+c[1000]$$

第二种情况：利用数状数组求原数组下标在[start,end](start＜end)区间的元素和。

很明显，利用差分即可获得所求：前 end 项之和减去前 start－1 项之和，公式如下。

$$Sum=sum(end)-sum(start-1)$$

2. 单点更新

设树状数组元素个数为 n，当更新某一树状数组元素 c[k]时，要把与 k 关联的所有 c[i]都更新相同的数值。例如对图 11-1 来说：若将 c[3]值增加 value，则与之关联的 c[4]、c[8]也增加 value；若将 c[5]值增加 value，则与之关联的 c[6]、c[8]也增加 value；若将 c[9]值增加 value，则与之关联的 c[10]也增加 value。

3. 基本函数

```
int n;                          //树状数组元素个数，通过输入获得
long long c[100005]={0};        //树状数组(竞赛中数组大小一般不超过100000)
```

```
long long lowbit(long long x){
    return x&(-x);
}


//单点更新:c[i]增加 k,i 是树状数组 c 下标
void updata(int i,int k){                //在 i 位置加上 k
    if(i==0) return;
    while(i <= n){
        c[i] += k;
        i += lowbit(i);                  //计算下一个关联的需更新的数组下标 i
    }
}


//区间求和:利用树状数组 c 求原始数组下标为 1~i 的和
long long getsum(int i){
    long long res = 0;
    while(i > 0){
        res += c[i];
        i -= lowbit(i);                  //计算下一个关联的需更新的数组下标 i
    }
    return res;
}
```

通过单点更新函数 update()函数可由原数组 a[i]创建树状数组 c[i],关键代码如下。

```
for(int i=1; i<=n; i++){
    update(i, a[i]);
}
```

创建完树状数组后,可随时根据需要,再多次调用单点更新 update()函数。

上文中很多地方为了讲解方便,利用了二进制的多项式表达式。实际编程中是通过二进制位运算实现的。lowbit(i)函数就是求整数 i 的低位值,低位指 i 二进制表示下最小的非 0 值。例如:若 i = 13 = 1101B,则 lowbit(13)返回值为 0001B(整数 1);若 i = 216 = 11011000B,则 lowbit(13)返回值为 0001000B(整数 8)。

11.1.3　示例分析

【e11-1】　区间修改及定点输出。(洛谷网站:P3368)

已知一个数列,你需要进行下面两种操作:①将某区间每一个数加上 x;②求出某一个数的值。

[输入格式]

第一行包含两个整数 N、M,分别表示该数列数字的个数和操作的总个数。

第二行包含 N 个用空格分隔的整数,其中第 i 个数字表示数列第 i 项的初始值。

接下来 M 行每行包含 2 或 4 个整数,表示一个操作,具体如下:

操作 1:格式:1 x y k。含义:将区间[x,y]内每个数加上 k。

操作 2：格式：2 x。含义：输出第 x 个数的值。

[输出格式]

输出包含若干行整数，即为所有操作 2 的结果。

[输入]

```
5 5
1 5 4 2 3
1 2 4 2
2 3
1 1 5 -1
1 3 5 7
2 4
```

[输出]

```
6
10
```

[说明]

$1 \leqslant N, M \leqslant 500000, 1 \leqslant x, y \leqslant n$。

分析：由于 N、M 很大，常规的遍历修改及输出肯定会超时，利用树状数组是较好的解决方案之一。设原数组为 a[i]，树状数组为 c[i]。

① 利用 a[i]差分构建树状数组。

定义 $b[i] = a[i] - a[i-1]$，则：

$b[1] = a[1] - a[0]$;

$b[2] = a[2] - a[1]$;

$\vdots$

$b[k] = a[k] - a[1]$;

将等式两边分别相加可得：$a[k] = \sum_1^k b[k] + a[0]$，若 $a[0] = 0$，则 $a[k] = \sum_1^k b[i]$。

因此以 b[i]构建树状数组 c[i]，$\sum b[i]$ 即是原数组 a[k]的值，而树状数组函数 getsum(k)与 $\sum b[i]$ 从结果上来说是等价的，但运算速度更快。

② 区间更新变为更新两点。

利用①构建好树状数组 c[i]，按题中要求将原数组[x,y]区间元素更新 k 值，在算法中相当于更新树状数组中的两点 updata(x,k)、update(y+1，-k)。即对树状数组要求的左边界 x 位置值增加 k，树状数组右边界加 1(相当于 y+1)位置值减去增加的 k 值。之后，按上文①中算法可求得区间更新后某位置的原始数据 a[i]的值。

③ 以一个具体数组为例说明①、②的思路，如表 11-2 所示。

表 11-2　差分＋区间修改＋输出示例说明

原数组 a	1 2 3 5 7 9 10 11	数组下标[1,8]，要求 a[0]=0
差分数组 b	1 1 1 2 2 2 1　1	b[i]=a[i]-a[i-1]

续表

将 a 数组下标区间 [3,6] 元素增加 5	1 1 6 2 2 2 −4 1	由于 a[3~6]均增加 5,从差分角度来说仅有 a[3] −a[2],a[7]−a[6]的值发生变化,其余不变。因此 b[3]增加了 5,变为 6;b[7]减少了 5,由 1 变为了 −4
求原数据第 5 项值	1+1+6+2+2 = 12	相当于差分数组 b 前 5 项的和

理解了表 11-2 的内容,那么转化为相同功能的树状数组实现原理也就清楚了。

本示例关键代码及注释如下所示。

```
int n;                                    //原始数据元素个数
int a[500005] = {0};                      //原始数组
long long c[500005]={0};                  //树状数组
long long lowbit(long long x){            //见前文 }
void updata(int i,int k){                  //见前文 }
long long getsum(int i){                   //见前文 }
int main(){
    int m;                                //m 个操作
    scanf("%d%d", &n, &m);
    for(int i=1; i<=n; i++){
        scanf("%d", &a[i]);               //原始数组
        updata(i,a[i]-a[i-1]);            //利用差分构建树状数组
    }
    int type,x,y,k;
    for(int i=1; i<=m; i++){
        scanf("%d", &type);               //回答问题
        if(type==1){                      //区间修改
            scanf("%d%d%d", &x,&y,&k);
            updata(x,k); updata(y+1, -k); //转化为更改树状数组边界点
        }
        if(type==2){                      //求某元素值
            scanf("%d", &x);
            long long result = getsum(x); //求树状数组前 x 项和
            printf("%lld\n", result);
        }
    }
    return 0;
}
```

【e11-2】　排序。(洛谷网站:P3149)

有 n 个人依次站在小 A 面前。小 A 会依次对这 n 个人进行 m 次操作。每次操作选择一个位置 k,将这 n 个人中的所有身高小于或等于当前 k 位置的人的身高的人从队伍里拎出,然后按照身高从矮到高的顺序从左到右依次插入到这些人原本的位置当中。小 A 对这 n 个人身高构成的序列的逆序对很感兴趣。现在小 A 想要知道每一次操作后这个序列的逆序对数。

[输入格式]

第一行 2 个整数 n 和 m,表示人数和操作数。

接下来一行 n 个整数 a_i,表示初始状态从左到右每个人的身高。

接下来 m 行每行 1 个数,表示这次操作的 k。

[输出格式]

输出共 m+1 行,第 1 行表示未操作时的逆序对数量。

除第一行外第 i 行表示第 i−1 次操作后序列的逆序对数。

[输入示例]

```
5 2
1 5 3 4 2
3
4
```

[输出示例]

```
5
4
3
```

[说明]

第一次操作后序列为 1 5 2 4 3。

第二次操作后序列为 1 5 2 3 4。

对于 100% 的数据,$n,m \leq 300000,1 \leq k \leq n,1 \leq a_i \leq 10^9$。

分析:由于 N、M 很大,常规的遍历修改及输出肯定会超时,利用树状数组是较好的解决方案之一。设原数组为 $a[i]$,树状数组为 $c[i]$。

在一个排列中,如果一对数的前后位置与大小顺序相反,即前面的数大于后面的数,那么就称它们为一个逆序。一个排列中逆序的总数就称为这个排列的逆序数。逆序数操作是树状数组的重要应用之一。

对于本题而言,我们首先分析逆序数操作的特点。为了一般性,用字母代替数字,设长度为 6,序列为 $(b_1\ a_1\ b_4\ a_2\ b_3\ b_2)$,令 $a_1 > a_2 > b_1 > b_2 > b_3 > b_4$。现在按题目要求按 b_1 进行排序填充,假设其操作过程信息如表 11-3 所示。

表 11-3 逆序数操作过程表

操　作	数　列	所有 a_i 逆序数对
原数列 假设 $a_1 > a_2 > b_1 > b_2 > b_3 > b_4$	$b_1\ a_1\ b_4\ a_2\ b_3\ b_2$	a_1 逆序对:$(a_1\ b_4)$ $(a_1\ b_3)$ $(a_1\ b_2)$ $(a_1\ a_2)$ a_2 逆序对:$(a_1\ b_3)$ $(a_2\ b_4)$
按 b_1 排序后数列	$b_4\ a_1\ b_3\ a_2\ b_2\ b_1$	a_1 逆序对:$(a_1\ b_3)$ $(a_1\ b_2)$ $(a_1\ b_1)$ $(a_1\ a_2)$ a_2 逆序对:$(a_2\ b_2)$ $(a_2\ b_1)$

可以看出:按 b_1 排序后,$b_4 b_3 b_2 b_1$ 是升序排列,它们对逆序数的贡献为 0。因此逆序数即是所有大于 b_1,即 a_1、a_2 所拥有的逆序数总和。由表 11-3 可知,对 a_1、a_2 来说,按 b_1 排序前和排序后,a_1、a_2 的逆序数是不变的。因此得出解决本题的根本思路:若求按某值 x 排序后数列总的逆序数,根本无须排序,只需求原数列中大于 x 的所有数的逆序数总和。那么如

何求 x 的逆序数呢, 逆序遍历原数列一遍就可以了。以题中给的序列(1 5 2 4 3)为例, 求每点的逆序数原理如表 11-4 所示。

表 11-4 逆序遍历求逆序数原理

操 作	数 列	说 明
原数列	1 5 2 4 3	
逆序遍历第 1 点	3	可得: 3 的逆序对为 0
逆序遍历第 2 点	3 4	可得: 4 前面小于 4 的数据个数为 1, 所以 4 逆序对为 1
逆序遍历第 3 点	3 4 2	可得: 2 前面小于 2 的数据个数为 0, 所以 2 逆序对为 0
逆序遍历第 4 点	3 4 2 5	可得: 5 前面小于 4 的数据个数为 3, 所以 5 逆序对为 3
逆序遍历第 5 点	3 4 2 5 1	可得: 1 前面小于 4 的数据个数为 1, 所以 1 逆序对为 0

讨论 1: 有的同学可能问, 为什么正向遍历不易得出某点的逆序对呢? 这是因为若求某 x 的逆序对(x,?), "?"代表的数值一定在 x 的后面, 你没有遍历到, 因此不易得出逆序对; 相反, 如果逆序遍历, 则"?"先遍历, x 后遍历, 当然易求逆序对了。

讨论 2: 有的同学可能问, 若原数列中有相同的数值, 例如有两个 3, 位置不同, 所得的逆序数是否被覆盖? 不会的, 只需加一个位置索引就可以了, 例如原序列"3 2 3", 前一个 3 的逆序对为 1, 后一个 3 的逆序对为 0, 只需加一个数组, 例如令: u[1]=0, u[3]=0 即可。但是对于本题而言, 依据题意, 是不可能出现重复的数值的。

本示例关键代码及注意事项如下所示。

```
int n,m;
long long c[300010]={0};                    //对应树状数组
long long lowbit(long long x){              //见上文}
void updata(int i,int k){                    //见上文}
long long getsum(int i){                     //见上文}
int main(){
    int size;
    scanf("%d%d", &n, &m);
    int a[n+1];
    for(int i=1; i<=n; i++){
        scanf("%d", &a[i]);
    }
    //求后缀和,数组逆序取数据
    int pos;
    int u[n+1];                              //保存逆序对个数
    memset(u, 0, sizeof(int) * (size+1));
    for(int i=size; i>=-1; i--){
        pos = a[i];
        updata(pos, 1);
        u[i] = getsum(pos-1);                //逆序对个数
    }//依据 u[i]构建树状数组,方便求累加和
    memset(c,0,sizeof(long long) * (n+1));
    for(int i=1; i<=n; i++){
        pos = a[i];
```

```
        updata(pos, u[i]);
    }
    printf("%lld\n", getsum(n));
    //回答问答
    int kold = -1;
    int k;
    for(int i=0; i<m; i++){
        scanf("%d", &k);
        if(kold < a[k]){
            kold = a[k];
        }
        pos =kold;
        printf("%lld\n", getsum(n) - getsum(pos));
    }
    return 0;
}
```

本题用了两次树状数组。第一次树状数组用于求每个点的逆序数,用数组 u[i] 保存,第 2 次树状数组用于求某区间 u[i] 的累加和。

要注意一个边界条件。以本示例为例,原序列(1 5 3 4 2),求按 3 排序后的逆序数,则依据前文知道只需求(4,5)两点的逆序对即可。当之后求小于 3 的值,比如按 2 排序后的逆序数,注意结果不是求(3,4,5)三点的逆序数,仍是(4,5)的逆序数;当之后求大于 3 的值,比如按 4 排序后的逆序数,则求(5)的逆序数即可。

◇ 11.2 线 段 树

11.2.1 引入

线段树是一种二叉搜索树,与区间树相似,它将一个区间划分成一些单元区间,每个单元区间对应线段树中的多个叶节点。原始数据是数组的形式,线段树也是数组形式,只不过它体现出了树的特征。

对于线段树中的每一个非叶子节点[a,b],它的左儿子表示的区间为[a,(a+b)/2],右儿子表示的区间为[(a+b)/2+1,b]。因此线段树是平衡二叉树,最后的子节点数目为 N,即整个线段区间的长度。

例如,若原始数据为 d[]={1,2,3,4,5,6};则其对应的线段树如图 11-2 所示。

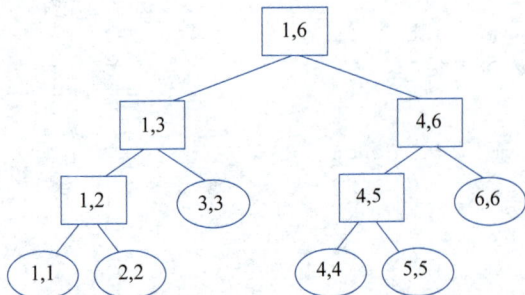

图 11-2　线段树示例图

从图 11-2 中可知:线段树中每个节点有一对重要域[L,R],表明管理原数组 d 下标范围。例如(1,6)表明管理的数据范围是 d[1]~d[6],(1,3)表明管理的数据范围是 d[1]~d[3]。

线段树中所有叶节点 L 是等于 R 的,与原始数组 d 对应,例如(1,1)对应 d[1],(2,2)对应 d[2],以此类推。那么线段树中非叶节点保存什么值呢? 一定是原数组中[L,R]区间中的统计值,如最大值、最小值、和等。以区间和为例,其形成的线段树如图 11-3 所示。

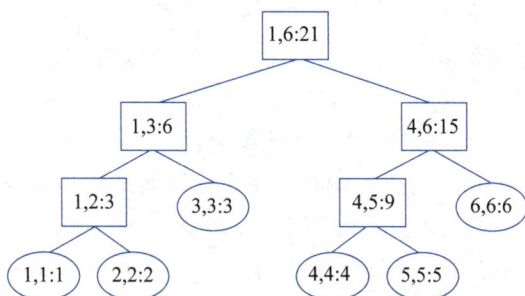

```
                          1,6:21

            1,3:6                      4,6:15

       1,2:3      3,3:3          4,5:9      6,6:6

    1,1:1   2,2:2            4,4:4   5,5:5
```

图 11-3   线段树区间和示意图

利用图 11-3 线段树,我们可以很快求出区间和,而不必遍历原始数组。例如 sum[1,6]=21,可直接从图中看出,sum[1,5]=sum[1,3]+sum[4,5]=6+9=15。

总之,线段树保存了对原始数据统计的中间数值,方便获得查询结果。

11.2.2 基本操作

线段树具有树的特点,它的许多操作都是利用递归实现的。常用功能包括:创建、单点更新、区间更新、区间求和等,下面一一加以说明。

11.2.2.1 线段树创建

设原数组为 d[],线段树数组为 t[]。一般来说,t[]下标从 1 开始,按层次遍历,从左至右依次增加。以图 11-2 为例:第 1 层(1,6)位置对应 t[1];第 2 层(1,3)位置对应 t[2],(4,6)位置对应 t[3];以此类推。因此在线段树中若父节点的数组下标是 k,则其左、右子节点的数组下标是 2k、2k+1。若原始 d[]数组大小为 size,一般为了防止运行时错误,线段树数组 t[]大小为 4 * size。

其基本函数如下所示。

```cpp
#define size 100005
long long d[size] = {0};          //原数组空间
long long t[4 * size] = {0};      //线段树数组空间
//填充根节点 k。父节点下标,k<<1 的计算结果是 2 * k,作为左子节点下标;k<<1|1 的计算结果
//是 2 * k+1,作为右子节点下标
void fill(int k){
    t[k] = t[k<<1] + t[k<<1|1];
}
void build(int k,int l,int r){  //k 为当前需要建立的节点,l 为区间的左端点,r 为右端点
    if(l == r){                 //左端点等于右端点,即为叶子节点,直接赋值即可
        t[k] = d[l];
    }
```

```
    else{                        //左端点不等于右端点,一定是中间节点
        int m = l + ((r-l)>>1); //m为中间点,左儿子区间为[1,m],右儿子区间[m+1,r]
        build(k<<1,l,m);         //递归建立左子树
        build(k<<1|1,m+1,r);     //递归建立右子树
        fill(k);                 //建立父节点
    }
}
```

build(k,l,r)函数有三个参数,k代表正在创建的线段树数组 t[]的下标,l、r代表 t[k]所管理的原数组 d[]的左右下标。因此当第 1 次调用该函数时,k 一定是 1,l 一定是 1,r 是原数组大小 size,为 build(1,1,size),写成其他参数就错了。

build()函数内部是一个递归建子树的过程,与数据结构中二叉树的后根遍历是一致的,build(k<<1,l,m)体现了建立左子树,build(k<<1|1,m+1,r)体现了建立右子树,fill(k)体现了建立根节点内容的过程。修改该函数内容,即可实现求区间最值等其他功能。

11.2.2.2　单点更新

该功能的含义是:线段树数组 t[]已经建立完毕,若原数组 d[k]项的值增加 value,线段树数组 t[]该如何反应呢? 通过示意图 11-4 加以说明(初始条件见图 11-2)。

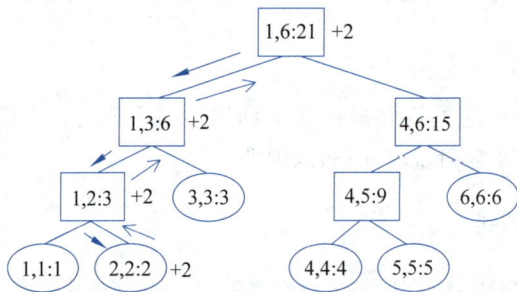

图 11-4　单点更新示意图

若现在将 d[2]增加 2,体现在线段树上应是:①定位阶段。从根节点 t[1]开始递归判定,2∈[1,6]范围,则缩小范围;判断左子树,2∈[1,3]范围,则缩小范围;判断左子树,2∈[1,2]范围,继续缩小范围;判断左子树,2 不属于[1,1]范围,再判断右子树,2∈[2,2]范围,且已到叶节点,定位结束。②回溯更新阶段。首先更新(2,2)节点值,使其增 2,然后递归更新(2,2)的父节点(1,2)值,使其增 2;依次类推,直至根节点(1,6),使其增 2 为止。

该函数具体代码如下所示。

```
void updata(int pos,int v,int l,int r, int k){
    if(l==r){                            //定位结束
        while(k > 0){                    //递归更新节点及父节点,直至根节点
            t[k] += v;
            k = k>>1;
        }
    }
    else{
        int m = l + ((r-l)>>1);
            if(pos <= m)                 //左子树定位递归条件
```

```
                updata(pos,v,l,m,k<<1);
        if(m < pos)                         //右子树定位递归条件
            updata(pos,v,m+1,r,k<<1|1);
    }
}
```

build(pos,v,l,r,k)函数有五个参数,pos 代表待更新的原数组下标,v 代表更新的具体值,l、r、k 代表 t[k]所管理的原数组 d[]的左右下标。因此当第 1 次调用该函数时,k 一定是 1,l 一定是 1,r 是原数组大小 size,写成其他参数值就错了。

11.2.2.3　区间查询

例如利用图 11-3 求原始数组[L,R]区间的元素和,sum(1,5)＝sum(1,3)＋sum(4,5),sum(2,5)＝sum(2,2)＋sum(3,3)＋sum(4,5)。因此,关键是求[L,R]区间在线段树中由哪些子区间组成。有了上述基础,可很快编出如下的区间求和递归函数。

```
long long query(int L,int R,int l,int r,int k){   //[L,R]即为要查询的区间下标
    if(R<l || L>r)                          //k:当前线段树数组下标
        return 0;                           //l,r:t[k]管理的原数组 d[]左右下标
    if(L <= l && r <= R){                   //如果是匹配的子区间,返回区间和即可
        return t[k];
    }
    else{
        int m = l + ((r-l)>>1);             //m 则为中间点
        long long sum = query(L,R,l,m,k<<1) + query(L,R,m+1,r, k<<1|1);
                                            //求左右子树之和
        return sum;                         //返回当前节点得到的信息
    }
}
```

query(L,R,l,r,k)有 5 个参数。L、R 代表待查询的原数组 d[]区间求和下标,k 是当前线段树节点下标,l、r 是 t[k]所管理的原数组 d[]左右下标。第一次调用时,k 一定是 1,l 一定是 1,r 是原数组 d[]大小 size,写成其他参数值就错了。在 query 递归调用中,L、R 是固定不变的,l、r 是变化的。根本目的是判定[l,r]是否是[L,R]的子集,而不是反过来,这一点同学们要加深理解。

11.2.2.4　区间更新与查询

假设令原数组下标区间[L,R]都增加 v,在线段树数组中如何体现呢? 很明显,不可能一个一个遍历到叶节点,进行多个叶节点的单点更新。仍以上文中示例进行说明,假设我们让 d[1~2]都增加元素 2,其示例如图 11-5 所示。

考虑这样一个问题:若 d[1~2]区间每个元素增加 2,在线段树上哪些元素必须更新,哪些元素可不必更新呢? 很明显图中"√"元素必须更新,"×"元素可不必更新。换言之:若[L,R]区间元素增加 v,则[L,R]的级连父节点必须更新,且更新值为 v＊(R−L+1);而[L,R]所在节点及级连子节点所有元素可不必更新。但必须用标识位建立与 v 的关系。因此线段树中有多少个节点,就有多少个标识位,所以标识位也是一个数组,令其为 mark[]。

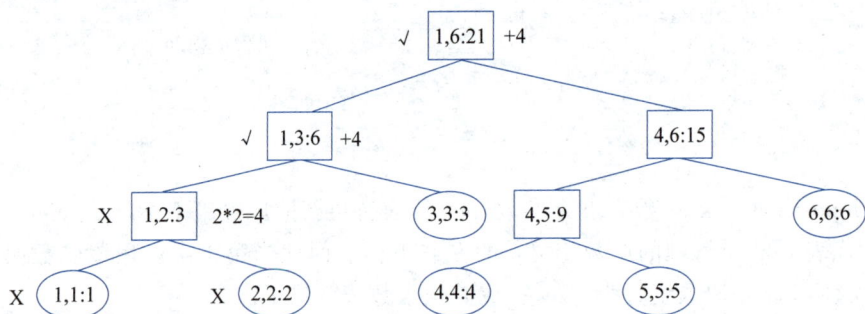

图 11-5　区间更新示意图

mark[]数组在区间求和查询时起作用,例如在线段树数组 t[]中节点下标为 k,其管理的区间为[L,R],标识为 mark[k],则得出该区间的求和公式如下所示:

$$SUM(L,R) = t[k] + mark[k] * (L - R + 1) \qquad (公式 1)$$

利用该公式,就可方便编出区间求和查询函数来,相关的具体代码如下所示。

```
long long mark[4 * size] = {0};          //线段树标识数组空间
void updata2(int L, int R, int v, int l, int r, int k){
                                         //L、R 代表原数组 d[]中元素更新下标
    if(L<=l && r<=R){                    //其他参数见上文 update()函数说明
        mark[k] += v;                    //设置区间增加标识值
        int pos = k>>1;                  //级联更新父节点值,当前节点不更新
        while(pos != 0){
            t[pos] += v * (r-l+1);
            pos = pos>>1;
        }
    }
    else{
        int m = l + ((r-l)>>1);
          if(L <= m)                     //如果左子树和需要更新的区间交集非空
          updata2(L,R,v,l,m,k<<1);
        if(m < R)                        //如果右子树和需要更新的区间交集非空
          updata2(L,R,v,m+1,r,k<<1|1);
    }
}
long long query2(int L,int R,int l,int r,int k){   //[L,R]即为要查询的区间
    if(R<l || L>r)                       //其他参数说明见上文 query()函数说明
        return 0;
    if(L <= l && r <= R){                //如果当前节点的区间真包含于要查询的区间内
        return t[k]+mark[k] * (r-l+1);   //则返回节点信息且不需要往下递归
    }
    else{
        mark[k<<1] += mark[k];           //左子节点累加父节点标识值
        mark[k<<1|1] += mark[k];         //右子节点累加父节点标识值
        int m = l + ((r-l)>>1);          //m 则为中间点
        long long sum = query2(L,R,l,m,k<<1) + query2(L,R,m+1,r, k<<1|1);
        mark[k<<1] -= mark[k];
        mark[k<<1|1] -= mark[k];
        return sum;                      //返回当前节点得到的信息
    }
}
```

update2()函数中关键思想是：将区间更新范围[L,R]递归划分成线段树中的几个子空间$[l_1,r_1]$，$[l_2,r_2]$，$\cdots$，$[l_k,r_k]$，对每个子区间更新相应的级连父节点，更新值大小为 v * (r_i-l_i+1)，$i\in[1,k]$。同时更新 mark[]数组相应值。例如：若$[l_1,r_1]$对应的线段树数组节点下标为 m，则令 mark[m] += v，注意不是 mark[m]＝m，这一点要细细体会。

query2()函数中关键思想是：将区间求和范围[L,R]递归划分成线段树中的几个子空间$[l_1,r_1]$，$[l_2,r_2]$，$\cdots$，$[l_k,r_k]$，求各子空间累加和即可，严格遵循公式 1。有一点需要着重理解：即递归子树时一定要将当前节点的 mark[]数组标识值传给子节点，即如下两行。

```
mark[k<<1] += mark[k];
mark[k<<1|1] += mark[k];
```

该层递归结束时，一定恢复现场。否则下次查询时，标识数组 mark[]的状态值就不对了。见如下两行代码。

```
mark[k<<1] -= mark[k];
mark[k<<1|1] -= mark[k];
```

11.2.3 示例分析

【e11-3】 强壮奶牛。(北京大学 ACM 网站：2481)

农场主 John 有 N 头牛，他们均沿着一条小路吃草，每个奶牛吃草范围为沿着小路的一对坐标 S、E。令第 i 头牛 cow_i 吃草坐标为(S_l,E_i)，第 j 头牛 cow_j 吃草坐标为(S_j,E_j)，若$S_j\leqslant S_i$，$E_j\geqslant E_i$，且 $E_j-S_j\geqslant E_i-S_i$，则说明 cow_i 奶牛比 cow_j 奶牛强壮。本题计算出对每个奶牛来说，比它强的奶牛数量是多少。

[输入格式]

第一行包含一个整数 N，表示有 N 头奶牛。

然后给出 N 行，每行给出每个奶牛的吃草范围坐标 S_i、E_i，均为整数。

[输出格式]

按原奶牛顺序输出比它强壮的奶牛个数，中间用单空格分开。

[输入]

```
3
1 2
0 3
3 4
```

[输出]

```
1 0 0
```

[说明]

$1\leqslant N\leqslant100000$，$0\leqslant S_i\leqslant E_i\leqslant100000$。

分析：为了便于说明，请参考图 11-6。

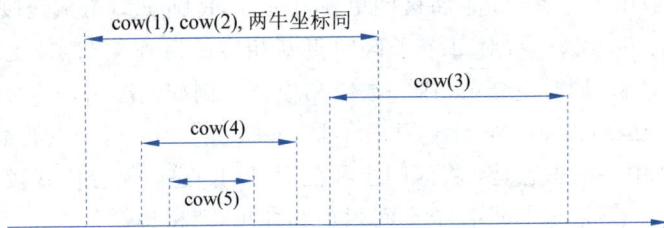

图 11-6 奶牛坐标示意图

可知：比 cow(5)奶牛强壮的牛的个数是 3，奶牛编号为 4、2、1；比 cow(4)奶牛强壮的牛的个数是 2，奶牛编号为 2、1；比 cow(3)奶牛强壮的牛的个数是 0；比 cow(2)、cow(1)奶牛强壮的牛的个数均是 0。

因此，得出关键思路：对奶牛坐标对(S_i, E_i)按 S_i 升序排列，当 S_i 坐标相同时，按 E_i 降序排列。这样就保证对排序后的第 i 个元素来说，比它强壮的奶牛一定在它的前面；只需求前$[1, i-1]$个元素中有多少个元素的 E 坐标大于或等于 E_i 即可。利用线段树如何体现呢？对排序后的(S_i, E_i)按顺序 E_i 值对线段树进行单点更新，增值为 1，表明有头牛可管理坐标 E_i。然后马上进行线段树区间查询求和，范围为$[E_i, N]$，N 为创建线段树原数组大小，该和值代表有多少牛比(S_i, E_i)对应牛强壮的数目。当然对多头牛有相同坐标的情况要加以处理。具体代码如下所示。

```cpp
#define size 100005
long long d[size] = {0};                              //原数组空间
long long t[4 * size] = {0};                          //线段树数组空间
using namespace std;
void updata(int pos, int v, int l, int r, int k){     //见上文
long long query(int L, int R, int l, int r, int k){   //见上文
struct NODE{
    int s;                                            //起始坐标
    int e;                                            //结束坐标
    int c;                                            //强壮牛计数
    int pos;                                          //原始输入位置
};
bool cmp(const NODE& a, const NODE& b){               //排序比较函数
    if(a.s== b.s)
        return a.e > b.e;                             //若 s 坐标相同，按 e 降序
    return a.s < b.s;                                 //按 s 坐标升序
}
bool cmp2(const NODE& a, const NODE& b){
    return a.pos < b.pos;                             //按位置升序排列
}
int main(){
    int n;
    int max = 0;
    while(true){
        scanf("%d", &n);                              //n 头牛
        if(n==0) break;
        max = 0;
        NODE * ne = new NODE[n+1];
        for(int i=1; i<=n; i++){
```

```
            scanf("%d%d", &ne[i].s, &ne[i].e);
            ne[i].e ++;                              //防止边界条件是 0
            ne[i].pos = i;                           //原始输入位置
            if(max < ne[i].e)                        //求最大值
                max = ne[i].e;
        }
        sort(ne+1, ne+(n+1), cmp);                   //先按 s 升序;若 s 同,按 e 降序
        memset(t,0,sizeof(long long) * ((max+1) * 4));
        updata(ne[1].e,1,1,max,1);
        ne[1].c = 0;                                 //没有比第 1 个强的
        int s = ne[1].s;
        int e = ne[1].e;
        int c = ne[1].c;
        for(int i=2; i<=n; i++){                      //单点更新
            if(ne[i].s == s && ne[i].e == e)          //处理相同坐标的奶牛
                ne[i].c = c;
            else{
                ne[i].c = query(ne[i].e,max,1,max,1);  //求强壮牛数目
                s = ne[i].s; e = ne[i].e; c = ne[i].c; //预防有同坐标牛
            }
            updata(ne[i].e,1,1,max,1);                 //单点更新
        }
        sort(ne+1, ne+(n+1), cmp2);                   //计算完强壮牛数目后,重新按
        printf("%d", ne[1].c);                        //原始位置排序
        for(int i=2; i<=n; i++){
            printf(" %d", ne[i].c);
        }
        printf("\n");
        delete []ne;
        ne = NULL;
    }
    return 0;
}
```

有几点补充说明,如下所示。

由于线段树区间起始位置最小是 1,本示例中是利用 E 更新线段树的,原始输入中 $0 \leqslant E_i$,因此使所有的 E_i 都增加了 1。

线段树原始数组区间的大小在本示例中是动态变化的,该值必须计算精确,即使相差 ± 1,结果也可能差之千里,本示例中 max 值代表线段树的总区间大小,max 等于最大的 E_i 坐标。

当有若干奶牛的坐标范围一致的时候,只计算第一个的强壮奶牛数,其他直接赋值输出即可。

【e11-4】 线段树。(洛谷网站：P3373)

如题,已知一个数列,你需要进行下面三种操作：

- 将某区间每一个数乘上 x。
- 将某区间每一个数加上 x。
- 求出某区间每一个数的和。

[输入格式]

第一行包含三个整数 n、m、p,分别表示该数列数字的个数、操作的总个数和模数。

第二行包含 n 个用空格分隔的整数,其中第 i 个数字表示数列第 i 项的初始值。

接下来 m 行每行包含若干整数,表示一个操作,具体如下:

操作 1:格式:1 x y k 含义:将区间[x,y]内每个数乘上 k。

操作 2:格式:2 x y k 含义:将区间[x,y]内每个数加上 k。

操作 3:格式:3 x y 含义:输出区间[x,y]内每个数的和对 p 取模所得的结果。

[输出格式]

输出包含若干行整数,即为所有操作 3 的结果。

[输入]

```
5 5 38
1 5 4 2 3
2 1 4 1
3 2 5
1 2 4 2
2 3 5 5
3 1 4
```

[输出]

```
17
2
```

[说明]

$n \leqslant 10^5$,$m \leqslant 10^5$,$p \leqslant 10^6$。

分析:本题涉及线段树乘、加混合运算的区间更新与查询,与线段树单一(加或乘)运算的区间更新与查询算法稍有不同。例如,若原数组为 d[]={1,2,3,4,5,6}。当执行单一操作:数组区间[1,3]元素结果加 2,数组区间[1,3]元素加 3,则 d[]数组变为{6,7,8,4,5,6};或者数组区间[1,3]元素结果加 3,数组区间[1,3]元素加 2,则 d[]数组变为{6,7,8,4,5,6}。得出:当单一操作时,对相同的数组区间[1,3]元素,先加 2 后加 3 与先加 3 后加 2 得出的最终 d[]结果是一致的。当执行混合操作:数组区间[1,3]元素乘 2 加 3,则 d[]数组变为{5,7,9,4,5,6};或者数组区间[1,3]元素加 3 乘 2,则 d[]数组变为{8,10,12,4,5,6}。得出:当混合操作时,对相同的数组区间[1,3]元素先乘 2 加 3 与先加 3 乘 2 得出的最终 d[]结果是不一致的。因此,相对单一运算的线段树(讲解见 11.2.2.4 节)来说,混合运算的线段树区间更新与查询算法要更复杂。

假设线段树上每一节点用图 11-7 中的四元组表示。

(l,r)表示线段树维护的原数组元素的左右区间,sum 是累加和,k 是乘因子,b 是加因子,原数组(l,r)区间元素实际累加和为:value=sum×k+b,很明显当线段树刚创建完毕时,每个节点的 k=1,b=0。

以数组 d[]={1,2,3,4,5,6}为例,初始线段树如图 11-8 所示。

执行两对操作:

· 区间(1,3)元素先乘 3 后加 2。

| (l,r) | sum | k | b |

图 11-7　四元组

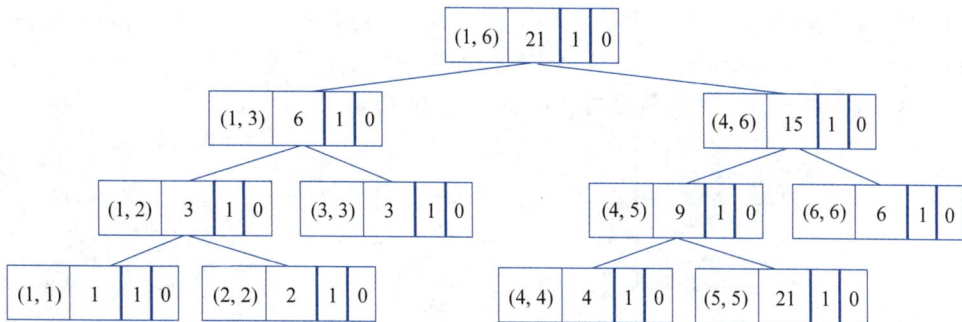

图 11-8　四元组初始线段树

- 区间(1,1)元素先乘 2 后加 3。

则每次操作后线段树变化如下所示(由于操作均位于图 11-8 左侧部分,因此后续线段树变化图仅保留左侧部分,略去右侧部分)。

① 区间(1,3)元素乘 2 后线段树变化如图 11-9 所示。

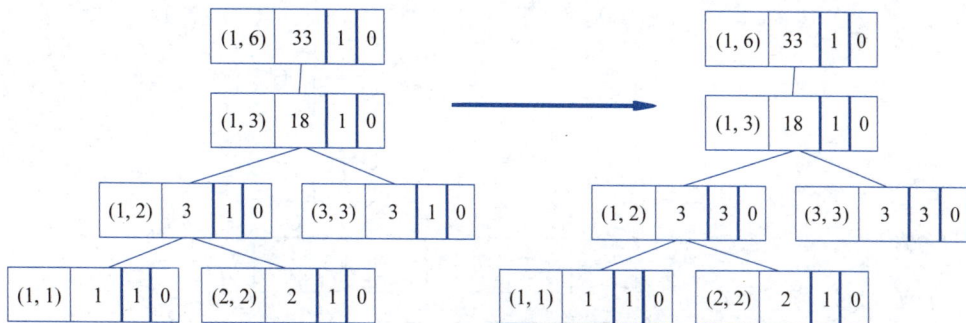

图 11-9　区间(1,3)元素乘 3 线段树变化图

图 11-9 左图(1,3)元素值为 6,乘 3 后变为 18。由于增加了 12,所以该节点的所有父节点的值均增加 12,因此(1,6)元素值变为 33。

图 11-9 右图(1,3)节点乘因子为 1,加因子为 0。但要把倍数 3 推给(1,3)元素的子节点,因此(1,2)节点的乘因子为 3,(3,3)节点的乘因子为 3。

② 区间(1,3)元素加 2 后线段树变化如图 11-10 所示。

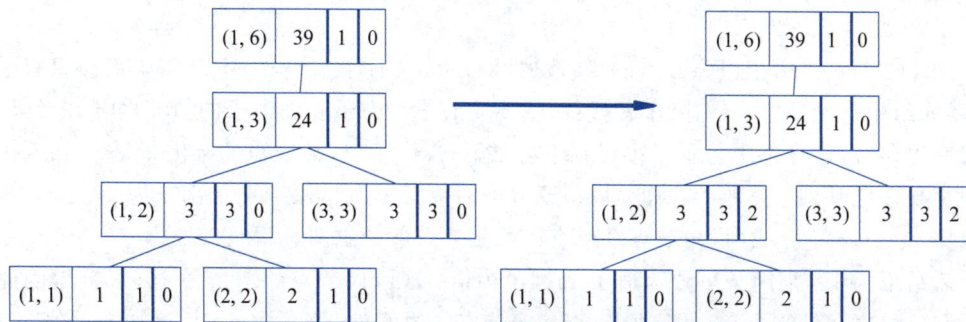

图 11-10　区间(1,3)元素加 2 后线段树变化图

图 11-10 左图(1,3)元素值为 18,该节点维护 3 个元素,每个元素加 2 后变为 24。由于增加了 6,所以该节点的所有父节点的值均增加 6,因此(1,6)元素值变为 39。

图 11-10 右图(1,3)节点乘因子为 1,加因子为 0。但要把加数 2 推给(1,3)元素的子节点,因此(1,2)节点的加因子为 2,(3,3)节点的加因子为 2。

③ 区间(1,1)元素乘 2 后线段树变化如图 11-11 所示。

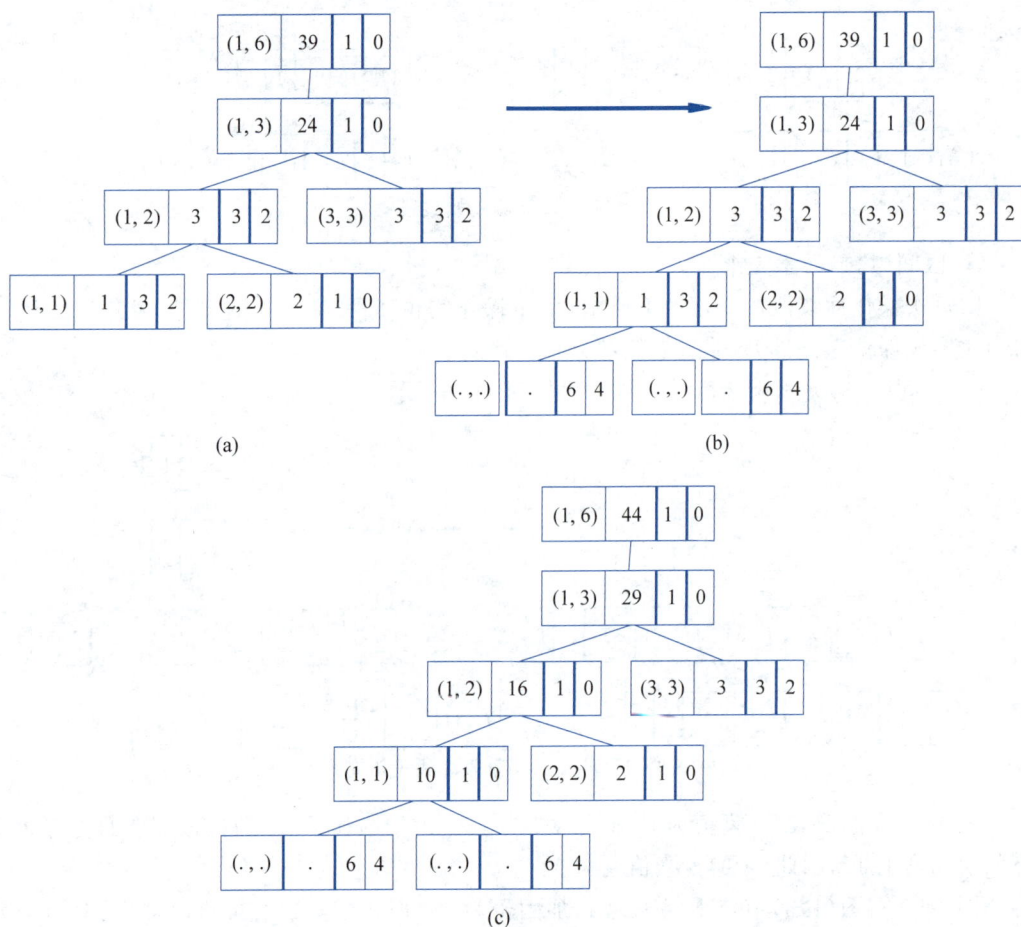

(a) 线段树:
- (1,6) 39 1 0
- (1,3) 24 1 0
- (1,2) 3 3 2 ; (3,3) 3 3 2
- (1,1) 1 3 2 ; (2,2) 2 1

(b) 线段树:
- (1,6) 39 1 0
- (1,3) 24 1 0
- (1,2) 3 3 2 ; (3,3) 3 3 2
- (1,1) 1 3 2 ; (2,2) 2 1 0
- (.,.) . 6 4 ; (.,.) . 6 4

(c) 线段树:
- (1,6) 44 1 0
- (1,3) 29 1 0
- (1,2) 16 1 0 ; (3,3) 3 3 2
- (1,1) 10 1 0 ; (2,2) 2 1 0
- (.,.) . 6 4 ; (.,.) . 6 4

图 11-11 区间(1,1)元素乘 2 线段树变化图

图 11-11(a):由于(1,1)的父节点(1,2)的乘因子是 3,加因子是 2,所以(1,1)节点的乘因子是 3,加因子是 2。

图 11-11(b):由于(1,1)已经是线段树叶节点,没有子节点,但本示例中仍假想有子节点,四元组中前两处值在图中用“.”代替,主要完成了乘因子和加因子的填充(实际的线段树一般有很多级,但在书中若画很多级则不易讲解)。由于(1,1)节点的乘因子是 3,加因子是 2,现在要在此基础上再乘 2,因此(1,1)子节点的乘因子为 3 * 2=6,加因子为 2 * 2=4。

图 11-11(c):完成(1,1)节点及所有级联父节点值的更新过程。(1,1)节点的初值为 5,乘 2 后结果为 10,乘因子重置为值 1,加因子为值 0,(1,1)节点的增量为 10−5=5,因此要将所有(1,1)的级联父节点的值加 5。(1,2)节点的原值为 3 * 3+2=11,增加 5 后值为 16,同时将乘因子置为 1,加因子置为 0。(1,3)节点的原值为 24,增加 5 后值为 16,乘因子为 1,加因子置为 0。(1,6)节点的原值为 39,增加 5 后值为 44,乘因子为 1,加因子置为 0。

④ 区间(1,1)元素加 3 后线段树变化如图 11-12 所示。

图 11-12(a)：(1,1)节点元素加 3，因此加因子变为 3，同时其子节点加因子由 4 变为 7。

图 11-12(b)：更新(1,1)节点，值由 10 变为 13，乘因子置为 1，加因子置为 0。然后级联更新父节点，使每个节点的值加 3，同时使每个节点的乘因子为 1，加因子为 0。

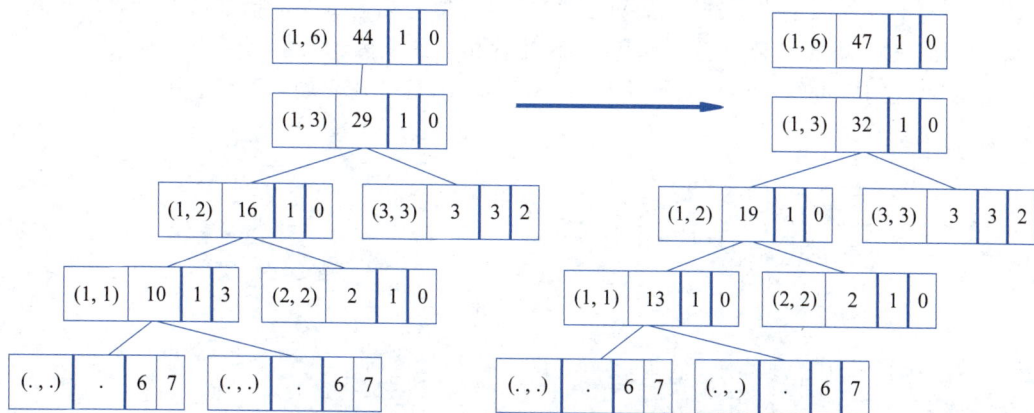

图 11-12　区间(1,1)元素加 3 线段树变化图

经过上述图 11-8～图 11-12 的具体线段树区间更新示例，再进一步进行抽象区间更新算法描述。假设线段树节点 K_n，K_i 是 K_{i+1} 的父节点，节点值为 V_i，乘因子为 a_i，加因子为 b_i，如图 11-13 所示。在此前提下，对 K_n 节点乘以 C，线段树更新算法如下所示。

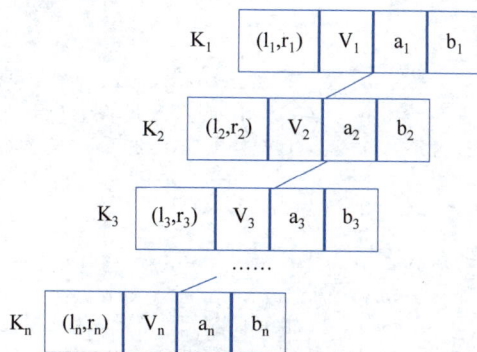

图 11-13　抽象四元组线段树

① 计算到 K_n 节点的真实乘因子及加因子。

K_1 节点的真实乘因子是 a_1，加因子是 b_1。

K_2 节点的真实乘因子是 $a_1 a_2$，加因子是 $a_2 b_1 + b_2$。

K_3 节点的真实乘因子是 $a_1 a_2 a_3$，加因子是 $a_3 a_2 b_1 + a_2 b_2 + b_3$。

以此类推可计算出 K_n 点的乘因子及加因子，假设为 U、V。

② 计算 K_n 子节点的乘因子及加因子。

按上文要求，K_n 节点值要乘以 C，因此 K_n 子节点最终乘因子为 $a_{n+1} * U * C$，加因子为 $a_{n+1} * V * C + b_{n+1}$。

③ 更新 K_n 级联父节点的所有值，并置每个节点的乘因子为 1，加因子为 0。

- 对 K_n 节点来说，原值 $old = V_n * U + V$，乘以 C 后 $new = (V_n * U + V) * C$，新增值为 $inc = new - value$。将 K_n 节点值置为 new，由于已是最终值，因此将 K_n 节点乘因

　　子置为 1,加因子置为 0。

　　• 对 K_n 节点所有级联父节点的值均递增上文计算的 inc 值。

　　首先计算 K_i 节点的原值,注意原值 old $\neq V_i * a_i + b_i$,而是根据从根节点到该节点最终计算的乘因子及加因子决定的,例如对于 K_3 节点 old $= V_i *\ a_1 a_2 a_3 + (a_3 a_2 b_1 + a_2 b_2 + b_3)$,置 $V_i = $ old+inc,由于该节点已计算完毕,因此置相应的乘因子及加因子为 1、0。

　　线段树区间查询算法与更新算法相似,不再赘述,具体代码如下所示。

```cpp
#include<cstdio>
#include<algorithm>
#include<cstdlib>
#include<conio.h>
#define size 100010
int d[size] = {0};                      //原数组空间
long long t[6 * size] = {0};            //线段树数组空间
long long mu[10 * size] = {1};          //线段树标识数组空间
long long ad[10 * size] = {0};
using namespace std;
int n,m,p;
void fill(int k){
    t[k] = (t[k<<1] + t[k<<1|1])%p;
}
void build(int k,int l,int r){          //k为当前需要建立的节点,l为区间的左端点,r为右端点
    if(l == r){                         //左端点等于右端点,即为叶子节点,直接赋值即可
        t[k] = d[l];
    }
    else{                               //左端点不等于右端点,一定是中间节点
        int m = l + ((r-l)>>1);         //m为中间点,左儿子区间为[l,m],右儿子区间[m+1,r]
        build(k<<1,l,m);                //递归建立左子树
        build(k<<1|1,m+1,r);            //递归建立右子树
        fill(k);                        //建立父节点
    }
}
void upmu(int L, int R, int v, int l, int r, int k){
                                        //L、R代表原数组 d[]中元素更新下标
    if(L<=l && r<=R){                   //其他参数见上文 update()函数说明
        //状态先推下去
        mu[k<<1] = (mu[k<<1] * mu[k])%p;
        ad[k<<1] = (ad[k<<1] * mu[k]+ad[k])%p;
        mu[k<<1|1] = (mu[k<<1|1] * mu[k])%p;
        ad[k<<1|1] = (ad[k<<1|1] * mu[k]+ad[k])%p;
        //然后再计算
        long long value = (t[k] * mu[k] + ad[k] * (r-l+1))%p;
        t[k] = value * v%p;
        long long inc = value * (v-1)%p;
        int pos = k>>1;                 //级联更新父节点值,当前节点不更新
        while(pos != 0){
            t[pos] += inc;
            t[pos] %= p;
            pos = pos>>1;
        }
```

```
            mu[k]=1; ad[k]=0;
            //再继续推状态
            mu[k<<1] *= v;
            ad[k<<1] *= v;
            mu[k<<1] %= p;
            ad[k<<1] %= p;
            mu[k<<1|1] *= v;
            ad[k<<1|1] *= v;
            mu[k<<1|1] %= p;
            ad[k<<1|1] %= p;
        }
        else{
            //先向子节点推状态
            mu[k<<1] = (mu[k] * mu[k<<1])%p;
            ad[k<<1] = (ad[k<<1] * mu[k]+ad[k])%p;
            mu[k<<1|1] = (mu[k] * mu[k<<1|1])%p;
            ad[k<<1|1] = (ad[k<<1|1] * mu[k]+ad[k])%p;
            //更新当前节点的值
            t[k] = (t[k] * mu[k] + ad[k] * (r-l+1))%p;
            mu[k] = 1;
            ad[k] = 0;
            int m = l + ((r-l)>>1);
            if(L <= m)                       //如果左子树和需要更新的区间交集非空
                upmu(L,R,v,l,m,k<<1);
            if(m < R)                        //如果右子树和需要更新的区间交集非空
                upmu(L,R,v,m+1,r,k<<1|1);
        }
    }
}
void upad(int L, int R, int v, int l, int r, int k){
                                        //L、R代表原数组 d[]中元素更新下标
    if(L<=l && r<=R){
        //状态先推下去
        mu[k<<1] = (mu[k<<1] * mu[k])%p;
        ad[k<<1] = (ad[k<<1] * mu[k]+ad[k])%p;
        mu[k<<1|1] = (mu[k<<1|1] * mu[k])%p;
        ad[k<<1|1] = (ad[k<<1|1] * mu[k]+ad[k])%p;
        //然后再计算
        long long value = (t[k] * mu[k] + ad[k] * (r-l+1))%p;
        t[k] = (value+v * (r-l+1))%p;
        long long inc = ((long long)v) * (r-l+1)%p;
        int pos = k>>1;                          //级联更新父节点值,当前节点不更新
        while(pos != 0){
            t[pos] += inc;
            t[pos] %= p;
            pos = pos>>1;
        }
        mu[k]=1; ad[k]=0;
        //再继续推状态
        ad[k<<1] += v;
        ad[k<<1] %= p;
        ad[k<<1|1] += v;
        ad[k<<1|1] %= p;
    }
```

```
        else{
            //先向子节点推状态
            mu[k<<1] = (mu[k] * mu[k<<1])%p;
            ad[k<<1] = (ad[k<<1] * mu[k]+ad[k])%p;
            mu[k<<1|1] = (mu[k] * mu[k<<1|1])%p;
            ad[k<<1|1] = (ad[k<<1|1] * mu[k]+ad[k])%p;
            //更新当前节点的值
            t[k] = (t[k] * mu[k] + ad[k] * (r-l+1))%p;
            mu[k] = 1; ad[k] = 0;
            int m = l + ((r-l)>>1);
            if(L <= m)                      //如果左子树和需要更新的区间交集非空
                upad(L,R,v,l,m,k<<1);
            if(m < R)                       //如果右子树和需要更新的区间交集非空
                upad(L,R,v,m+1,r,k<<1|1);
        }
}
long long query2(int L,int R,int l,int r,int k){   //[L,R]即为要查询的区间
    if(R<l || L>r)                        //其他参数说明见上文 query()函数说明
        return 0;
    if(L <= l && r <= R){                 //如果当前节点的区间真包含于要查询的区间内
        return (t[k] * mu[k]+ad[k] * (r-l+1))%p;
                                          //则返回节点信息且不需要往下递归
    }
    else{
        //状态下移
        int x = mu[k<<1];
        int y = ad[k<<1];
        int x2= mu[k<<1|1];
        int y2 = ad[k<<1|1];
        mu[k<<1] = (mu[k] * mu[k<<1])%p;
        ad[k<<1] = (ad[k<<1] * mu[k]+ad[k])%p;
        mu[k<<1|1] = (mu[k] * mu[k<<1|1])%p;
        ad[k<<1|1] = (ad[k<<1|1] * mu[k]+ad[k])%p;
        int m = l + ((r-l)>>1);
        //m 则为中间点
        long long sum = query2(L,R,l,m,k<<1)%p + query2(L,R,m+1,r, k<<1|1)%p;
        //状态恢复
        mu[k<<1] = x;
        ad[k<<1] = y;
        mu[k<<1|1] = x2;
        ad[k<<1|1] = y2;
        return sum;                       //返回当前节点得到的信息
    }
}
int main(){
    int a,b,s;
    int x,y,k;
    scanf("%d%d%d", &n, &m, &p);
    for(int i=1; i<=n; i++){
        scanf("%d", &d[i]);
        d[i] %= p;
    }
    build(1,1,n);
```

```
for(int i=0; i<=10 * n; i++){
    mu[i] = 1;
}
for(int i=0; i<m; i++){
    scanf("%d",&s);
    if(s==1){
        scanf("%d%d%d", &x,&y,&k);
        upmu(x,y,k,1,n,1);
    }
    if(s==2){
        scanf("%d%d%d", &x,&y,&k);
        upad(x,y,k,1,n,1);
    }
    if(s==3){
        scanf("%d%d", &a,&b);
        long long sum = query2(a,b,1,n,1);
        printf("%lld\n",sum%p);
    }
}
return 0;
}
```

◆ 11.3　ST 表

　　ST 表是基于倍增思想通过动态规划实现的一种处理区间最值问题的算法。倍增思想既可以直接用于设计解决某些问题的特定算法,也可以与其他的算法结合优化时间复杂度。我们先来回顾一下倍增的处理思想。

　　倍增的含义,就是成倍增加,每次根据已经得到的信息,将考虑的范围扩大一倍,从而加速操作。假设某一问题有一个指标变量 k,我们可以从 $k=1$ 的解推出 $k=2$ 的解,再进而推出 $k=4,k=8,\cdots,k=2^n$ 的解,这一过程就叫作倍增。

　　我们还是通过下面一道经典例题更好地理解 ST 表的作用。

【e11-5】 ST 表问题。(洛谷网站:P3865)

给定一个长度为 N 的数列,和 M 次询问,求出每一次询问的区间内数字的最大值。

[输入格式]

第一行包含两个整数 N、M,分别表示数列的长度和询问的个数。

第二行包含 N 个整数(记为 a_i),依次表示数列的第 i 项。

接下来 M 行,每行包含两个整数 l_i,r_i,表示查询的区间为 $[l_i,r_i]$。

[输出格式]

输出包含 M 行,每行一个整数,依次表示每一次询问的结果。

[输入样例]

```
8 8
9 3 1 7 5 6 0 8
1 6
1 5
```

```
2 7
2 6
1 8
4 8
3 7
1 8
```

[输出样例]

```
9
9
7
7
9
8
7
9
```

[说明]

对于 30% 的数据,满足 $1 \leqslant N, M \leqslant 10$。

对于 70% 的数据,满足 $1 \leqslant N, M \leqslant 10^5$。

对于 100% 的数据,满足 $1 \leqslant N \leqslant 10^5, 1 \leqslant M \leqslant 2 \times 10^6, a_i \in [0, 10^9], 1 \leqslant l_i \leqslant r_i \leqslant N$。

分析:令 ST 稀疏表对应的是二维数组 st,其值是通过动态规划完成填充的。st[i][j] 表示在 [i, i+j−1] 间输入数据的最大值。由于采用倍增思路,例如当 i=1 时,需求出 st[1][1]、st[1][2]、st[1][4]、st[1][8] 等的值,明显看出该二维矩阵是一个稀疏矩阵。由于 j 值正好是 2 的递增整数次幂,因此做一个映射即可,新的 j 值=log2(旧的 j 值)。映射后的 j 值正好是 0、1、2、……递增。所以 st[i][j] 表示位序在 $[i, i+2^j−1]$ 间输入数据的最大值。

有了上面的基础,就可以填充二维矩阵 st 了。

- 当 j=0 时,由于 2^j 为 1,表明步长为 1,也就是一个元素相比的最大值,很明显此时 st[i][0]=原始输入数据值。遍历 i,即可完成所有 st[i][0] 的填充。
- 当 j=1 时,由于 2^j 为 2,表明步长为 2,也就是两个元素相比的最大值。令步长一半为 mid=1,很明显此时 st[i][1]=max(st[i][0],st[i+mid][0]),遍历 i,即可完成所有 st[i][1] 的填充。
- 当 j=2 时,由于 2^j 为 4,表明步长为 4,也就是四个元素相比的最大值。令步长一半为 mid=2,很明显此时 st[i][2]=max(st[i][1],st[i+mid][1]),遍历 i,即可完成所有 st[i][2] 的填充。

以此类推,可以计算出所有可能的 st[i][j]。那么,如何根据 st 二维数组,查询任意原数组位序 [l,r] 区间的最大值呢?

[l,r] 区间的元素个数为 r−l+1,与之最接近的 2 的整数次幂值 value=log2(r−l+1)。很明显包含左边届的值为 st[l][value],包含右边界的值是 $st[r−2^{value}+1][value]$,取上述两值的最大值即为所求。例如若求原位序 [1,10] 间的最大值,根据上述可得 value=3,包含左边届的值是 st[1][3],包含右边界的是 st[2][3]。很明显 st[1][3] 与 st[2][3] 是有重复元素,但只要原位序左右区间不变,不论有多少重复元素,都不影响求区间的最大值。

综上，本示例代码及相关注释如下所示。

```
#include<cstdio>
#include<cmath>
#include<algorithm>
using namespace std;
int d[100005][25] = {0};             //st 表二维数组
int n,m;
void init(){
    int mid =1 ;                     //步长初值
    for(int i=1; ;i++){
        if(mid * 2>n) break;         //左边界结束条件
        for(int j=1;;j++){
            if(j+mid * 2-1>n) break; //从 j 开始取元素,若不足 2 个步长 mid,则退出循环
            d[j][i] = max(d[j][i-1],d[j+mid][i-1]);
        }
        mid * = 2;                   //步长依次为 2、4、8……
    }
}
int query(int l, int r){
    int result;
    int pos = log2(r-l+1);
    int mid = pow(2,pos);
    result=max(d[l][pos],d[r-mid+1][pos]);
    return result;
}
int main(){
    scanf("%d%d", &n, &m);
    for(int i=1; i<=n; i++){
        scanf("%d",&d[i][0]);        //原始数据是 st 表二维数组 d 中 j=0 时的数据
    }
    init();                          //依据动态规划填充 st 表二维数组 d,此步最关键
    int l,r,pos,result;
    for(int i=1;i<=m;i++){
        scanf("%d%d", &l, &r);
        result = query(l,r);
        printf("%d\n", result);
    }
    return 0;
}
```

◆ 11.4　真题分析

【例 11-1】(第 13 届)最大公约数。(Dotcpp 编程(C 语言网)：2709)

给定一个数组，每次操作可以选择数组中任意两个相邻的元素 x、y，并将其中的一个元素替换为 gcd(x,y)，其中 gcd(x,y)表示 x 和 y 的最大公约数。

请问最少需要多少次操作才能让整个数组只含 1。

[输入格式]

输入的第一行包含一个整数 n，表示数组长度。

第二行包含 n 个整数 $a_1, a_2, \cdots, a_n$,相邻两个整数之间用一个空格分隔。

[输出格式]

输出一行包含一个整数,表示最少操作次数。如果无论怎么操作都无法满足要求,输出 -1。

[样例输入]

```
3
4 6 9
```

[样例输出]

```
4
```

[提示]

对于 30% 的评测用例,$n \leqslant 500, a_i \leqslant 1000$;

对于 50% 的评测用例,$n \leqslant 5000, a_i \leqslant 10^6$;

对于所有评测用例,$1 \leqslant n \leqslant 100000, 1 \leqslant a_i \leqslant 10^9$。

分析:本示例有两种情况容易计算。一种情况是:n 个数据中,若 1 的个数非零,是 count,则化成全 1 只需要 $n - count$ 次;一种情况是:n 个数的最大公约数非 1,则不能化成全 1 数据。

那么 n 个数据中没有 1,该如何处理呢?很明显,计算 n 个数中哪两个数最大公约数为 1 且距离最短成为完成本题功能的关键。

思路 1:计算步长为 1,相邻两数的最大公约数;计算步长为 2,相邻三数的最大公约数;计算步长为 3,相邻四数的最大公约数。以此类推,直到步长为某值时,有最大公约数 1 出现,则该步长就是原数据中两个数为最大公约数 1 的最短距离。但很明显,当 n 数据个数很大时,时间花费一定是超时的。

思路 2:建立 n 个数据区间最大公约数线段树,本步依据前文模板不难实现,关键是如何利用线段树查最大公约数为 1 的最短区间,利用双指针实现即可,以实际数据加以说明,如表 11-5 所示。

表 11-5 双指针应用说明表

原始数据	i=1 3 6 8 12 2 6 7 j=2	双指针初值 i=1,外层循环 双指针初值 j=2,内层循环
步骤 1	i=1 3 6 8 12 2 6 7 j=6	内层循环 j 递增,利用线段树计算[i,j]区间的最大公约数,直到 j=6 时,[1,6]区间的最大公约数是 1。此时最短距离 ans=5。很明显,[1,6]区间的任意子空间最大公约数都不为 1
步骤 2	i=2 3 6 8 12 2 6 7 j=8	外层循环 i 为 2,内层循环从 j=6 开始递增,利用线段树计算[i,j]区间的最大公约数,直到 j=8 时,[2,8]区间的最大公约数是 1。间距是 6,所以最短距离仍维持原值 ans=5

续表

		说明
步骤 3	i=7 | 3 | 6 | 8 | 12 | 2 | 6 | 7 | j=8	外层循环 i 为 3,内层循环 j 只能是 7,利用线段树计算[3,7]区间的最大公约数,为 1,距离是 4,所以最短距离 ans 更新为 4。以此类推,最终 i＝7,j＝8,[7,8]间最大公约数是 1,间距是 1。因此最短距离最终更新为 1

综上,本示例关键代码及注释如下所示。

```
#include<cstdio>
using namespace std;
#define size 100005
int d[size] = {0};            //原数组空间
int t[4 * size] = {0};         //线段树数组空间
int gcd(int a, int b){
    if(a==0) return b;         //本题中由于线段数某区间返回值可能是 0
    if(b==0) return a;         //因此加此边界条件
    int mid;
    while(a%b!=0){
        mid = a;
        a = b;
        b = mid%b;
    }
    return b;
}
void fill(int k){
    t[k] = gcd(t[k<<1],t[k<<1|1]);    //建立区间最大公约数线段树
}
void build(int k,int l,int r){ //k 为当前需要建立的节点,l 为区间的左端点,r 为右端点
    if(l == r){                //左端点等于右端点,即为叶子节点,直接赋值即可
        t[k] = d[l];
    }
    else{                      //左端点不等于右端点,一定是中间节点
        int m = l + ((r-l)>>1); //m 为中间点,左儿子区间为[l,m],右儿子区间[m+1,r]
        build(k<<1,l,m);        //递归建立左子树
        build(k<<1|1,m+1,r);    //递归建立右子树
        fill(k);                //建立父节点
    }
}

int query(int L,int R,int l,int r,int k){  //[L,R]即为要查询的区间点下标
    if(R<l || L>r)              //k:当前线段树数组下标
        return 0;              //无效区间返回 0,因此要修改 gcd()边界条件
    if(L <= l && r <= R){      //如果是匹配的子区间,返回区间值即可
        return t[k];
    }
    else{
        int m = l + ((r-l)>>1); //m 为中间点
        return gcd(query(L,R,l,m,k<<1), query(L,R,m+1,r, k<<1|1));
    }
}
int main(){
```

```
int count = 0;                              //统计 1 个数
int n;
scanf("%d", &n);
for(int i=1; i<=n; i++){
    scanf("%d", &d[i]);
    if(d[i]==1)
        count++;
}
if(count != 0){                             //1 个数非 0,直接输出结果
    printf("%d\n", n-count); return 0;
}
build(1,1,n);
if(query(1,8,1,8,1)!=1){                    //n 个数最大公约数不为 1,
    printf("-1\n");
    return 0;                               //则不能化为全 1 数
}
int ans = 1e7;
int i,j=2;
for(i=1; i<n; i++){                         //双指针外层循环变量 i
    while(j<=n){                            //双指针内层循环变量 j
        if(query(i,j,1,n,1)==1){           //求 [i,j]区间最大公约数为 1 时的 j
            if(ans>j-i) ans = j-i;
            break;
        }
        j ++ ;
    }                                       //while()
}                                           //for()
printf("%d\n", n+ans-1);
return 0;
}
```

【例 11-2】(第 5 届)小朋友排队。(Dotcpp 编程(C 语言网):1439)

n 个小朋友站成一排。现在要把他们按身高从低到高的顺序排列,但是每次只能交换位置相邻的两个小朋友。每个小朋友都有一个不高兴的程度。开始的时候,所有小朋友的不高兴程度都是 0。如果某个小朋友第一次被要求交换,则他的不高兴程度增加 1,如果第二次要求他交换,则他的不高兴程度增加 2(即不高兴程度为 3),以此类推。当要求某个小朋友第 k 次交换时,他的不高兴程度增加 k。

请问,要让所有小朋友按从低到高排队,他们的不高兴程度之和最小是多少。

如果有两个小朋友身高一样,则他们谁站在谁前面是没有关系的。

[输入格式]

输入的第一行包含一个整数 n,表示小朋友的个数。

第二行包含 n 个整数 $H_1, H_2, \cdots, H_n$,分别表示每个小朋友的身高。

[输出格式]

输出一行,包含一个整数,表示小朋友的不高兴程度和的最小值。

[样例输入]

3
3 2 1

[样例输出]

9

[样例说明]

首先交换身高为 3 和 2 的小朋友,再交换身高为 3 和 1 的小朋友,再交换身高为 2 和 1 的小朋友,每个小朋友的不高兴程度都是 3,总和为 9。

数据规模和约定：$1 \leqslant n \leqslant 100000, 0 \leqslant H_i \leqslant 1000000$。

分析：如图 11-14 所示,设序列(6,5,2,4,3,1,7),若 4 移到相应位置,必须与 4 前的 6、5 交换 2 次,与 4 之后的 3、1 交换 2 次,总计 4 次。因此得出,若原始序列为数组 a[1~n],对某一具体 a[i]来说,交换次数等于 a[i]前面 a[1~i]中大于 a[i]的个数与 a[i]后面 a[i+1~n]中小于 a[i]的个数之和。故而总不高兴程度值也就能计算出来了。

6	5	2	4	3	1	7

图 11-14　求交换次数图

定义两个数组 u[i]、v[i],u[i]表示原数组中 a[i]前小于 a[i]的元素个数,v[i]表示原数组中 a[i]后小于 a[i]的元素个数。正向遍历原数组 a[i](更新树状数组),即可通过树状数组函数 i−getsum(a[i])获得大于 a[i]的元素个数之和；逆向遍历原数组 a[i](更新树状数组),即可通过树状数组函数 getsum(a[i])获得小于 a[i]的元素个数之和。

本示例关键代码及注释如下所示。

```
int n;                                        //树状数组大小,需输入
int c[1000005]={0};                           //对应树状数组
long long lowbit(long long x){                //见上文}
void updata(int i,int k){                      //见上文}
long long getsum(int i){                       //见上文}
int main(){
    int size;
    scanf("%d", &size);                        //树状数组下标从 1 开始
    int u[size+1];
    u[0] = 0;
    int mymax = u[0];
    for(int i=1; i<=size; i++){
        scanf("%d", &u[i]);
        u[i] ++;
        if(mymax < u[i])
            mymax = u[i];
    }
    n = mymax;
    //循环后 n 即是去重后的树状数组上限[1,n]
    long long v[size+1];
    for(int i=1; i<=size; i++){                //计算某数前面有多少大于该数
        updata(u[i], 1);
        v[i] = i - getsum(u[i]);
    }
    memset(c,0,sizeof(int) * (n+1));
    for(int i=size; i>=1; i--){                //倒序遍历计算某数前面有多少小于该数
        updata(u[i], 1);
```

```
        v[i] += getsum(u[i]-1);
    }
    long long x[size+1];
    x[0] = 0;
    for(int i=1; i<=size; i++)
        x[i] = x[i-1]+i;
    long long sum = 0;
    for(int i=1; i<=size; i++){
        sum += x[v[i]];
    }
    printf("%lld\n", sum);
    return 0;
}
```

【例 11-3】(第 8 届)油漆面积。(Dotcpp 编程(C 语言网)：1884)

X 星球的一批考古机器人正在一片废墟上考古。该区域的地面坚硬如石、平整如镜。管理人员为方便,建立了标准的直角坐标系。每个机器人都各有特长、身怀绝技。它们感兴趣的内容也不相同。经过各种测量,每个机器人都会报告一个或多个矩形区域,作为优先考古的区域。矩形的表示格式为(x1,y1,x2,y2),代表矩形的两个对角点坐标。为了醒目,总部要求对所有机器人选中的矩形区域涂黄色油漆。小明并不需要当油漆工,只是他需要计算一下,一共要耗费多少油漆。其实这也不难,只要算出所有矩形覆盖的区域一共有多大面积就可以了。

注意,各个矩形间可能重叠。

本题的输入为若干矩形,要求输出其覆盖的总面积。

[输入格式]

第一行,一个整数 n,表示有多少个矩形(1≤n<10000)。

接下来的 n 行,每行有 4 个整数 x1、y1、x2、y2,空格分开,表示矩形的两个对角顶点坐标(0≤x1,y1,x2,y2≤10000)。

[输出格式]

一行一个整数,表示矩形覆盖的总面积。

[样例输入]

```
3
1 5 10 10
3 1 20 20
2 7 15 17
```

[样例输出]

```
340
```

分析：本题可抽象为：给定 n 个矩形,求它们的面积并是多少。为了说明算法,以两个矩形面积并为例加以说明,如图 11-15 所示。

图 11-15 左图是两个矩形的原图,右图是仅考虑矩形上下边,共 4 条边,按 y 轴升序排

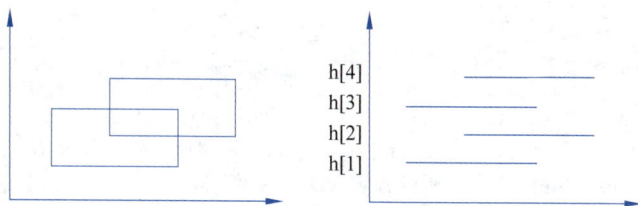

图 11-15　矩形面积并

列,其对应的高度为数组 h[1]～h[4]。则矩形面积并计算如图 11-16 所示。

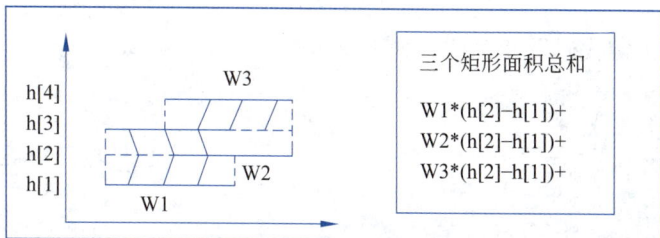

图 11-16　矩形面积计算图

可知,如何求每个矩形的有效宽度 W 是求矩形面积并的关键。很明显,将矩形横坐标一起按升序排序,并且去重后,得到 x[]坐标升序数组,即可得到每一小段的宽度数组 w[] $(w[i]=x[i+1]-x[i])$,那么图 11-16 中每个矩形的有效宽度 W 一定是 w[]的有机组合。增加一个数组 use[],use[i]代表每一小段 w[i]的应用次数。当遇到矩形下边的时候,相应包含的 use[i]增加 1,当 use[i]由 0 变 1 时,表示 w[i]要加到有效宽度 W 中。当 use[i]大于 1,表明 w[i]已经加到有效宽度 W 中,无须再次添加。当遇到矩形上边的时候,相应包含的 use[i]减少 1,当 use[i]由 1 变 0 时,表示 w[i]要从有效宽度 W 中去除。当 use[i]仍大于 1,表明 w[i]在后续运算中还会用到,无须删除。

假设图 11-15 中所示的两个矩形坐标为(10,10,25,20),(18,16,33,26),则计算两个矩形面积并的算法过程如表 11-6 所示。

表 11-6　计算两个矩形的面积

步　骤	描　述
初始定义	定义结构体 struct LINE{int x1, int x2, int y,flag}li[5];每条线横坐标及高度,flag 表示矩形底边(0)还是上边(1)
步骤 1	边排序结果:li[1]={10,25,10,0},li[2]={18,33,16,0},li[3]={10,25,20,1},li[2]={18,33,26,1} 横坐标离散化排序结果:x[] = {10,18,25,33} 每一小段宽度数组 w[]={8,7,8} 每一小段应用次数 use[]={0,0,0} 令矩形初始有效宽度 W=0,面积累加值 S=0
遍历 li[1]时	由于 li[0].y=0,W=0,W * li[0].y=0,S=0 li[1].x1=10,li[1].x2=25,li[1].flag=0,与 x[]相比,可知包含第 0、1 段,令 use[0,1]增加 1。由于 use[0,1]均由 0 到 1,所以有效宽度 W=0+8+7=15
遍历 li[2]时	S=S+W * (li[2].y-li[1].y)=0+15 * (18-10)=120 li[2].x1=18,li[2].x2=33,li[2].flag=0,与 x[]相比,可知包含第 1、2 段,令 use[1,2]增加 1。由于 use[2]由 0 到 1,所以有效宽度 W=W+w[2]=15+8=23

步　骤	描　述
遍历 li[3] 时	$S = S + W * (li[3].y - li[2].y) = 120 + 23 * (20 - 16) = 212$ $li[3].x1 = 10$, $li[3].x2 = 25$, $li[3].flag = 1$, 与 x[] 相比, 可知包含第 0、1 段, 令 use[0,1] 减 1。由于 use[0] 由 1 到 0, 所以有效宽度 $W = W - w[0] = 23 - 8 = 15$
遍历 li[4] 时	$S = S + W * (li[4].y - li[3].y) = 212 + 15 * (26 - 20) = 302$ $li[4].x1 = 10$, $li[4].x2 = 25$, $li[4].flag = 1$, 与 x[] 相比, 可知包含第 0、1 段, 令 use[0,1] 减 1。由于 use[0,1] 由 1 到 0, 所以有效宽度 $W = W - w[0] - w[1] = 18 - 8 - 7 = 0$

综上,本示例关键代码及相关注释如下所示。

```cpp
#include<cstdio>
#include<vector>
#include<algorithm>
#define MAX_N 10005
using namespace std;
struct LINE{
    int x1;
    int x2;
    int y;
    int flag;                                    //0:矩形下边;1:矩形上边
}li[2*MAX_N];
int size;                                        //离散化的点的个数
int size2;                                       //离散化后边的个数
int use[MAX_N]={0};                              //每段用的数组
vector<int> v;                                   //保存 x 轴的点
vector<int> w;                                   //保存每段距离
bool cmp(const LINE& one, const LINE& two){
    return one.y<two.y;                          //y 按升序排列
}
int main(){
    int n;
    scanf("%d", &n);
    int u = 1;
    int x1,y1,x2,y2,mid;
    for(int i=0; i<n; i++){
        scanf("%d%d%d%d", &x1,&y1,&x2,&y2);
        if(x1==x2 || y1==y2) continue;
        v.push_back(x1); v.push_back(x2);
        if(x1>x2){mid=x1;x1=x2;x2=mid;}
        if(y1>y2){mid=y1;y1=y2;y2=mid;}
        li[u].x1 = x1; li[u].x2=x2; li[u].y = y1;li[u].flag=0;   //下边
        li[u+1].x1 = x1; li[u+1].x2=x2; li[u+1].y = y2;li[u+1].flag=1;  //上边
        u += 2;
    }
    n = u/2;
    //离散化过程
    vector<int>::iterator it,it2;
    sort(v.begin(), v.end());                    //水平离散化坐标排序
    it = unique(v.begin(),v.end());              //去掉重复元素
    size = it - v.begin();                       //size:离散化点个数
```

```
    for(int i=0; i<size-1; i++){
        w.push_back(v[i+1]-v[i]);                    //每段的距离
    }
    size2 = size-1;                                  //总共有这么多段[0,size2)
    //边排序
    sort(li+1,li+1+2*n,cmp);
    long long ans = 0;
    int width = 0;
    int pos, pos2;
    for(int i=1; i<=2*n; i++){
        ans += width * (li[i].y - li[i-1].y);        //求当前有效矩形面积并累加
        it = lower_bound(v.begin(),v.begin()+size,li[i].x1);
        it2 = lower_bound(v.begin(),v.begin()+size,li[i].x2);
        pos = it-v.begin();                          //求离散坐标 li[i].x1 位置
        pos2 = it2-v.begin();                        //求离散坐标 li[i].x2 位置
        if(li[i].flag==0){                           //矩形下边
            for(int j=pos; j<pos2; j++){
                use[j]++;
                if(use[j]==1) width += w[j];         //更新宽度
            }
        }                                            //if(li)
        if(li[i].flag==1){                           //矩形上边
            for(int j=pos; j<pos2; j++){
                use[j]--;
                if(use[j]==0) width -= w[j];         //更新宽度
            }
        }                                            //if(li)
    }                                                //for(int)
    printf("%lld\n", ans);
    return 0;
}
```

当然，也可以利用线段树来实现，其关键代码及注释如下所示。

```
#include<cstdio>
#include<memory.h>
#include<vector>
#include<algorithm>
#define MAX_N 10005
using namespace std;
int n;
struct LINE {
    int x1, x2, y;
    int flag;
}li[2*MAX_N];
int cnt[MAX_N * 4];                    //根节点维护的是[1, r+1]的区间
int sum[MAX_N * 4];                    //线段树保存的有效区间宽度和,sum[1]是所求值
int x[MAX_N * 2];
bool cmp(const LINE& one, const LINE& two){
    return one.y < two.y;
}
void push_up(int l, int r, int rt) {
```

```
        if(cnt[rt]) sum[rt] = x[r+1]-x[l];
        else if(l == r) sum[rt] = 0;                    //叶子没有儿子
        else sum[rt] = sum[rt << 1] + sum[rt << 1 | 1];
    }
    void update(int L, int R, int v, int l, int r, int rt) {
        if(L <= l && r <= R) {
            cnt[rt] += v;
            push_up(l, r, rt);
            return;
        }
        int m = l + r >> 1;
        if(L <= m) update(L, R, v, l,m,rt << 1);
        if(R > m) update(L, R, v, m+1,r,rt << 1|1);
        push_up(l, r, rt);
    }
    int main() {
        scanf("%d",&n);
        int x1, y1, x2, y2;
        for(int i = 1; i <= n; ++i) {
            scanf("%d%d%d%d", &x1, &y1, &x2, &y2);
            li[2 * i-1] = {x1, x2, y1, 1};
            li[2 * i] = {x1, x2, y2, -1};
            x[2 * i-1] = x1;
            x[2 * i] = x2;
        }
        sort(li+1,li+1+2 * n,cmp);
        sort(x+1,x+1+2 * n);
        int m = unique(x+1,x+1+2 * n)-(x+1);
        memset(cnt, 0, sizeof cnt);
        memset(sum, 0, sizeof sum);
        int ans = 0;
        for(int i = 1; i <= 2 * n; ++i) {
            int l = lower_bound(x+1,x+1+m, li[i].x1)-x;
            int r = lower_bound(x+1,x+1+m, li[i].x2)-x;
            if(l<r)update(l,r-1,li[i].flag,1,m,1);
            ans += sum[1] * (li[i + 1].y - li[i].y);    //sum[1]是线段树根节点
        }                                               //代表有效区间总宽度
        printf("%d\n", ans);
        return 0;
    }
```

数　　论

数论是研究纯数学的分支，主要研究整数的性质。本章主要论述了快速幂、欧拉函数、欧拉定理、扩展欧几里得、中国剩余定理等知识点。

◆ 12.1　快速幂取模

已知整数 n，MOD，求 $a^n \% MOD$ 的值。常规方法是利用 for 语句循环 n 次，每次乘积结果均对 MOD 取余，最终可获得所需值。其实有巧妙方法可很快求出 $a^n \% MOD$ 的值，那就是递归快速幂方法及递推快速幂方法，二者在本质上是一样的，下面分别加以描述。

12.1.1　递归快速幂

我们可以很方便地写出以下公式。

$$a^n = \begin{cases} a^{n-1} \times a & (n\ 是奇数) \\ a^{\frac{n}{2}} \times a^{\frac{n}{2}} & (n\ 是偶数) \\ 1 & (n\ 是\ 0) \end{cases}$$

令 a 是 long long 类型，n 是 long long 类型，其对应的递归快速幂算法如以下函数所示。

```
long long qpow(long long a, long long n){
    if (n == 0)
        return 1;
    else if (n % 2 == 1)
        return qpow(a, n - 1) * a%MOD;
    else{
        int temp = qpow(a, n / 2)%MOD;
        return temp * temp%MOD;
    }
}
```

12.1.2　递推快速幂

其实，可以将递归快速幂算法转化为递推快速幂算法，主要借助于二进制思维。以求 5^{11} 为例，其计算过程可描述为：

$$5^{11} = 5^{(1011)_2} = 5^{(0001)_2} \times 5^{(0010)_2} \times 5^{(0000)_2} \times 5^{(1000)_2}$$
$$= 5^1 \times 5^2 \times 1 \times 5^8$$

因此问题就转化为如何快速求幂转化为二进制后,每个 1 或 0 所对应的基础值。很明显:当二进制值为 0 时,基础值为 1;当二进制值为 1(假设其为第 k 位,0 基开始)时,基础值为 a^k,该值是很方便由递推得出的。综上所述,递推快速幂算法如下所示。

```
int qpow(long long  a, long long n){
    int ans = 1;
    while(n){
        if(n&1) {               //如果当前二进制末位为1,则进行如下运算
            ans *= a;           //ans乘上当前的a。若二进制末位为0,ans则保持原值不变
            ans%=MOD
        }
        a *= a;                 //不论当前二进制位是1或0都进行平方操作,此步关键
        a%=MOD;
        n >>= 1;                //n往右移一位
    }
    return ans;
}
```

◇ 12.2　矩阵快速幂

已知方阵 A,n 行 n 列,x 是整数,求 A^x? 有了 12.1 节快速幂的知识,可以方便写出矩阵快速幂的代码,一般来说,也伴随着取余操作,如下所示。

```
//A = A * B
mod = 97;                                   //设置取余的数值
void MXMP(int a[][MAX_N],int b[][MAX_N],int n){
    //重置临时矩阵temp
    for(int i = 1;i<=n;i++)
        for(int j = 1;j<=n;j++)
            temp[i][j] = 0;
    for(int i = 1;i<=n;i++)
        for(int j = 1;j<=n;j++)
            for(int k = 1;k<=n;k++)
                temp[i][j] = (temp[i][j] + (a[i][k] * b[k][j])%mod)%mod;
                                            //防止超界
    for(int i = 1;i<=n;i++)
        for(int j = 1;j<=n;j++)
            a[i][j] = temp[i][j];
}
//A = A**x
void PowerMod(int A[][MAX_N],int n,int x){   //x为次幂,n为矩阵行/列
    memset(res,0,sizeof(res));
    for(int i = 1;i<=n;i++)  res[i][i] = 1;  //初始化为单位矩阵
    while(x){
        if(x&1)  MXMP(res,A,n);
        MXMP(A,A,n);
        x >>= 1;
```

```
    }
    for(int i = 1;i<=n;i++)
        for(int j = 1;j<=n;j++)
            A[i][j] = res[i][j];
}
```

🔷 12.3　欧 拉 函 数

　　欧拉函数的定义是：对于一个正整数 n，它的欧拉函数是所有小于或等于 N 的正整数中所有与 n 互质的数的数目。记作 $\phi(n)$。其证明过程如下所示。

　　当 n＝1 时，小于或等于 1 的整数只有一个整数 1，且公因子只有 1，所以 $\phi(1)＝1$。

　　当 n 是素数（≥2）时，小于或等于 n 的整数有 n 个，1～n－1 的每个整数与 n 的公因子是 1，n 与 n 的公因子是 n，所以 $\phi(n)＝n-1$。

　　当 n 是某素数 p 的 m 次方，$n＝p^m$。由于 $p,2p,3p,\cdots$ 与 p 的公因子非 1，这样的数共有 n/p 或者 $\dfrac{p^m}{p}＝p^{m-1}$ 个。所以：

$$\phi(n)=n-\frac{n}{p}=n\left(1-\frac{1}{p}\right)$$

　　根据以上论述，更一般的情况，对 n 进行质因数分解，如下所示：

$$n＝p1^{m1}\times p2^{m2}\times\cdots\times pk^{mk}$$

　　则有：$\phi(n)=n\times\left(1-\dfrac{1}{p1}\right)\times\left(1-\dfrac{1}{p2}\right)\times\cdots\times\left(1-\dfrac{1}{pk}\right)$

　　关于 $\phi(n)$ 公式证明，此处从略，我们直接拿来应用即可。

🔷 12.4　欧 拉 定 理

　　对于一个正整数 n，其欧拉函数为 $\phi(n)$，又有正整数 a，且 n、a 互素，$\gcd(a,n)＝1$，则：$a^{\phi(n)}\equiv1(\mathrm{mod}\ n)$。该式等价于：$a^{\phi(n)}\%n=1$。证明过程如下所示。

　　令 $\phi(n)＝k$，与 n 互素的因子为集合 $I＝[x_1,x_2,\cdots,x_k]$。则

$$(x_1\times x_2\times\cdots\times x_k)\%n$$
$$=[(x_1\%n)\times(x_2\%n)\times\cdots\times(x_k\%n)]\%n$$
$$=[1\times1\times\cdots\times1]\%n=1 \qquad\qquad (结论1)$$

又：

$$(ax_1\times ax_2\times\cdots\times ax_k)\%n$$
$$=[(ax_1\%n)\times(ax_2\%n)\times\cdots\times(ax_k\%n)]\%n$$
$$=[(a\%n)\times(x_1\%n)\times(a\%n)\times(x_2\%n)\times\cdots\times(a\%n)\times(x_k\%n)]\%n$$
$$=[1\times1\times1\times1\times\cdots\times1\times1]\%n=1 \qquad\qquad (结论2)$$

又：

$$(ax_1 \times ax_2 \times \cdots \times ax_k)\%n$$

$$= [a^k \times (x_1 \times x_2 \times \cdots \times x_k)]\%n$$

$$= [(a^k\%n) \times [(x_1 \times x_2 \times \cdots \times x_k)\%n]]\%n$$

$$= [(a^k\%n) \times 1]\%n(根据上文结论 1 容易得出该结果)$$

$$= a^k\%n$$

根据上文结论 2

$a^k\%n=1$，又 $\phi(n)=k$，所以 $a^{\phi(n)}\%n=1$。证明完毕。

◈ 12.5 扩展欧几里得

扩展欧几里得算法是欧几里得算法(又叫辗转相除法)的扩展：给予二整数 a 与 b，必存在有整数 x 与 y，使得 $ax+by=gcd(a,b)$。可计算 a、b 两个整数的最大公约数，还能找到一个整数解 x、y(其中一个很可能是负数)。

算法推导过程如下所示。

$$ax + by = gcd(a,b) \tag{式 1}$$

$bx_2 + (a\%b)y_2 = gcd(a,b)$，而 $a\%b = a - \left\lfloor \dfrac{a}{b} \right\rfloor \times b$

化简后有：$ay_2 + b\left[x_2 - \left\lfloor \dfrac{a}{b} \right\rfloor \times y_2\right] = gcd(a,b) \tag{式 2}$

将式 1、式 2 放在一起，如下所示。

$$\begin{cases} ax+by=gcd(a,b) \\ ay_2+b\left[x_2-\left\lfloor \dfrac{a}{b} \right\rfloor \times y_2\right]=gcd(a,b) \end{cases}$$

因此，令 $x=y2,y=\left[x_2-\left\lfloor \dfrac{a}{b} \right\rfloor \times y_2\right]$，可看出上两式的函数形式是一样的，因此可用递归来实现既求出 $gcd(a,b)$ 的值，又能算出满足 $ax+by=gcd(a,b)$ 的一组解(x,y)的值。

那么，递归结束条件如何呢？

根据一般式 $bx+(a\%b)y=gcd(a,b)$，递归结束时：$a\%b$ 必为 0，b 即是最大公约数，一定等于 $gcd(a,b)$。因此 $x=1$、$y=0$ 是递归结束条件，级联回溯时可求出最初 a、b 的最大公约数及一组整数解(x,y)。

综上，我们可以得出扩展欧几里得算法的关键代码函数，如下所示。

```
long long extgcd(long long  a, long long b, long long & x, long long & y) {
                                        //x,y是一组解
    if (!b) {                           //递归结束条件
        x = 1;
        y = 0;
        return a;                       //a是最大公约数
    }
    long long d = extgcd(b, a % b, x, y);
    long long x0 = x, y0 = y;
    x = y0;
    y = x0 - (a / b) * y0;
```

```
        return d;
    }
```

若读者还未理解该算法(主要是求一组(x,y)解的递归过程),我们以 $21x+15y=gcd(21,15)$ 为例加以说明,如图 12-1 所示。

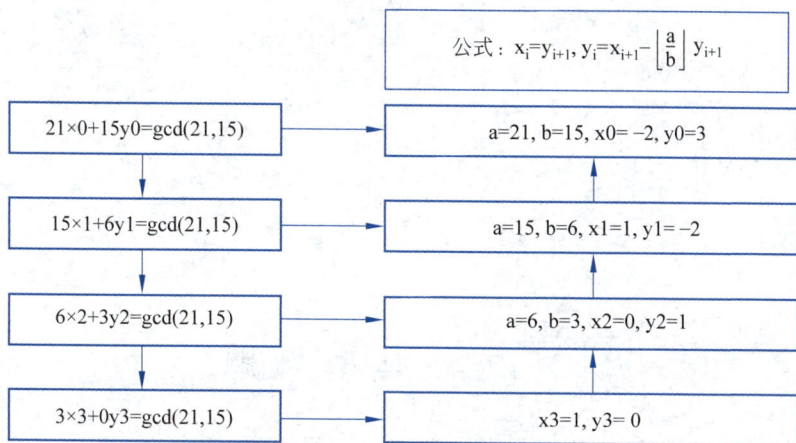

图 12-1　扩展欧几里得算法说明图

◆ 12.6　中国剩余定理

《孙子算经》中有这样一个问题:"今有物不知其数,三三数之剩二(除以 3 余 2),五五数之剩三(除以 5 余 3),七七数之剩二(除以 7 余 2),问物几何?"这个问题称为"孙子问题",该问题的一般解法国际上称为"中国剩余定理"。具体解法如下所示:

① 3 和 5 的公倍数中被 7 除余 1 的最小数是 15,3 和 7 的公倍数中被 5 除余 1 的最小数是 21,5 和 7 的公倍数中除 3 余 1 的最小数是 70。

② 用 15 乘以 2(2 为最终结果除以 7 的余数),用 21 乘以 3(3 为最终结果除以 5 的余数),用 70 乘以 2(2 为最终结果除以 3 的余数),然后把三个乘积相加($15*2+21*3+70*2$)得到和 233。

③ 用 233 除以 3、5、7 三个数的最小公倍数 105,得到余数 23,即 $233\%105=23$,则 23 就是符合条件的最小数。

从上述分析可以得出中国剩余定理一般情况下的求解过程。

已知 $m_1,m_2,\cdots,m_n$ 为正整数,且两两互质,$a_1,a_2,\cdots,a_n$ 为正整数,且有:

$$x\%m_1=a_1,x\%m_2=a_2,\cdots,x\%m_n=a_n$$

求最小的正整数 x 是多少?

① 令所有数最小公倍数为 $T=m_1\times m_2\times\cdots\times m_n$,

不包含 m_i 的对应其他 $n-1$ 个数的最小公倍数是 $T_i=\dfrac{T}{m_i}(i\in[1,n])$。

② 求 u_i,保证 $T_i\times u_i\%m_i=1$,此步是中国剩余定理实现的关键,可利用扩展欧几里得算法实现。

③ 求出通解：value$=\sum\limits_{1}^{n}(T_i \times u_i \times a_i)\%T$。

综合上述，中国剩余定理(China remainder theory)的关键函数如下所示。

```
long long CRT(int n, long long* m, long long* a) {
                                        //n:数组长度;m:整数数组;a:余数数组
  long long T = 1, ans = 0;
  for (int i = 1; i <=n; i++) T = T * m[i];
  for (int i = 1; i <=n; i++) {
    long long  ti = T / m[i], ui, vi;
    exgcd(ti, m[i], ui, vi);                //ti * ui mod m[i] = 1
    ans = (ans + a[i] * ti * ui % T) % T;
  }
  return (ans % T + T) % T;
}
```

◇ 12.7 典 型 例 题

【例 12-1】(第 14 届)**互素数的个数**。(Dotcpp 编程(C 语言网)：3162)

给定 a、b，求 $1 \leqslant x < a^b$ 中有多少个 x 与 a^b 互质。由于答案可能很大，你只需要输出答案对 998244353 取模的结果。

[输入格式]

输入一行包含两个整数分别表示 a、b，用一个空格分隔。

[输出格式]

输出一行包含一个整数表示答案。

[样例输入]

2 5

[样例输出]

16

[提示]

对于 30% 的评测用例，$a^b \leqslant 10^6$；

对于 70% 的评测用例，$a \leqslant 10^6$，$b \leqslant 10^9$；

对于所有评测用例，$1 \leqslant a \leqslant 10^9$，$1 \leqslant b \leqslant 10^{18}$。

分析：根据欧拉公式，对 $[1, a^b)$ 集合而言，与 a^b 互质元素个数为：

$$result = \left[a^b \times \left(1 - \frac{1}{f[0]}\right) \times \left(1 - \frac{1}{f[1]}\right) \times \cdots \times \left(1 - \frac{1}{f[k]}\right) \right] \% M$$

其中：$f[0], f[1], \cdots, f[k]$ 是 a^b 的全部质因数，也即是 a 的全部质因数；M 是取余常数。继续化简，如下所示：

$$result = \left[a^{b-1} \% M \right] \times \left[a \times \left(1 - \frac{1}{f[0]}\right) \times \left(1 - \frac{1}{f[1]}\right) \times \cdots \times \left(1 - \frac{1}{f[k]}\right) \% M \right] \% M$$

由于 b 很大,因此第一个中括号 $[a^{b-1}\%M]$ 的值由快速幂算法计算得出,第二个中括号 $\left[a\times\left(1-\dfrac{1}{f[0]}\right)\times\left(1-\dfrac{1}{f[1]}\right)\times\cdots\times\left(1-\dfrac{1}{f[k]}\right)\%M\right]$ 的值由常规循环完成即可。综上,其关键代码如下所示。

```cpp
#include<cstdio>
#include<cmath>
using namespace std;
long long a,b;
int fac[10000] = {0};                    //记录素数因子
int size = 0;                            //素数因子个数
int M = 998244353;                       //余数
void factors(){                          //求质因子函数
    int pos=-1;
    int n = a;
    for(int i=2;i * i<=a;i++)
    {
        if(n%i==0) fac[++pos]=i;
        while(n%i==0) n=n/i;
    }
    if(n>1) fac[++pos]=n;
    size = pos;
}
long long fastPower(long long a, long long b){
    long long res = 1;
    while(b){
        if(b&1) res = ((res%M) * (a%M))%M;
        a = ((a%M) * (a%M))%M;
        b >>= 1;
    }
    return res;
}
int main(){
    scanf("%lld%lld", &a, &b);
    factors();
    //欧拉公式计算
    int value = a;
    for(int i=0; i<=size; i++){
        value = value - value/fac[i];
    }
    //快速幂 a^(b-1)%M
    long long result = fastPower(a,b-1);
    result = result * value%M;
    printf("%lld\n", result);
    return 0;
}
```

本题笔者认为算法完全正确,但在 DotCpp 学习网站上却没有完全通过测试示例,main() 修改成下述代码,提交后却完全通过。

```cpp
int main(){
    scanf("%lld%lld", &a, &b);
```

```
//快速幂 a^(b-1)%M
long long result = fastPower(a,b);
factors(result);
for(int i=0; i<=size; i++){
    result = result-result/fac[i];
}
printf("%lld\n", result);
return 0;
}
```

但上述是按照如下公式编制的。

$$result = \left[a^b \times \left(1 - \frac{1}{f[0]}\right) \times \left(1 - \frac{1}{f[1]}\right) \times \cdots \times \left(1 - \frac{1}{f[k]}\right) \right] \% M$$

$$= \left[a^b \% M \right] \times \left(1 - \frac{1}{f[0]}\right) \times \left(1 - \frac{1}{f[1]}\right) \times \cdots \times \left(1 - \frac{1}{f[k]}\right)$$

第一个等号表达式是正确的,但是它能与第二个等号后的表达式相等吗? 笔者表示怀疑,也与读者们共忖。

【例 12-2】(第 5 届)斐波那契。(Dotcpp 编程(C 语言网):1444)

斐波那契数列大家都非常熟悉。它的定义是:

$$f(x) = 1 \qquad\qquad (x = 1, 2)$$
$$f(x) = f(x-1) + f(x-2) \quad (x > 2)$$

对于给定的整数 n 和 m,我们希望求出: f(1)+f(2)+⋯+f(n) 的值。但这个值可能非常大,所以我们把它对 f(m) 取模。公式如下。

$$S(n) = \left(\sum_{i=1}^{n} f(i) \right) \% f(m)$$

但这个数字依然很大,所以需要再对 p 求模。

[输入格式]

输入为一行用空格分开的整数 n、m、p($0 < n, m, p < 10^{18}$)。

[输出格式]

输出为 1 个整数,表示答案。

[样例输入]

```
2 3 5
```

[样例输出]

```
0
```

分析:首先推导斐波那契数列项 f(n)公式及前 n 项和公式,如下所示。

① 求斐波那契数列项 f(n)。

令二维矩阵 $a = \begin{pmatrix} 1 & 1 \\ 1 & 0 \end{pmatrix}$

则有 $\begin{pmatrix} 1 & 1 \\ 1 & 0 \end{pmatrix} \times \begin{pmatrix} f(2) \\ f(1) \end{pmatrix} = \begin{pmatrix} f(2)+f(1) \\ f(2) \end{pmatrix} = \begin{pmatrix} f(3) \\ f(2) \end{pmatrix}$

$$\begin{pmatrix}1 & 1\\1 & 0\end{pmatrix}\times\begin{pmatrix}f(3)\\f(2)\end{pmatrix}=\begin{pmatrix}f(3)+f(2)\\f(3)\end{pmatrix}=\begin{pmatrix}f(4)\\f(3)\end{pmatrix}$$

根据递推性质得出：$\begin{pmatrix}1 & 1\\1 & 0\end{pmatrix}^{n}\times\begin{pmatrix}f(2)\\f(1)\end{pmatrix}=\begin{pmatrix}f(n+2)\\f(n+1)\end{pmatrix}$　　　　　（公式 1）

因此，二维矩阵 a^n 可利用矩阵快速幂算出，利用公式 1 获得 $f(n+2)$ 及 $f(n+1)$ 的值。

② 求斐波那契数列前 n 项和 $S(n)$。

根据基本的斐波那契数列特点，有以下推导。

$$f(3) = f(1) + f(2)$$
$$f(4) = f(2) + f(3)$$
$$f(5) = f(3) + f(4)$$
$$\vdots$$
$$f(n) = f(n-2) + f(n-1)$$

将等号两端分别相加，消去同类项，得出：

$$f(n) = (f(1) + f(2) + f(3) + \cdots + f(n-2)) + f(2)$$
$$f(n) = S(n-2) + 1, 有 S(n) = f(n+2) - 1 \qquad （公式 2）$$

因此求 $S(n)$，通过计算 $f(n+2)$ 即可。

根据题意 $S(n) = \left(\sum_{i=1}^{n} f(i)\right)\% f(m)\% p$，结合上述公式 1 及公式 2

$S(n) = (f(n+2) - 1)\% f(m)\% p$ 有以下两种情况。

① 当 $n+2 <= m$，$(f(n+2)-1)\% f(m) = f(n+2) - 1$，因此原式退化为：

$$S(n) = (f(n+2) - 1)\% p = f(n+2)\% p - 1$$

因此题目归结为在余数为 p 的情况下，利用矩阵快速幂求 $f(n+2)$ 即可。

② 当 $n+2 > m$ 时，首先利用快速幂计算出 $f(m)$ 的具体值。本题中假设 $f(m) < 1e18$（否则无法做），因此求 $f(m)$ 时，令快速幂中用到的余数为 1e18；然后另矩阵快速幂中用到的余数为 $f(m)$，求出 $f(n+2)$；最后再用 $(f(n+2)-1)\% p$ 获得最终结果。

本示例关键代码及相关注释如下所示。

```cpp
#include<cstdio>
#include<memory.h>
#define MAX_N 10
long long mod;                                     //快速幂取余数值
long long a[MAX_N][MAX_N],temp[MAX_N][MAX_N], res[MAX_N][MAX_N];
long long mul_mod(long long a,long long b,long long p){   //a*b%p
    long long ans=0;
    while(b){
        if(b&1){
            ans=ans+a;
            ans=ans%p;
        }
        a=a<<1;
        a=a%p;
        b=b>>1;
    }
    return ans;
```

```
    }
    void MXMP(long long a[][MAX_N],long long b[][MAX_N],int n){
        //重置临时矩阵 temp
        for(int i = 1;i<=n;i++)
            for(int j = 1;j<=n;j++)
                temp[i][j] = 0;
        for(int i = 1;i<=n;i++)
            for(int j = 1;j<=n;j++)
                for(int k = 1;k<=n;k++)
                    temp[i][j] = (temp[i][j] + mul_mod(a[i][k],b[k][j],mod))%mod;
                                                                    //防止超界
        for(int i = 1;i<=n;i++)
            for(int j = 1;j<=n;j++)
                a[i][j] = temp[i][j];
    }
    //A = Aˣ
    void PowerMod(long long A[][MAX_N],int n,long long x){    //x为次幂,n为矩阵行/列
        memset(res,0,sizeof(res));
        for(int i = 1;i<=n;i++)   res[i][i] = 1;                //初始化为单位矩阵
        while(x){
            if(x&1)   MXMP(res,A,n);
            MXMP(A,A,n);
            x >>= 1;
        }
        for(int i = 1;i<=n;i++)
            for(int j = 1;j<=n;j++)
                A[i][j] = res[i][j];
    }
    void init(){
        a[1][1]=1; a[1][2]=1; a[2][1]=1; a[2][2]=0;
    }
    int main(){
        long long n,m,p;
        scanf("%lld%lld%lld", &n, &m, &p);
        if(n+2<=m){                                             //求 f(n+2)
            init();                                             //初始化 a 矩阵
            mod = p;
            PowerMod(a,2,n);
            long long Sn = a[1][1]+a[1][2]-1;                   //Sn=f(n+2)-1
            long long result = Sn%p;
            printf("%lld\n", result);
            return 0;
        }
        else{
            init();                                             //重新初始化 a 矩阵
            mod = 1e18;                                         //假设 fm 不超过该值
            PowerMod(a,2,m-2);
            mod = a[1][1]+a[1][2];                              //求出具体的 fm,并设置余数 mod=fm
            init();                                             //重新初始化 a 矩阵
            PowerMod(a,2,n);
            long long Sn = a[1][1]+a[1][2]-1;
            long long result = Sn%mod;                          //计算出 Sn%fm 的值
            result = result%p;                                  //计算出 Sn%fm%p 的值
```

```
        printf("%lld\n", result);
    }
    return 0;
}
```

【例 12-3】（第 9 届）倍数问题。（Dotcpp 编程（C 语言网）：2277）

众所周知，小葱同学擅长计算，尤其擅长计算一个数是否是另外一个数的倍数。但小葱只擅长两个数的情况，当有很多个数之后就会比较苦恼。现在小葱给了你 n 个数，希望你从这 n 个数中找到三个数，使得这三个数的和是 K 的倍数，且这个和最大。数据保证一定有解。

〔输入格式〕

从标准输入读入数据。第一行包括 2 个正整数 n、K。第二行 n 个正整数，代表给定的 n 个数。对于 30% 的数据，n≤100。对于 60% 的数据，n≤1000。对于另外 20% 的数据，K≤10。对于 100% 的数据，$1 \leqslant n \leqslant 10^5$，$1 \leqslant K \leqslant 10^3$，给定的 n 个数均不超过 10^8。

〔输出格式〕

输出到标准输出。

输出一行一个整数代表所求的和。

〔样例输入〕

```
4 3
1 2 3 4
```

〔样例输出〕

```
9
```

分析：根据题意，所求三个数之和必须是 K 的倍数，这三个数对 K 的余数之和也一定是 K 的倍数。因此，得出本示例的关键思路如下所示。

定义一维数组 d[]，用于保存 n 个数据，并对其进行排序。

定义向量数组 vector<int> ve[1005]，ve[i]用以保存 d[]数组中的元素，条件是该元素对 K 余数为 i。例如若 d[5]=1234，K=1000，由于 d[5]%K=234，则将 d[5]元素值压入 ve[234]向量中。又由于题中 K 不超过 1000，余数在 0~999 之间，所以定义向量数组大小为 ve[1005]。

对排序后的数据由大到小遍历，分别对 K 取余，若余数为 i，则将该数据压入向量 ve[i]中。ve[i]向量中保存的一定是余数为 i 时，原数组中相对应的 d[]由大到小的降序序列。由于题中仅要求是三个数，因此每个 ve[i]向量最多保存三个数据，多余的数据就无须再压入 v[i]向量了。那么，就有了 ve[0]~ve[K-1]向量数组，如何从中选取三个数，其和最大，且是 K 的倍数。取下述三种情况的最大值即可。

三个数余数相同，若都为 i，则原数数据一定保存在向量 ve[i]中。因此，只要 3*i%K=0，那么 ve[i][0]+ve[i][1]+ve[i][2]一定是余数为 i 时，选取的三个数之和的最大值（当然一定要保证 ve[i]有三个元素）。因此遍历 i，即可获得三个数余数相同时的和的最大值 maxvalue。

取余数相同的两个数和另外余数的一个数。两个数余数相同,若都为 i,则原数数据一定保存在向量 ve[i] 中,值为 ve[i][1]、ve[i][2](当然一定要保证 ve[i] 有三个元素)。另外一个数有两种情况:若 $2*i \leqslant K$,则另一个数一定在下标 $j = K - 2*i$ 的向量中;若 $2*i > K$,则另一个数一定在下标 $j = 2*K - 2*i$ 的向量中。因此 ve[i][1] + ve[i][2] + ve[j][0](保证 ve[j] 至少有一个元素)是取余数相同的两个数,且余数为 i 时的最大值。遍历 i,即可获得两个数余数相同时的和的最大值 maxvalue。

三个数余数各不相同,第 1 个在 ve[i] 中,第 2 个在 ve[j] 中,由于此两数余数之和为 i+j,第三个数有两种情况:若 $i+j \leqslant K$,则另一个数一定在下标 $u = K - (i+j)$ 的向量中;若 $i+j > K$,则另一个数一定在下标 $u = 2*K - (i+j)$ 的向量中。因此 ve[i][0] + ve[j][0] + ve[u][0] 是其中的一个解。遍历 i、j,即可获得三个数余数不同时的和的最大值 maxvalue。

综上,本示例关键代码及注释如下所示。

```cpp
#include<cstdio>
#include<vector>
#include<algorithm>
using namespace std;
int n, k;
vector<int> ve[1005];
int d[100005];
int main(){
    scanf("%d%d", &n, &k);
    for(int i=0; i<n; i++){
        scanf("%d", &d[i]);
    }
    sort(d, d+n);
    int mod;
    for(int i=n-1; i>=0; i--){
        mod = d[i]%k;
        if(ve[mod].size()<3){
            ve[mod].push_back(d[i]);
        }
    }
    //取余数相同的三个数
    int maxvalue = 0;
    int unit;
    for(int i=0; i<k; i++){
        if(3 * i%k==0 && ve[i].size()==3){
            unit = ve[i][0]+ve[i][1]+ve[i][2];
            if(maxvalue < unit)
                maxvalue = unit;
        }
    }
    //取余数相同的两个数和另外余数的一个数
    int mid;
    for(int i=0; i<k; i++){
        if(ve[i].size()>=2){
            unit = ve[i][0]+ve[i][1];
            mod = k-2 * i;
            if(mod < 0)
```

```
                mod = 2 * k - 2 * i;
            if(mod!=i && !ve[mod].empty()){
                if(maxvalue<unit+ve[mod][0])
                    maxvalue = unit+ve[mod][0];
            }
        }
    }
    //不同的余数各取一个
    for(int i=0; i<k-1; i++){
        if(ve[i].empty()) continue;
        for(int j=i+1; j<k; j++){
            if(ve[j].empty()) continue;
            unit = ve[i][0]+ve[j][0];
            mod = k-(i+j);
            if(mod<0)
                mod = 2 * k-(i+j);
            if(mod!=i && mod!=j && !ve[mod].empty()){
                if(maxvalue<unit+ve[mod][0])
                    maxvalue = unit+ve[mod][0];
            }
        }
    }
    printf("%d\n", maxvalue);
    return 0;
}
```

第 13 章

计 算 几 何

计算几何是计算机科学的一个分支领域,主要研究几何问题的算法设计和实现,具体包括:(1)需要有效地表示各种几何对象,如点、线、线段、多边形、多面体等。常见的表示方法包括坐标表示、参数方程表示等。(2)对于这些几何对象,需要进行各种操作,如判断点是否在直线上、线段是否相交、多边形是否凸等。(3)设计高效的算法来解决各种几何问题。例如,计算两个点之间的距离、求多边形的面积和周长、判断几何形状的相似性等。

◈ 13.1 基 础 知 识

计算几何中有许多向量运算,以二维向量坐标为例,结构体表示如下。

```
struct POINT{
    double x;                          //x坐标
    double y;                          //y坐标
};
```

其基本操作如下所示。
(1)两个向量点积 $\vec{a} \cdot \vec{b}$ 函数

```
double dot(POINT a, POINT b){
    return a.x * b.x + a.y * b.y;
}
```

两向量夹角余弦 $\cos\theta = \dfrac{\vec{a} \cdot \vec{b}}{|a||b|} = \dfrac{a.x * b.x + a.y * b.y}{\sqrt{(a.x * a.x + a.y * a.y)} * \sqrt{b.x * b.x + b.y * b.y}}$

(2)两个向量叉积 $\vec{a} \times \vec{b}$ 函数

```
double cross(POINT a, POINT b){
    return a.x * b.y - b.x * a.y;
}
```

(3)取模

```
double get_length(POINT a){
    return sqrt(dot(a, a));
}
```

（4）计算向量夹角

```
double get_angle(POINT a, POINT b){
    return acos(dot(a, b) / get_length(a) / get_length(b));
}
```

（5）计算两个向量构成的平行四边形有向面积

```
double area(POINT a, POINT b, POINT c){
    return cross(b - a, c - a);
}
```

（6）向量 A 顺时针旋转 C 的角度

```
POINT rotate(POINT a, double angle){
    return POINT(a.x * cos(angle) + a.y * sin(angle), -a.x * sin(angle) + a.y *
cos(angle));
}
```

◈ **13.2　进 阶 知 识**

13.2.1　求任意多边形面积

以求 △ABC 面积为例，其坐标系中位置如图 13-1 所示。A、B、C 三点的向量为 $\overrightarrow{OA}$、$\overrightarrow{OB}$、$\overrightarrow{OC}$。

依据叉积定义，有如下等式。

$$\begin{cases} \overrightarrow{OA} \times \overrightarrow{OB} = OA * OB * (-\sin\angle AOB) = -2S_{\triangle OAB} \\ \overrightarrow{OB} \times \overrightarrow{OC} = OB * OC * (-\sin\angle BOC) = -2S_{\triangle OAB} \\ \overrightarrow{OC} \times \overrightarrow{OA} = OC * OA * (\sin\angle AOC) = 2S_{\triangle OAC} \end{cases}$$

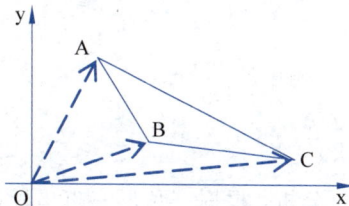

图 13-1　求 △ABC 面积向量图

将上三式相加有：

$$\overrightarrow{OA} \times \overrightarrow{OB} + \overrightarrow{OB} \times \overrightarrow{OC} + \overrightarrow{OC} \times \overrightarrow{OA} = 2S_{\triangle ABC}$$

而且，也可得出，向量的选取与参考点无关，选直角坐标系中的任意一点均可，读者可以试着用图例说明。

综上，得出求 n 多边形面积的关键步骤：①各点坐标值要按顺序（逆时针或顺时针）存放；②以原点为参考点，依次计算相邻两向量的叉积之和，有正有负，计算和的时候，正负有些抵消掉了，其结果值正好是目标多边形面积的两倍。其关键函数如下所示。

```
double polygon(POINT p[], int n){
    double area = 0;
    for(int i=0; i<n-1; i++){
        area += cross(p[i],p[i+1]);
    }
    area += cross(p[n-1],p[0]);
```

```
    return abs(area)/2;
}
```

13.2.2　皮克定理

皮克定理是一个用于计算点阵中顶点在格点上的多边形面积的公式。该公式可以表示为 $S=a+b/2-1$，其中 a 表示多边形内部的点数，b 表示多边形落在格点边界上的点数，S 表示多边形的面积。

【e13-1】　电网。（洛谷网站：P2735）

在本题中，格点是指横纵坐标皆为整数的点。

为了圈养他的牛，农夫约翰（farmer John）建造了一个三角形的电网。他从原点$(0,0)$牵出一根通电的电线，连接格点(n,m) $(0\leqslant n<32000,0<m<32000)$，再连接格点$(p,0)$ $(p>0)$，最后回到原点。

牛可以在不碰到电网的情况下被放到电网内部的每一个格点上（十分瘦的牛）。如果一个格点碰到了电网，牛绝对不可以被放到该格点之上（或许 Farmer John 会有一些收获）。那么有多少头牛可以被放到农夫约翰的电网中去呢？

[输入格式]

输入文件只有一行，包含三个用空格隔开的整数：n、m 和 p。

[输出格式]

输出文件只有一行，包含一个整数，代表能被指定的电网包含的牛的数目。

[输入样例]

```
7 5 10
```

[输出样例]

```
20
```

分析：根据三角形三点坐标，可求出三角形面积 S；利用最大公约数 gcd() 算法，可求出三边上有多少个整数点 b；最后根据皮克定理 $S=a+b/2-1$，可得 $a=S+1-b/2$，即为所求。本示例关键代码及注释如下所示。

```
#include<cstdio>
#include<cmath>
int gcd(int a,int b){
    while(a%b!=0){
        int mid = a;
        a = b;
        b = mid%b;
    }
    return b;
}
int main(){
    int n,m,p;
    scanf("%d%d%d", &n, &m, &p);
```

```
    int S = p*m/2;                    //三角形面积
    int n1 = gcd(n-0,m-0)+1;          //边上整点个数+端点
    int n2 = abs(gcd(n-p, m-0))+1;    //n-p 有可能负值,故取绝对值
    int n3 = p+1;
    int b = n1+n2+n3-3;               //三边点数减去重复计算的端点数
    int a = S+1-b/2;                  //题中所求答案值
    printf("%d\n", a);
    return 0;
}
```

13.2.3　辛普森积分

Simpson 积分公式是将区间端点和区间中点三个点近似看成抛物线上对应的三个点,以二次曲线逼近的方式取代矩形或梯形积分公式,以求得定积分的数值近似解。

$$\mathrm{simpson}(a,b) \approx \int_a^b f(x)dx = \frac{b-a}{6} * \left[f(a) + 4f\left(\frac{a+b}{2}\right) + f(b)\right]$$

有了 Simpson 积分公式,一个自然的想法是把积分区间拆成多个小区间后求和,但是分成区间的个数和长度因积分区间和精度要求甚至被积函数而异。

【e13-2】　自适应辛普森积分。(洛谷网站:P4525)

试计算积分 $\int_L^R \frac{cx+d}{ax+b}dx$ 的值。结果保留至小数点后 6 位。数据保证计算过程中分母不为 0 且积分能够收敛。

[输入格式]

一行,包含 6 个实数 a、b、c、d、L、R。

[输出格式]

一行,积分值,保留至小数点后 6 位。

[输入样例]

```
1 2 3 4 5 6
```

[输出样例]

```
2.732937
```

[说明]

$a,b,c,d \in [-10,10]$,$-100 \leqslant L < R \leqslant 100$ 且 $R-L \geqslant 1$。

分析:本题中 $f(x) = \frac{cx+d}{ax+b}$。关键思路如下所示。

① 在[L,R]区间中,应用辛普森公式计算出 oldvalue＝simpson(L,R)。

② 将[L,R]区间一分为二,mid＝(L＋R)/2。计算 newvalue＝simpson(L,mid)＋simpson(mid,R)。若 newvalue、oldvalue 差值在精度范围内,则得到结果值 newvalue。否则,将二分得到的结果值赋给 oldvalue,将[L,R]区间四等分,计算这四个区间的辛普森积分之和 newvalue。若 newvalue、oldvalue 差值在精度范围内,则得到结果值 newvalue。否

则,将四分得到的结果值赋给 oldvalue,将[L,R]区间八等分,计算这八个区间的辛普森积分之和 newvalue。如此往复,直到 newvalue、oldvalue 差值在精度范围内即可。

本示例关键代码及注释如下所示。

```
#include<cstdio>
#include<cmath>
double a,b,c,d,L,R;
double newvalue, oldvalue;              //用于保存辛普森积分旧面积、新面积
double f(double x){
    double u = (c * x+d)/(a * x+b);
    return u;
}
double simpson(double l, double r){     //[l,r]区间的辛普森积分
    double u = (r-l)/6 * (f(l)+4 * f((l+r)/2)+f(r));
    return u;
}
void calc(double l, double r){          //计算[l,r]区间的积分
    double ll,rr;
    oldvalue = simpson(l,r);            //[l,r]区间辛普森积分值传给 oldvalue
    double range = (r-l);
    int pos = 1;
    for(int i=1;; i++){                 //随着 i 的增大,辛普森的积分区间越来越小
        newvalue = 0;
        range /= 2;
        pos *= 2;
        for(int j=0; j<pos-1; j++){
            ll = l+j * range;
            rr = ll+range;
            newvalue += simpson(ll,rr);
        }
        ll = l+ (pos-1) * range;
        newvalue += simpson(ll,r);      //加上最右的区间积分,保证最右值一定是 r
        if(fabs(newvalue-oldvalue)<1e-7)
            break;
        oldvalue = newvalue;
    }
}
int main(){
    scanf("%lf%lf%lf%lf%lf%lf", &a,&b,&c,&d,&L,&R);
    calc(L,R);
    printf("%.6lf\n", newvalue);
    return 0;
}
```

【例 13-1】(第 11 届)平面切分。(Dotcpp 编程(C 语言网):2589)

平面上有 N 条直线,其中第 i 条直线是 $y=A_i \cdot x+B_i$。请计算这些直线将平面分成了几个部分。

[输入格式]

第一行包含一个整数 N。以下 N 行,每行包含两个整数 A_i、B_i。

[输出格式]

一个整数代表答案。

[样例输入]

```
3
1 1
2 2
3 3
```

[样例输出]

```
6
```

[提示]

对于 50% 的评测用例，$1 \leqslant N \leqslant 4$，$-10 \leqslant A_i$，$B_i \leqslant 10$。对于所有评测用例，$1 \leqslant N \leqslant 1000$，$-100000 \leqslant A_i$，$B_i \leqslant 100000$。

分析：很明显，平面切分个数一定与直线交点个数相关。以图 13-1 为例，共有六条直线，加入直线的顺序为 a～e，可得其共切分的平面个数为 14 个。其添加过程如表 13-1 所示。

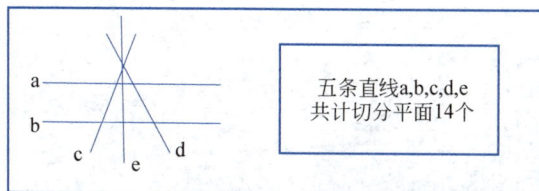

图 13-1　五条直线切分平面示例图

表 13-1　五条直线切分平面过程

过程	说　明	交点个数	新增平面个数	总平面数
直线 a				2
直线 b	b 与 a 交点个数	0	1	2+1=3
直线 c	c 与 a、b 交点个数	2	3	3+3=6
直线 d	d 与 a、b、c 交点个数	3	4	6+4=10
直线 e	e 与 a、b、c、d 交点个数	3	4	10+4=14

图 13-1 包括了直线平行、相交、交点重合这三种情况。根据表 13-1 添加直线过程，可得：若添加前 n 条直线，其平面切分总数为 f(n)，则添加第 n+1 条直线时，只需计算第 n+1 条直线与前 n 条直线有多少交点，假设为 size 个，则 f(n+1)＝f(n)＋(size+1)。

注意：计算第 n+1 条直线与前 n 条直线交点时，重复交点只记录 1 次。例如：在图 13-1 中，计算直线 e 与 a、b、c、d 交点时，e 与 a、b 直线相交于不同的 2 个点，e 与 c、d 直线交点重合，只记录 1 次，因此 e 与 a、b、c、d 交点个数为 3，新增平面个数为 4。因此交点必须去重，利用 STL set 集合可方便实现交点去重任务。

当然，在最初按题意输入 n 条直线的斜率 a_i、截距 b_i 时，也要完成去重任务，保证不能

有两条直线的 a_i、b_i 完全相同。

综上,本示例的关键代码及注释如下所示。

```cpp
#include<cstdio>
#include<set>
#include<algorithm>
using namespace std;
int N;
struct U{                                    //结构体,既可表示两条直线交点坐标
    double x;                                //又可表示每条直线的斜率 x
    double y;                                //及截距 y
    bool operator<(const U& two)const{       //排序比较函数
        if(two.x == x)
            return y<two.y;
        return x < two.x;
    }
};
bool cmp(const U& one, const U& two){        //unique()函数去重用到的比较函数
    return (one.x==two.x)&&(one.y==two.y);   //用于消除重复曲线
}
long long ans = 0;                           //结果变量
U u[1005];                                   //原始线段数组(斜率,截距)
set<U> pt;                                   //保存两直线交点集合,不允许交点坐标重复
set<U>::iterator it;
int main(){
    scanf("%d", &N);
    for(int i=0; i<N; i++)
        scanf("%lf%lf", &u[i].x, &u[i].y);
    sort(u, u+N);                            //直线按斜率升序、截距升序排列
    U * p = unique(u, u+N,cmp);              //去掉重复直线
    int num = p - u;                         //num 表示不重复的线段数量
    U v;
    long long ans = 2;                       //初始一条直线时,有 2 个平面
    for(int i=1; i<num; i++){
        pt.clear();                          //清除集合元素
        for(int j=0; j<i; j++){              //求第 i 条直线与第[0,i-1]
            if(u[j].x==u[i].x)               //条直线有几个交点
                continue;
            v.x = 1.0 * (u[j].y-u[i].y)/(1.0 * u[i].x-u[j].x);
            v.y = 1.0 * u[i].x * v.x+u[i].y;
            pt.insert(v);                    //将交点加入集合,保证无重复交点
        }//for(int j)
        ans += pt.size()+1;                  //交点个数加 1,并对 ans 累加
    }//for(int i)
    printf("%lld\n", ans);
    return 0;
}
```

【例 13-2】(第 4 届)车轮轴迹。(Dotcpp 编程(C 语言网):1455)

栋栋每天骑自行车回家需要经过一条狭长的林荫道。道路由于年久失修,变得非常不平整。虽然栋栋每次都很颠簸,但他仍把骑车经过林荫道当成一种乐趣。由于颠簸,栋栋骑车回家的路径是一条上下起伏的曲线,栋栋想知道,他回家的这条曲线的长度究竟是多长

呢? 更准确的,栋栋想知道从林荫道的起点到林荫道的终点,他的车前轮的轴(圆心)经过的路径的长度。栋栋对路面进行了测量。他把道路简化成一条条长短不等的直线段,这些直线段首尾相连,且位于同一平面内。并在该平面内建立了一个直角坐标系,把所有线段的端点坐标都计算好。假设栋栋的自行车在行进的过程中前轮一直是贴着路面前进的。如图 13-2 所示。

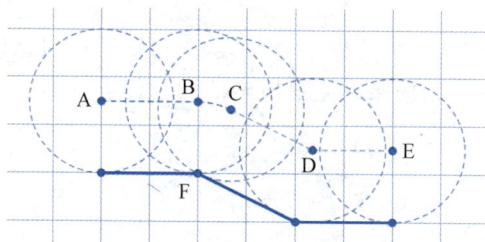

图 13-2　车轮轨迹图

上图给出了一个简单的路面的例子,其中实线为路面,虚线为车轮轴经过的路径。在这个例子中,栋栋的前轮轴从 A 点出发,水平走到 B 点,然后绕着地面的 F 点到 C 点(绕出一个圆弧),再沿直线下坡到 D 点,最后水平走到 E 点,在这个图中地面的坐标依次为:(0,0),(2,0),(4,−1),(6,−1),前轮半径为 1.50,前轮轴前进的距离依次为:AB=2.0000;弧长 BC=0.6955;CD=1.8820;DE=1.6459。总长度为 6.2233。

图 13-3 给出了一个较为复杂的路面的例子,在这个例子中,车轮在第一个下坡还没下完时(D 点)就开始上坡了,之后在坡的顶点要从 E 绕一个较大的圆弧到 F 点。这个图中前轮的半径为 1,每一段的长度依次为:AB=3.0000;弧长 BC=0.9828;CD=1.1913;DE=2.6848;弧长 EF=2.6224;FG=2.4415;GH=2.2792。总长度为 15.2021。

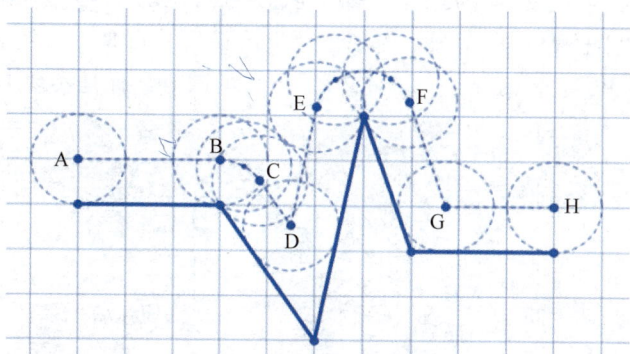

图 13-3　更复杂的车轮轨迹图

现在给出了车轮的半径和路面的描述,请求出车轮轴轨迹的总长度。

[输入格式]

输入的第一行包含一个整数 n 和一个实数 r,用一个空格分隔,表示描述路面的坐标点数和车轮的半径。接下来 n 行,每行包含两个实数,其中第 i 行的两个实数 x[i],y[i] 表示描述路面的第 i 个点的坐标。路面定义为所有路面坐标点顺次连接起来的折线。给定的路面一定满足以下性质:

● 第一个坐标点一定是(0,0);

- 第一个点和第二个点的纵坐标相同；
- 倒数第一个点和倒数第二个点的纵坐标相同；
- 第一个点和第二个点的距离不少于车轮半径；
- 倒数第一个点和倒数第二个点的距离不少于车轮半径；
- 后一个坐标点的横坐标大于前一个坐标点的横坐标，即对于所有的 i，x[i+1]>x[i]。

[输出格式]

输出一个实数，四舍五入保留两位小数，表示车轮轴经过的总长度。你的结果必须和参考答案一模一样才能得分。数据保证答案精确值的小数点后第三位不是 4 或 5。

[输入样例]

```
4 1.50
0.00 0.00
2.00 0.00
4.00 -1.00
6.00 -1.00
```

[输出样例]

```
6.22
```

[数据规模和约定]

对于 100% 的数据，$4 \leqslant n \leqslant 100$，$0.5 \leqslant r \leqslant 20.0$，$x[i] \leqslant 2000$，$-2000 \leqslant y[i] \leqslant 2000$。

分析：一般来说，在计算几何运算中要保持角度转向的一致性，本题中均按逆时针方向。车轮运行在边界处有两种情况，如下所示。

① 转角>180°：如图 13-4 所示。已知 AB、BC 边，A、B、C 三点坐标为 (x_1,y_1)、(x_2,y_2)、(x_3,y_3)。车轮半径为 r，车轮圆心沿 AB 边走的最后一点是 O_1，然后以 B 为轴旋转到 O_2，O_2 点是圆心沿 BC 边走的开始。因此求 O_1、O_2 的圆心坐标是实现本题的一个关键点。

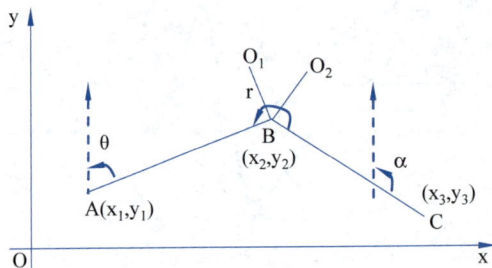

图 13-4 转角大于 180°

根据 A、B 坐标，可求出向量 $\overrightarrow{AB}$ 与 y 轴的逆时针夹角 θ，圆心 O_1 的坐标为：

$$x = x_2 - r\cos\theta \quad y = y_2 + r\sin\theta$$

根据 B、C 坐标，可求出向量 $\overrightarrow{BC}$ 与 y 轴的逆时针夹角 α，圆心 O_2 的坐标为：

$$x = x_2 - r\cos\alpha \quad y = y_2 + r\sin\alpha$$

而 O_1、O_2 旋转的弧度正好等于逆时针旋转的弧度 $\angle CBC - \pi$。

② 转角≤180°：如图 13-5 所示。车轮圆心沿 AB 边走的最后一点是 O_1，同时 O_1 点是

圆心沿 BC 边走的开始。因此求 O_1 圆心坐标是实现本题的一个关键点。

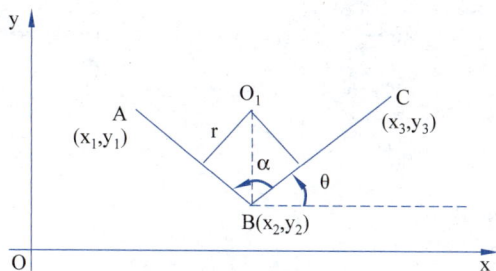

图 13-5　转角小于 180°

根据 A、B、C 坐标，可求出向量 $\overrightarrow{BC}$ 与 $\overrightarrow{BA}$ 轴的逆时针夹角 α，x 轴与 $\overrightarrow{BC}$ 向量的逆时针夹角为 θ，有以下推导：

$O_1B = \dfrac{r}{\sin\alpha}$，$O_1B$ 与 x 轴正向夹角为 $\theta + \dfrac{\alpha}{2}$，所以 O_1 的坐标为：

$$x = x_2 + O_1B \times \cos\left(\theta + \frac{\alpha}{2}\right) \quad y = y_2 + O_1B \times \sin\left(\theta + \frac{\alpha}{2}\right)$$

综上，本示例关键代码及注释如下所示。

```cpp
#include<cstdio>
#include<cmath>
#define PI 3.14159265358979323846
struct POINT{
    double x;
    double y;
    POINT operator-(const POINT& two)const{   //重载两个 Point 点相减运算符
        POINT pt;
        pt.x = x-two.x;
        pt.y = y-two.y;
        return pt;
    }
}pt[105];
int n;
double r;
double ans = 0;
POINT cur,last;
double dot(POINT a, POINT b){return a.x * b.x + a.y * b.y;}
double cross(POINT a, POINT b){return a.x * b.y - b.x * a.y;}
double get_length(POINT a){return sqrt(dot(a, a));}
double dist(POINT a, POINT b){return sqrt((a.x-b.x) * (a.x-b.x)+(a.y-b.y) * (a.y
-b.y));}
double get_angle(POINT a, POINT b){return acos(dot(a, b) / get_length(a) / get_
length(b));}
void calc(int pos){
    POINT mid = {0,1};
    double angle = get_angle(pt[pos]-pt[pos-1],mid);
    cur = {pt[pos].x-r * cos(angle), pt[pos].y+r * sin(angle)};
    double unit = dist(last,cur);
    ans += unit;
    angle = get_angle(pt[pos+1]-pt[pos],mid);
```

```
        last = {pt[pos].x-r*cos(angle), pt[pos].y+r*sin(angle)};
        //计算弧度
        angle = get_angle(pt[pos-1]-pt[pos], pt[pos+1]-pt[pos]);
        angle = PI - angle;
        unit = r*angle;
        ans += unit;
}
void calc2(int pos){
        POINT p = pt[pos-1]-pt[pos];
        POINT q = pt[pos+1]-pt[pos];
        double angle = get_angle(p,q);
        POINT mid = {1,0};
        double angle2 = get_angle(q, mid);
        double l = r/sin(angle/2);
        double angle3=angle2+(angle/2);
        cur = {pt[pos].x+l*cos(angle3),pt[pos].y+l*sin(angle3)};
        double unit = dist(last,cur);
        ans += unit;
        last = cur;
}
int main(){
        scanf("%d%lf", &n, &r);
        for(int i=0; i<n; i++){
            scanf("%lf%lf", &pt[i].x, &pt[i].y);  //输入坐标
        }
        last = {0,r};                             //圆心起始坐标
        for(int i=1;i<n-1; i++){                   //计算前 n-2 条直线走过的距离
            double mid=cross(pt[i+1]-pt[i],pt[i-1]-pt[i]);
                                                  //两条直线逆时针夹角
            if(mid < 0)                            //大于180度
                calc(i);
            else                                  //小于或等于180度
                calc2(i);
        }
        ans += pt[n-1].x - cur.x;                  //加上最后一条直线走过的距离
        printf("%.2lf\n", ans);
        return 0;
}
```

　　但是,本示例代码仍不完善,还有一种情况未考虑,在边与边转角小于180°时,某条边很短,而圆半径较大,不是相切,而是卡在边上,如图 13-6 所示。希望读者将它补充进去。

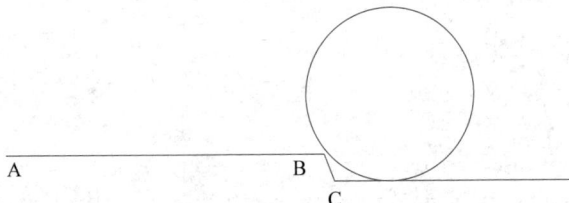

图 13-6　一种较特殊情况

　　总之,完成计算几何题目时,一定要注意选好参照物,特别是计算角度时,是逆时针还是顺时针,一定要心中有数,否则答案将差之千里。

游 戏 题

◈ 14.1 巴什博弈

题目形如:只有一堆 n 个物品,两个人轮流从这堆物品中取物,规定每次至少取一个,最多取 m 个。最后取光者得胜。

显然,如果 n=m+1,那么由于一次最多只能取 m 个,所以,无论先取者拿走多少个,后取者都能够一次拿走剩余的物品,后者取胜。因此我们发现了如何取胜的法则:如果 n=(m+1)*r+s(r 为任意自然数,s≤m),那么先取者要拿走 s 个物品,如果后取者拿走 k(≤m)个,那么先取者再拿走 m+1-k 个,结果剩下 (m+1)(r-1)个,以后保持这样的取法,那么先取者肯定获胜。总之,要保持给对手留下(m+1)的倍数,就能最后获胜。

【e14-1】 捐款。(杭电 ACM 网站:2188)

选拔规则如下:

(1) 最初的捐款箱是空的。

(2) 两人轮流捐款,每次捐款额必须为正整数,并且每人每次捐款最多不超过 m 元(1≤m≤10)。

(3) 最先使得总捐款额达到或者超过 n 元(0<n<10000)的一方为胜者,则其可以亲赴灾区服务。

我们知道,两人都很想入选志愿者名单,并且都是非常聪明的人,假设林队先捐,请你判断谁能入选最后的名单。

如果林队能入选,请输出字符串"Grass";如果徐队能入选,请输出字符串"Rabbit"。

[样例输入]

```
2                              //示例个数
8 10                           //n,m
11 10
```

[样例输出]

```
Grass
Rabbit
```

分析:该题可以称为巴什博弈的模板题,其关键代码如下所示。

```
#include<cstdio>
int main(){
    int t,n,m;
    scanf("%d", &t);
    for(int i=0; i<t; i++){
        scanf("%d%d", &n, &m);
        if(n<=m){
            printf("Grass\n");
        }
        else{
            if(n%(m+1)==0)
                printf("Rabbit\n");
            else
                printf("Grass\n");
        }
    }
    return 0;
}
```

◈ 14.2 尼 姆 博 弈

问题：给定 n 堆石子,两位玩家轮流操作,每次操作可以从任意一堆石子中拿走任意数量的石子(可以拿完,但不能不拿),最后无法进行操作的人视为失败。

问如果两人都采用最优策略,先手是否必胜。

结论：如果所有石子数的异或和不等于 0,则先手必胜,反之先手必败。在做题中我们直接应用此结论即可。

【e14-2】 取火柴游戏。(洛谷网站：P1247)

输入 k 及 k 个整数 $n_1, n_2, \cdots, n_k$,表示有 k 堆火柴棒,第 i 堆火柴棒的根数为 n_i。接着便是你和计算机取火柴棒的对弈游戏。取的规则如下：每次可以从一堆中取走若干根火柴,也可以一堆全部取走,但不允许跨堆取,也不允许不取。

谁取走最后一根火柴为胜利者。

编一个程序,在给出初始状态之后,判断是先取必胜还是先取必败,如果是先取必胜,请输出第一次该如何取。如果是先取必败,则输出"lose"。

［输入格式］

第一行,一个正整数 k。

第二行,k 个整数 $n_1, n_2, \cdots, n_k$。

［输出格式］

如果是先取必胜,请在第一行输出两个整数 a、b,表示第一次从第 b 堆取出 a 个。第二行为第一次取火柴后的状态。如果有多种答案,则输出〈b,a〉字典序最小的答案(即 b 最小的前提下,使 a 最小)。

如果是先取必败,则输出"lose"。

［输入样例 1］

```
3
3 6 9
```

[输出样例 1]

```
4 3
3 6 5
```

[输入样例 2]

```
4
15 22 19 10
```

[输出样例 2]

```
lose
```

[数据范围及约定]

对于全部数据，$k \leqslant 500000$，$n_i \leqslant 10^9$。

```cpp
#include<cstdio>
int a[500005];
int main(){
    int k;
    int max,pos;
    scanf("%d", &k);
    for(int i=0; i<k; i++){
        scanf("%d", &a[i]);
    }
    int value=0;
    for(int i=0; i<k; i++)
        value = value ^ a[i];
    if(value==0){
        printf("lose\n");
    }
    else{
        for(int i=0; i<k; i++){
            int u = value ^ a[i];
            if(u<a[i]){
                printf("%d %d\n", a[i]-u, i+1);
                a[i] = u;
                break;
            }
        }
        for(int i=0; i<k; i++)
            printf("%d ", a[i]);
    }
    return 0;
}
```

◆ 14.3 真题分析

【例 14-1】(第 5 届)矩阵翻硬币。(Dotcpp 编程(C 语言网):1450)

小明先把硬币摆成了一个 n 行 m 列的矩阵。随后,小明对每一个硬币分别进行一次 Q 操作。对第 x 行第 y 列的硬币进行 Q 操作的定义:将所有第 i * x 行,第 j * y 列的硬币进行翻转。其中 i 和 j 为任意使操作可行的正整数,行号和列号都是从 1 开始。

当小明对所有硬币都进行了一次 Q 操作后,他发现了一个奇迹——所有硬币均为正面朝上。小明想知道最开始有多少枚硬币是反面朝上的。于是,他向他的好朋友小 M 寻求帮助。聪明的小 M 告诉小明,只需要对所有硬币再进行一次 Q 操作,即可恢复到最开始的状态。然而小明很懒,不愿意照做。于是小明希望你给出他更好的方法,帮他计算出答案。

[输入格式]

输入数据包含一行,两个正整数 n、m,含义见题目描述。

[数据规模和约定]

对于 100% 的数据,n、m≤10^{1000}(10 的 1000 次方)。

[输出格式]

输出一个正整数,表示最开始有多少枚硬币是反面朝上的。

[样例输入]

```
2 3
```

[样例输出]

```
1
```

分析:首先分析一下,影响矩阵节点坐标(u,v)的 Q 操作数目:若 u 的因子有 p 个(包括 1、u),v 的因子有 q 个,则影响节点坐标(u,v)的 Q 操作数目是 p×q 次。例如,对(3,6)节点而言:3 的因子有 1、3,共 2 个因子;6 的因子有 1、2、3、6,共 4 个因子。所以影响(3,6)节点的 Q 操作数目为 2×4=8 个,包括(1,1)、(1,2)、(1,3)、(1,6)、(3,1)、(3,2)、(3,3)、(3,6)八个单独的 Q 操作。

对于整数 u 而言,若 p 是它的一个因子,则 u/p 也一定是它的因子。因此一般来说,u 的因子个数是成对出现的,总因子个数是偶数。仅当 u 是完全平方时(u=p * p,p=u/p)时,u 的因子个数是奇数。

因此对节点坐标(u,v)而言,u、v 各自因子个数相乘的结果有四种情况:偶数 * 偶数 = 偶数,偶数 * 奇数 = 偶数,奇数 * 偶数 = 偶数,奇数 * 奇数 = 奇数。因此仅当 u、v 是完全平方数时,u、v 因子个数相乘结果才是奇数。进行奇数次 Q 操作:原先是正面,则结果为反面;原先是反面,则结果为正面。

所以本题归结为,对(n,m)而言,分别求 n、m 内各有多少个完全平方数,两个结果数相乘即为所求。

本题主要考察的是上文所述算法。但由于本题数据集很大,(n,m)<10^{1000},所以本题

利用 Java 实现,应用了 BigInteger 大整数类,它本身有加、减、乘、除运算,但没有开方运算,本题运用二分法实现了大整数开方运算。

综上,本题关键代码及注释如下所示。

```java
import java.math.BigInteger;
import java.util.*;
public class Main {
    static BigInteger calc(BigInteger u){        //利用二分法计算大整数 u 开方运算
        int flag=0;
        BigInteger c1 = new BigInteger("1");   //下文用到的变量
        BigInteger c2 = new BigInteger("2");   //下文用到的变量
        BigInteger l = new BigInteger("1");    //二分法左值初值为1
        BigInteger r = u;                      //二分法右值初值为u
        BigInteger m = new BigInteger("1");    //下文用到的变量
        BigInteger mid = new BigInteger("1");  //下文用到的变量
        BigInteger cmp = new BigInteger("1");  //下文用到的变量
        int times = 0;
        while(true){
            m = l.add(r).divide(c2);
            mid = m.pow(2);
            flag = mid.compareTo(u);
            if(flag<0)
                l = m;
            else if(flag>0)
                r = m;
            else
                break;
            cmp = l.add(c1);
            if(cmp.compareTo(r)==0){           //若左值+1等于右值次数超过 3 次
                times ++;                      //则表明可循环结束
                if(times>3) break;             //理论上 times 超过 2 即可,但为了准确,多写几次
            }                                  //不会影响结果
        }
        return m;
    }
    public static void main(String[] args) {
        Scanner sc = new Scanner(System.in);
        String sn = sc.next();
        String sm = sc.next();
        BigInteger n = new BigInteger(sn);
        BigInteger m = new BigInteger(sm);
        BigInteger nn = calc(n);               //n 内有多少完全平方数
        BigInteger mm = calc(m);               //m 内有多少完全平方数
        System.out.println(nn.multiply(mm).toString());
    }
}
```

【例 14-2】(第 8 届)填字母游戏。(Dotcpp 编程(C 语言网):1845)

小明经常玩 LOL 游戏上瘾,一次他想挑战 K 大师,不料 K 大师说:“我们先来玩个空格填字母的游戏,要是你不能赢我,就再别玩 LOL 了”。K 大师在纸上画了一行 n 个格子,要小明和他交替往其中填入字母。

并且：

（1）轮到某人填的时候，只能在某个空格中填入 L 或 O。

（2）谁先让字母组成了"LOL"的字样，谁获胜。

（3）如果所有格子都填满了，仍无法组成 LOL，则平局。

小明试验了几次都输了，他很惭愧，希望你能用计算机帮他解开这个谜。

[输入格式]

第一行，数字 n(n<10)，表示下面有 n 个初始局面。

接下来，n 行，每行一个串，表示开始的局面。

比如："******"，表示有 6 个空格。

"L****"，表示左边是一个字母 L，它的右边是 4 个空格。

[输出格式]

要求输出 n 个数字，表示对每个局面，如果小明先填，当 K 大师总是用最强着法的时候，小明的最好结果。

```
1 表示能赢
-1 表示必输
0 表示可以逼平
```

[样例输入]

```
4
***
L**L
L**L***L
L*****L
```

[样例输出]

```
0
-1
1
1
```

分析：本题可以利用深度搜索完成。要注意以下几点。

① 若字符串包含"LO * "、" * OL"、"L * L"任意一个，则此时即将填充的人必胜。

② 若字符串中没有" * "，则即将填充的人无空可填，此时是平局。

③ 为了保证搜索效率，把深搜过程中遇到的必胜态、平局、必败态用 map 映射保存，省去了许多无效的深搜过程。

综上，本示例关键代码及注释如下所示。

```cpp
#include<iostream>
#include<string>
#include<map>
using namespace std;
map<string,int> ma;                    //保存"字符串->胜负状态"
int process(string str){               //深度搜索过程
```

```cpp
        if(ma.find(str)!=ma.end()){              //如果查询到
            return ma[str];                       //返回该串对应的胜负状态
        }
        if((str.find("LO*")!=-1)||(str.find("*OL")!=-1)||(str.find("L*L")!=-1)){
                                                  //必胜态
            return ma[str] = 1;
        }
        if(str.find('*')==-1){                    //平局条件
            return ma[str] = 0;                   //没有空位'*',则平局
        }
        int state = -1;                           //先将状态设置为失败态
        int ret;                                  //深搜返回值
        for(int i=0; i<str.length(); i++){
            if(str[i] != '*')continue;            //找到可填充的位置
            str[i] = 'L';                         //先填'L'
            ret = process(str);                   //深度搜索
            if(ret==-1){                          //若失败态
                str[i] = '*';                     //这里要先回溯为传入时的状态,再存入 map
                return ma[str] = 1;               //返回上一级
            }
            if(ret==0){                           //平局
                state = 0;
            }
            str[i] = 'O';                         //再填'O'
            ret = process(str);
            if(ret==-1){
                str[i] = '*';
                return ma[str] = 1;
            }
            if(ret==0){
                state = 0;
            }
            str[i] = '*';                         //回溯
        }
        return ma[str] = state;
}
int main(){
    int n;
    string s;                                     //当前状态
    cin>>n;
    for(int i=0; i<n; i++){
        cin >>s;
        cout <<process(s)<<endl;
    }
    return 0;
}
```

◆ 参 考 文 献

[1] 赵端阳,王超.算法设计与分析:以 ACM 大学生程序设计竞赛在线题库为例(微课版)[M].北京:清华大学出版社,2024.

[2] 刘汝佳,陈锋.算法竞赛入门经典:训练指南[M].北京:清华大学出版社,2021.

[3] 罗勇军,郭卫斌.算法竞赛入门到进阶[M].北京:清华大学出版社,2019.

[4] 赵端阳.ACM 大学生程序设计竞赛在线题库最新精选题解[M].北京:清华大学出版社,2019.

[5] 俞经善,鞠成东.ACM 程序设计竞赛基础教程[M].2 版.北京:清华大学出版社,2016.

[6] 邱秋.程序设计竞赛训练营:算法与实践[M].北京:人民邮电出版社,2023.

[7] 谈文蓉,校景中,周绪川.大学生程序竞赛算法基础教程[M].北京:人民邮电出版社,2019.

[8] 秋叶拓哉,岩田阳一,北川宜稔.挑战程序设计竞赛[M].巫泽俊,译.2 版.北京:人民邮电出版社,2014.

[9] 梁博.算法竞赛实战笔记[M].北京:电子工业出版社,2014.

[10] 陈小玉.算法训练营:海量图解＋竞赛刷题(进阶篇)[M].北京:电子工业出版社,2021.